高等职业教育系列教材

机 械 制 图

主　编　蒋继红
副主编　舒希勇　毕艳茹
参　编　孙少东　唐太元
主　审　何时剑

机 械 工 业 出 版 社

本书是以“高职高专机械类专业工程制图课程教学基本要求”为依据，结合作者多年的实践教学经验，针对高职院校的特点编写而成。在结构上将应知的知识和应具备的能力分解在各个学习情境中。在内容编排上，既继承了传统机械制图教材由易到难的内容编排体系，又根据实际需要，以必需够用为原则，删减了部分画法几何的内容。本书注重培养学生的实践能力，基础理论简明实用。

本书采用最新的技术制图和机械制图标准，共分为8个学习情境，主要内容包括绘图基本知识、绘制基本立体的投影、立体表面的交线、绘制和识读组合体视图、绘制机件的图样、常用零件的特殊画法、绘制和识读零件图、绘制和识读装配图。

本书可作为高职高专和成人教育学院机械类、近机械类专业的教材，也可供有关工程技术人员参考。与本书配套的《机械制图习题集》（书号：ISBN 978-7-111-53246-0）由机械工业出版社同时出版，可供读者成套使用。

本书配有授课电子课件，需要的教师可登录 www.cmpedu.com 免费注册，审核通过后下载，或联系编辑索取（QQ：1239258369，电话 010-88379739）。

图书在版编目（CIP）数据

机械制图/蒋继红主编．—北京：机械工业出版社，2016.1（2020.7 重印）
高等职业教育系列教材
ISBN 978-7-111-52821-0

Ⅰ.①机…　Ⅱ.①蒋…　Ⅲ.①机械制图—高等职业教育—教材　Ⅳ.①TH126

中国版本图书馆 CIP 数据核字（2016）第 020481 号

机械工业出版社（北京市百万庄大街 22 号　邮政编码　100037）
责任编辑：刘闻雨　杨　璇　责任校对：张　力
版式设计：霍永明　　　　责任印制：常天培
北京捷迅佳彩印刷有限公司印刷
2020 年 7 月第 1 版第 2 次印刷
184mm×260mm · 12.5 印张 · 306 千字
3001—4000 册
标准书号：ISBN 978-7-111-52821-0
定价：29.90 元

电话服务　　　　　网络服务
客服电话：010-88361066　机　工　官　网：www.cmpbook.com
　　　　　010-88379833　机　工　官　博：weibo.com/cmp1952
　　　　　010-68326294　金　书　　　网：www.golden-book.com
封底无防伪标均为盗版　机工教育服务网：www.cmpedu.com

高等职业教育系列教材机电类专业编委会成员名单

出版说明

《国务院关于加快发展现代职业教育的决定》指出：到2020年，形成适应发展需求、产教深度融合、中职高职衔接、职业教育与普通教育相互沟通，体现终身教育理念，具有中国特色、世界水平的现代职业教育体系，推进人才培养模式创新，坚持校企合作、工学结合，强化教学、学习、实训相融合的教育教学活动，推行项目教学、案例教学、工作过程导向教学等教学模式，引导社会力量参与教学过程，共同开发课程和教材等教育资源。机械工业出版社组织国内80余所职业院校（其中大部分是示范性院校和骨干院校）的骨干教师共同规划、编写并出版的“高等职业教育系列教材”，已历经十余年的积淀和发展，今后将更加紧密结合国家职业教育文件精神，致力于建设符合现代职业教育教学需求的教材体系，打造充分适应现代职业教育教学模式的、体现工学结合特点的新型精品化教材。

在本系列教材策划和编写的过程中，主编院校通过编委会平台充分调研相关院校的专业课程体系，认真讨论课程教学大纲，积极听取相关专家意见，并融合教学中的实践经验，吸收职业教育改革成果，寻求企业合作，针对不同的课程性质采取差异化的编写策略。其中，核心基础课程的教材在保持扎实的理论基础的同时，增加实训和习题以及相关的多媒体配套资源；实践性课程的教材则强调理论与实训紧密结合，采用理实一体的编写模式；实用技术型课程的教材则在其中引入了最新的知识、技术、工艺和方法，同时重视企业参与，吸纳来自企业的真实案例。此外，根据实际教学的需要对部分内容进行了整合和优化。

归纳起来，本系列教材具有以下特点：

1）围绕培养学生的职业技能这条主线来设计教材的结构、内容和形式。

2）合理安排基础知识和实践知识的比例。基础知识以“必需、够用”为度，强调专业技术应用能力的训练，适当增加实训环节。

3）符合高职学生的学习特点和认知规律。对基本理论和方法的论述容易理解、清晰简洁，多用图表来表达信息；增加相关技术在生产中的应用实例，引导学生主动学习。

4）教材内容紧随技术和经济的发展而更新，及时将新知识、新技术、新工艺和新案例等引入教材。同时注重吸收最新的教学理念，并积极支持新专业的教材建设。

5）注重立体化教材建设。通过主教材、电子教案、配套素材光盘、实训指导和习题及解答等教学资源的有机结合，提高教学服务水平，为高素质技能型人才的培养创造良好的条件。

由于我国高等职业教育改革和发展的速度很快，加之我们的水平和经验有限，因此在教材的编写和出版过程中难免出现疏漏。我们恳请使用这套教材的师生及时向我们反馈质量信息，以利于我们今后不断提高教材的出版质量，为广大师生提供更多、更适用的教材。

机械工业出版社

前　言

本书是以“高职高专机械类专业工程制图课程教学基本要求”为依据，结合作者多年的实践教学经验，针对高职院校的特点编写的。

本书的主要特点：

1）在结构上将应知的知识和应具备的能力分解在各个学习情境中。在内容编排上，既继承了传统机械制图教材由易到难的内容编排体系，又根据实际需要，以必需够用为原则，删减了部分画法几何的内容。

2）本书采用最新的技术制图和机械制图标准，重点讲述基本概念和标准的应用。

3）注重培养学生的实践能力，基础理论简明实用。将作图原理、读图方法、实践运用紧密结合，突出培养读图、绘图能力。

本书分为8个学习情境，主要内容包括绘图基本知识、绘制基本立体的投影、立体表面的交线、绘制和识读组合体视图、绘制机件的图样、常用零件的特殊画法、绘制和识读零件图、绘制和识读装配图。

与本书配套的《机械制图习题集》（书号：ISBN 978-7-111-53246-0），本着由浅入深、由易到难、前后衔接、循序渐进的原则编写，内容全面、重点突出。在选题时力求符合“机械制图”课程教学的基本要求，并注意高等职业教育以应用为主和理论联系实际的特点。

本书由淮安信息职业技术学院的蒋继红主编，舒希勇、毕艳茹担任副主编，孙少东，唐太元参与编写，全书何时剑主审。此外，淮安信息职业技术学院机械基础教研室成员及企业人员也为本书的编写提供了大力支持，在此一并表示感谢。

由于编者水平所限，不妥之处在所难免，恳请选用本书的师生和广大读者批评指正，以便修订时调整与改进。

编　者

目　录

绪　论

机械图样是工业生产的重要技术文件，也是进行技术交流的重要工具，所有机械产品都是根据机械图样进行制造和装配的。因此，机械图样是工程技术人员必须掌握的“工程界语言”。

机械产品的制造过程如图 0-1 所示。

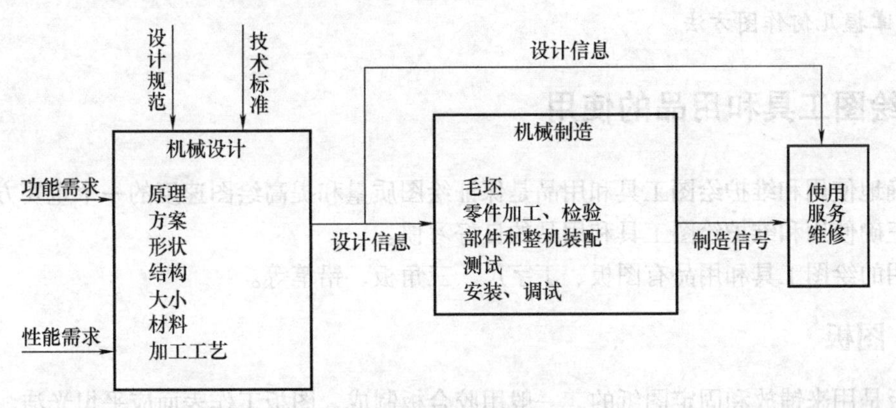

图 0-1　机械产品的制造过程

1. 本课程的目的和要求

“机械制图”是高等学校工科专业必修的一门技术基础课程。学习本课程的目的就是要掌握绘制和阅读机械图样的理论、方法和技术，能正确绘制和阅读满足生产要求的机械图样。具体要求是：

1）掌握正投影法的基本理论和作图方法。

2）能够遵守机械制图国家标准及有关规定。

3）能够绘制和阅读中等难度的零件图和装配图。

4）能够正确使用常用的绘图工具，具有绘制草图的技能。

5）培养严谨的工作作风和认真的工作态度。

2. 本课程的学习方法

1）“机械制图”课程主要学习如何将空间立体用平面图形表示出来，如何根据平面图形想象立体的空间形状，所以学习时需抓住空间、平面之间的转换关系，注重培养自己的空间想象力和思维能力。

2）“机械制图”课程的内容具有循序渐进的特点，知识由简单到复杂，层层递进，所以需从点滴做起，注重平时训练，多讨论、多思考，这样才能实现绘制和阅读中等难度零件图和装配图的最终目标。

学好机械制图课程，能为后续专业课程的学习及毕业后的工作打好坚实基础。

学习情境1　绘图基本知识

学习目标

1）了解并遵守国家标准《机械制图》与《技术制图》中的有关规定。

2）正确、合理使用常用的绘图工具和用品。

3）掌握几何作图方法。

1.1　绘图工具和用品的使用

正确地使用和维护绘图工具和用品是保证绘图质量和提高绘图速度的一个重要方面。必须养成正确使用和维护绘图工具和用品的良好习惯。

常用的绘图工具和用品有图板、丁字尺、三角板、铅笔等。

1.1.1　图板

图板是用来铺放和固定图纸的，一般用胶合板制成。图板工作表面应平坦光洁，导边也必须光滑、平直。图板有各种大小不同的规格，可根据需要选用。

1.1.2　丁字尺

丁字尺由尺头和尺身组成，有木质和有机玻璃两种。

丁字尺主要用来画水平线，它与三角板配合，可绘制垂直线或一些特殊角度的斜线，如图 1-1 所示。

丁字尺用完后应挂在干燥的地方，防止翘曲变形。

1.1.3　三角板

三角板由 45°和 30°、60°的两块合成为一副。

三角板主要与丁字尺配合使用，可以画垂直线和倾斜线。画垂直线时，应自下而上画，如图 1-1 所示。

两块三角板配合也可画出任意直线的平行线和垂直线，如图 1-2 所示。

1.1.4　铅笔

铅笔分硬、中、软三种。铅芯的软硬程度分别以字母 B、H 加上字母前的数字来表示。B 前数字越大表示铅芯越软，H 前的数字越大表示铅芯越硬。HB 表示铅芯软硬适中。

画图时通常用 H 或 2H 铅笔画底稿；用 B 或 HB 铅笔加粗加深全图；写字时用 HB 铅笔。

铅笔可修磨成圆锥形或四棱柱形。圆锥形铅芯的铅笔用于画细线及书写文字，四棱柱形铅芯的铅笔用于描深粗实线。铅笔修磨方法如图 1-3 所示。

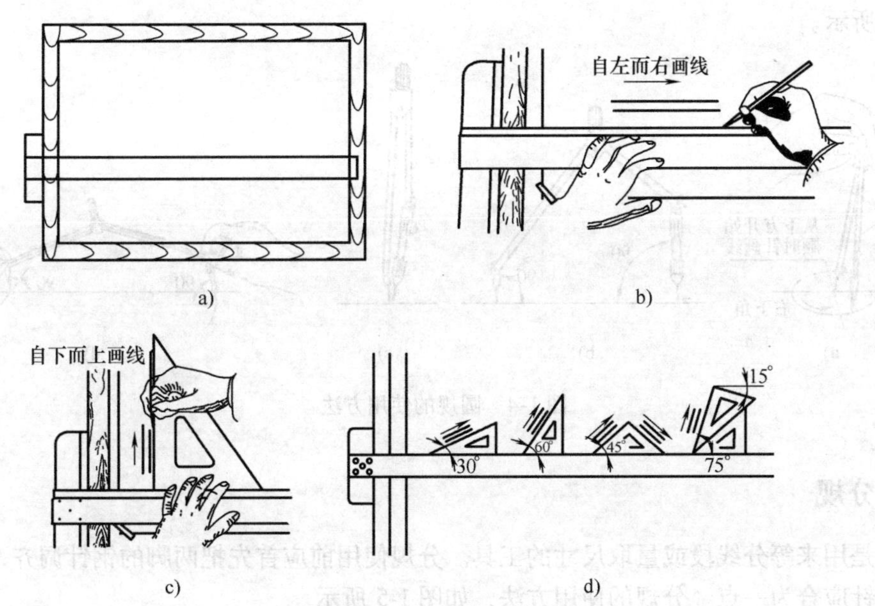

图 1-1　丁字尺与三角板

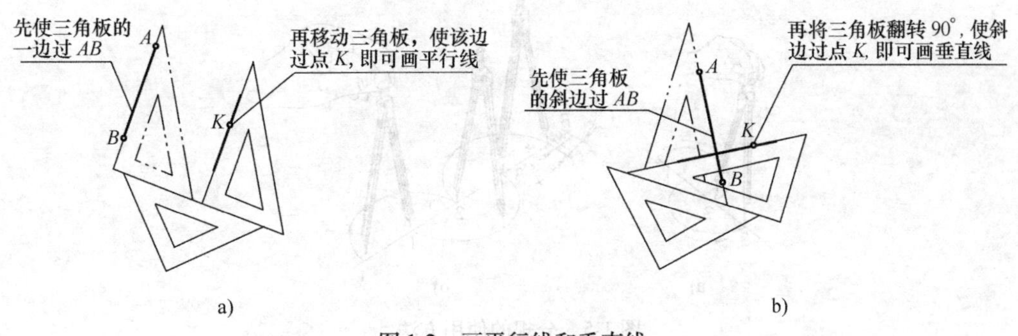

图 1-2　画平行线和垂直线

a）过定点 K 画 AB 的平行线　b）过定点 K 画 AB 的垂直线

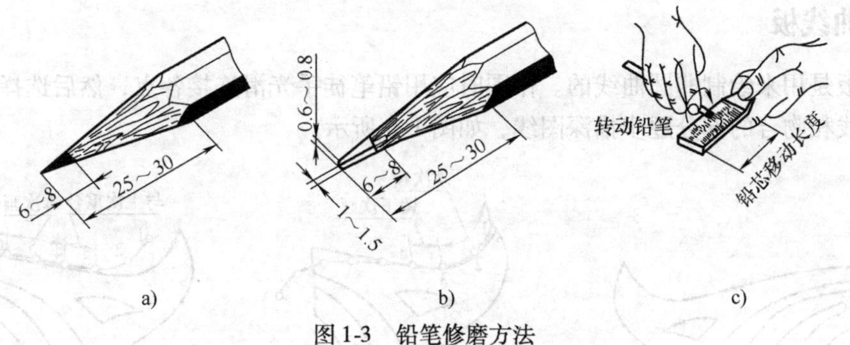

图 1-3　铅笔修磨方法

a）圆锥形　b）四棱柱形　c）修磨铅笔

1.1.5　圆规

圆规是画圆和圆弧的工具。圆规的附件有钢针插脚、铅芯插脚、鸭嘴插脚和延伸插杆等。画圆时，圆规的钢针应使用有台肩的一端，并使钢针尖与铅芯尖平齐。圆规的使用方法如图 1-4 所示。

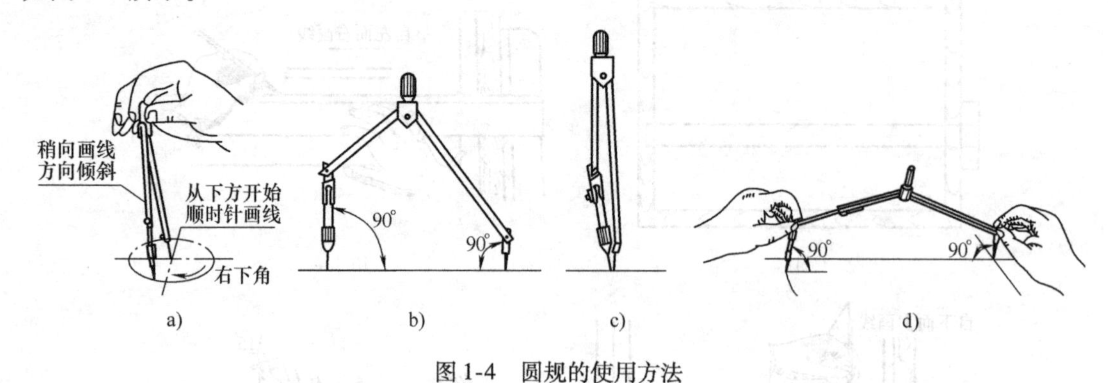

图 1-4　圆规的使用方法

1.1.6　分规

分规是用来等分线段或量取尺寸的工具。分规使用前应首先把两脚的钢针调齐，即两脚合拢时两针应合为一点。分规的使用方法，如图 1-5 所示。

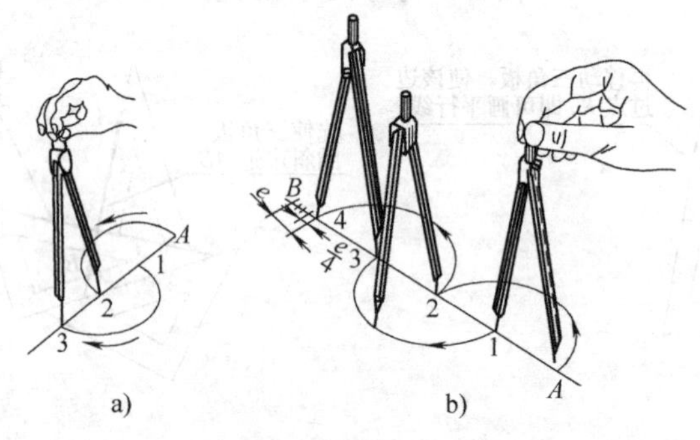

图 1-5　分规的使用方法

a）用分规截取等距离　b）用分规等分直线段

1.1.7　曲线板

曲线板是用来绘制非圆曲线的。作图时应用铅笔徒手光滑连接各点，然后选择曲线板上与所画曲线相吻合的部分逐步描深图线，如图 1-6 所示。

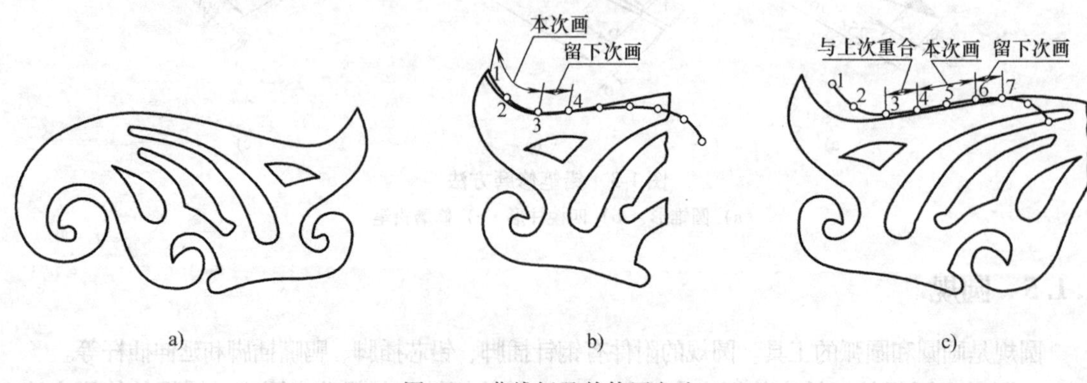

图 1-6　曲线板及其使用方法

1.1.8 绘图纸

绘图纸的质地较坚硬，必须用其正面画图。识别方法是用橡皮擦拭几下，不易起毛的一面即为正面。

画图时，将丁字尺尺头靠紧图板导边，以丁字尺上缘为准，将图纸摆正，用胶带纸将其固定在图板上，如图 1-7 所示。

除上述工具和用品外，必备的绘图用品还有橡皮、小刀、砂纸、胶带等。

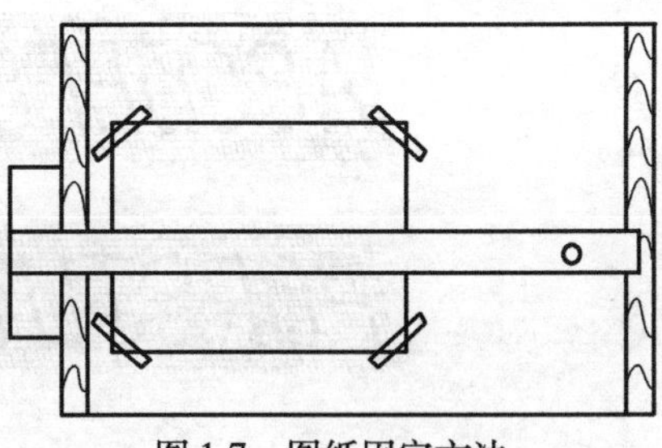

图 1-7 图纸固定方法

1.2 国家标准关于字体、图线、比例的相关规定

机械图样是设计和制造机械的重要技术资料和主要依据。为了便于生产和技术交流，必须对图样中的字体、图线及比例等进行统一的规定。

1.2.1 字体（GB/T 14691—1993）

1. 基本规定

1）书写字体必须做到：字体工整、笔画清楚、间隔均匀、排列整齐。

2）汉字应写成长仿宋体字，并采用中华人民共和国国务院正式公布推行的《汉字简化方案》中规定的简化字。

3）字体的高度（h）的公称尺寸系列为：1.8mm，2.5mm，3.5mm，5mm，7mm，10mm，14mm，20mm。如需书写更大的字，其字体高度应按$\sqrt{2}$的比率递增。字体高度代表字体的号数。

4）汉字的高度 h 不应小于 3.5mm，其字宽一般为 $h/\sqrt{2}$。书写长仿宋体字的要领是：横平竖直、注意起落、结构匀称、填满方格。

5）字母和数字分 A 型和 B 型。A 型字体的笔画宽度（d）为字高（h）的 1/14；B 型字体的笔画宽度（d）为字高（h）的 1/10。在同一图样上，只允许选用一种型式的字体。

6）字母和数字可以写成斜体和直体。斜体字字头向右倾斜，与水平基准线成 75°。

7）用作指数、分数、极限偏差、注脚等的数字及字母，一般应采用小一号的字体。

2. 字体示例

图 1-8 所示为长仿宋体汉字示例。

10 号字

字体工整 笔画清楚 间隔均匀 排列整齐

7 号字

横平竖直　注意起落　结构均匀　填满方格

5 号字

技术制图机械电子汽车航空船舶土木建筑未注铸造圆角其余技术要求两端材料

图 1-8 长仿宋体汉字示例

图 1-9 所示为字母和数字书写示例。

斜体

ABCDEFGHIJKLMNO

PQRSTUVWXYZ

abcdefghijklmnopq

rstuvwxyz

0123456789

直体

0123456789

图 1-9　字母和数字书写示例

1.2.2　图线

为了使图样清晰和便于读图，GB/T 17450—1998《技术制图　图线》和 GB/T 4457. 4—2002《机械制图　图样画法　图线》对图线作了规定。在绘制技术图样时，应使用国家标准规定的画法。

1. 基本线型

基本线型见表 1-1。

表 1-1　基本线型

代码 No.	基本线型	名　称
01		实线
02		虚线
03		间隔画线
04		点画线
05		双点画线

（续）

代码 No.	基本线型	名　　称
06		三点画线
07		点线
08		长画短画线
09		长画双短画线
10		画点线
11		双画单点线
12		画双点线
13		双面双点线
14		画三点线
15		双画三点画线

2. 图线宽度

图线宽度（d）应根据图样的类型和尺寸大小及所表达对象的复杂程度选用，线宽数系为0.13mm，0.18mm，0.25mm，0.35mm，0.5mm，0.7mm，1mm，1.4mm，2mm。粗线和细线的宽度比例为2∶1。

3. 机械制图中图线的应用

基本线型适用于各种技术图样。机械制图的线型及应用见表1-2。

表1-2　机械制图的线型及应用

名　　称	线　　型	线　　宽	应用举例
粗实线		d	可见轮廓线、可见棱边线等
细实线		$0.5d$	尺寸线及尺寸界线、剖面线、指引线、重合断面的轮廓线、螺纹牙底线及齿轮的齿根线、分界线及范围线等
波浪线		$0.5d$	断裂处的边界线、视图和剖视图的分界线
双折线		$0.5d$	断裂处的边界线、视图和剖视图的分界线
细虚线		$0.5d$	不可见轮廓线、不可见棱边线
粗虚线		d	允许表面处理的表示线
细点画线		$0.5d$	轴线、对称中心线、分度圆等
细双点画线		$0.5d$	相邻辅助零件的轮廓线、极限位置的轮廓线等
粗点画线		d	限定范围表示线

各种图线的应用如图1-10所示。

4. 图线的画法

在绘制图样时，应该注意：

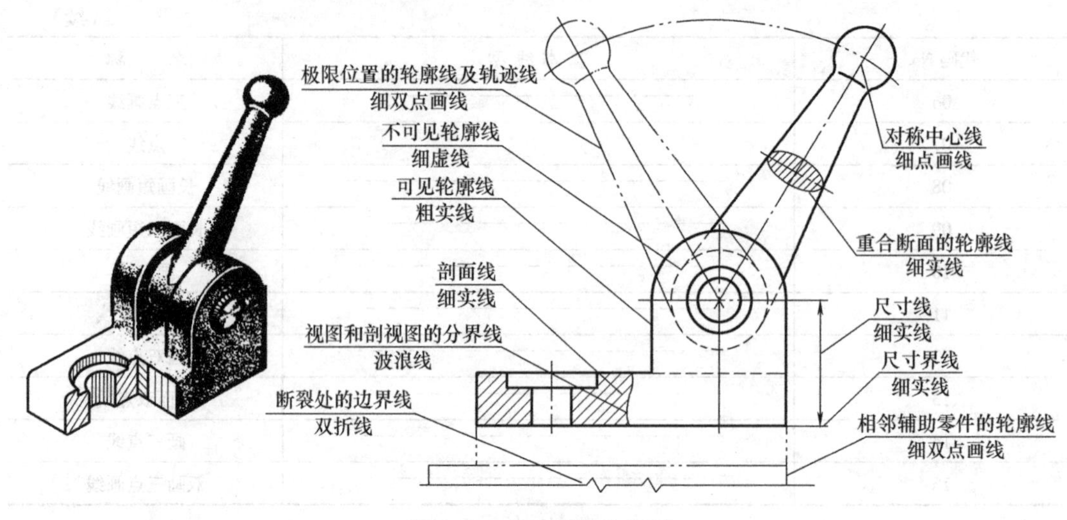

图 1-10　各种图线的应用

1）同一图样中同类图线的宽度应基本一致。虚线、点画线及双点画线的线段长度和间隔应各自大致相同。

2）两条平行线（包括剖面线）之间的距离应不小于粗实线的两倍宽度，其最小距离不得小于 0.7mm。

3）如图 1-11 所示，绘制圆的中心线时，圆心应为线段的交点，点画线、双点画线的首末两端应是线段而不是点，且超出图形的轮廓线 2～5mm。

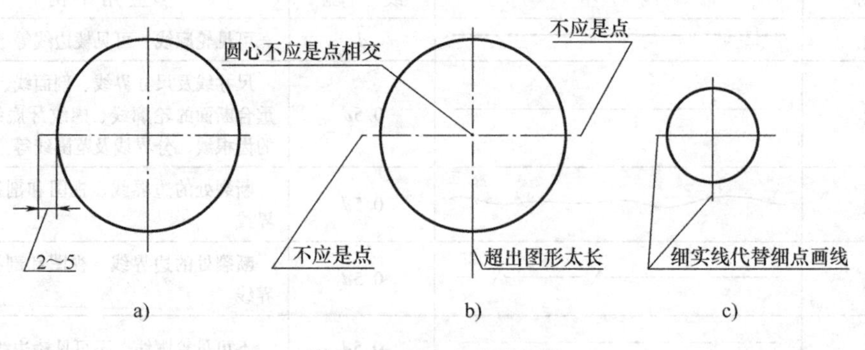

图 1-11　圆中心线的画法
a）正确　b）错误　c）正确

当图形较小时，绘制点画线或双点画线有困难时，可以用细实线代替，如图 1-11 所示。

4）当图线相交时，应以线段相交，不得留有空隙。当虚线处在粗实线的延长线上时，粗实线应画到分界点，衔接处应留有空隙，如图 1-12 所示。

5）图线与图线相切，应以切点相切，相切处应保持相切两线中较宽的图线的宽度，不得相割或相离。

6）当两种或两种以上的图线重合时，其重合部分只画一种起重要作用的图线。一般是可见的轮廓线，其次是不可见的轮廓线和尺寸线，再次是细实线，最后是细点画线等。

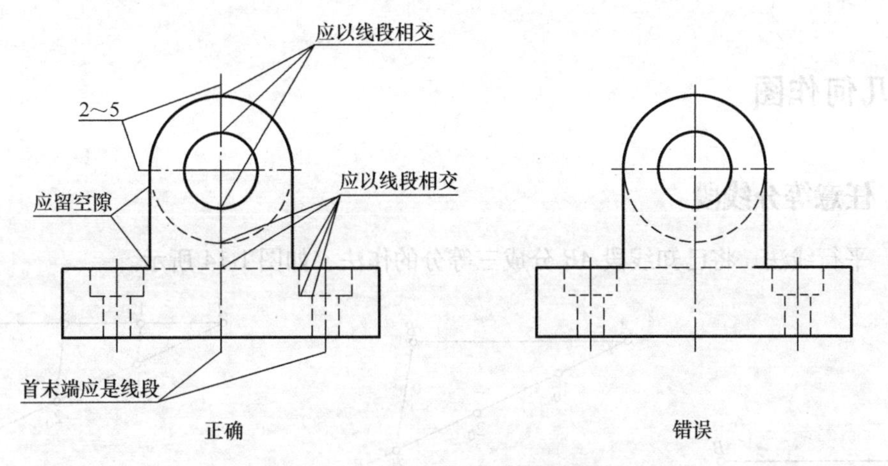

图 1-12　图线画法的正误对比

1.2.3　比例

图样的比例是图中图形与其实物相应要素的线性尺寸之比。比例分为原值比例、放大比例和缩小比例。

原值比例是比值为 1 的比例，即 1∶1；放大比例是比值大于 1 的比例，如 2∶1 等；缩小比例是比值小于 1 的比例，如 1∶2 等。在图样上标注的尺寸均为机件的实际尺寸，而与图样准确程度、比例大小无关，如图 1-13 所示。

在绘制图样时，应由表 1-3 规定的系列中选取适当的比例。

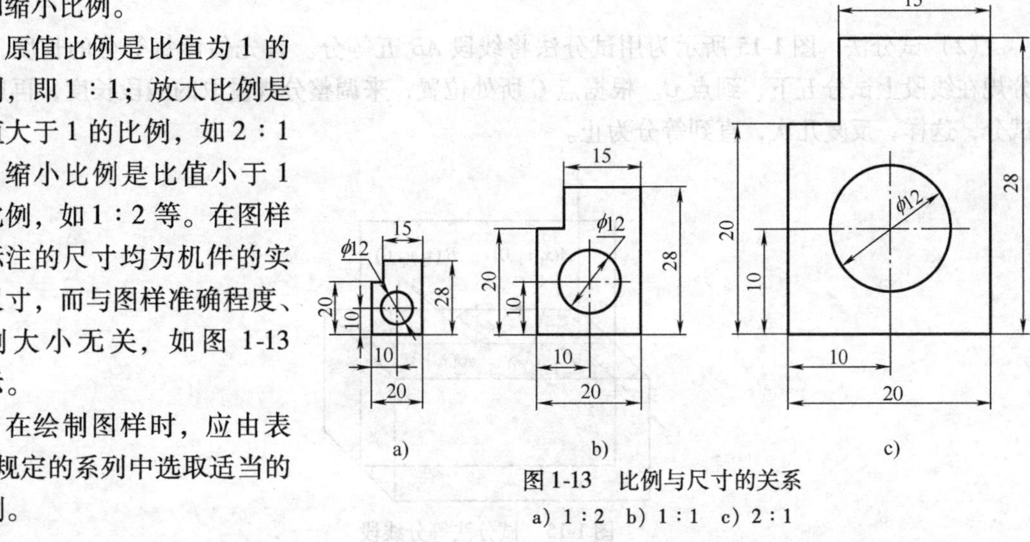

图 1-13　比例与尺寸的关系

a) 1∶2　b) 1∶1　c) 2∶1

表 1-3　标准比例系列

种　类	比　例	
	优先选取	允许选取
原值比例	1∶1	
放大比例	5∶1　2∶1 1×10^n∶1　2×10^n∶1　5×10^n∶1	4∶1　2.5∶1 4×10^n∶1　2.5×10^n∶1
缩小比例	1∶2　1∶5　1∶10 1∶2×10^n　1∶5×10^n　1∶1 $\times10^n$	1∶1.5　1∶2.5　1∶3　1∶4　1∶6 1∶1.5×10^n　1∶2.5×10^n　1∶3×10^n　1∶4×10^n　1∶6 $\times10^n$

1.3 几何作图

1.3.1 任意等分线段

（1）平行线法　将已知线段 AB 分成三等分的作法，如图 1-14 所示。

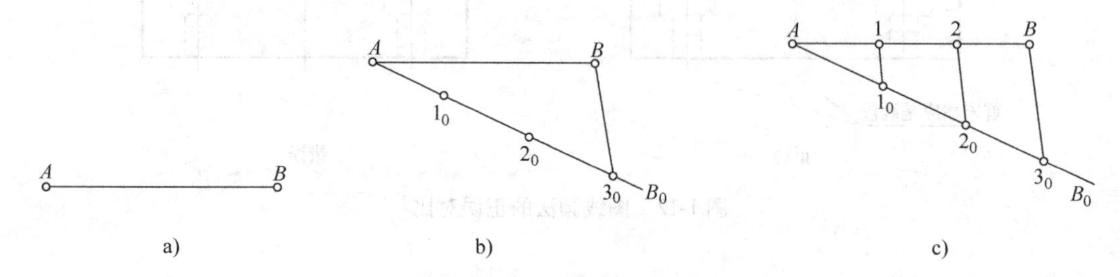

图 1-14　平行线法等分线段

a）已知线段 AB　b）过点 A 作任意直线段 AB_0，在 AB_0 上截取 $A1_0 = 1_02_0 = 2_03_0$，连接 $B3_0$

c）过 1_0、2_0 作 $B3_0$ 的平行线，即得分点 1、2

（2）试分法　图 1-15 所示为用试分法将线段 AB 五等分。首先估计每等分的长度，用分规在线段上试分五下，到点 C。根据点 C 所处位置，来调整分规量取的线段长度，再进行试分，这样，反复几次，直到等分为止。

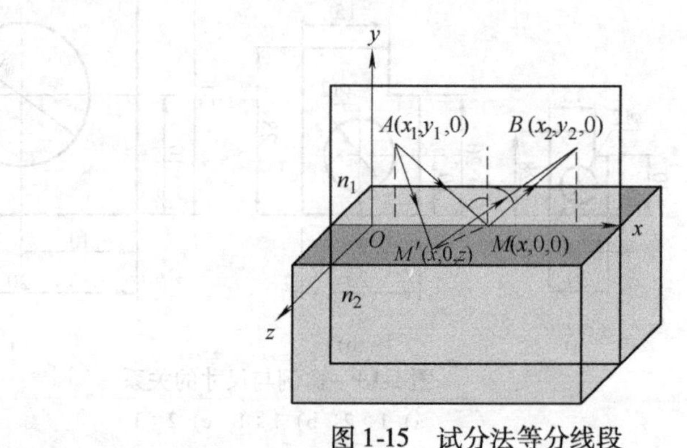

图 1-15　试分法等分线段

1.3.2 等分圆周和作正多边形

（1）等分圆周

1）用圆规三、六、十二等分圆周，如图 1-16 所示。

2）用丁字尺、三角板八等分圆周，如图 1-17 所示。

（2）圆的任意等分　圆的等分，有时可准确等分，有时只能近似等分。下面介绍常用的圆的任意等分方法。

根据等分系数 K 和圆的直径 D，计算出边长，然后再进行作图。边长的计算公式为 $a = KD$，部分圆等分系数见表 1-4。

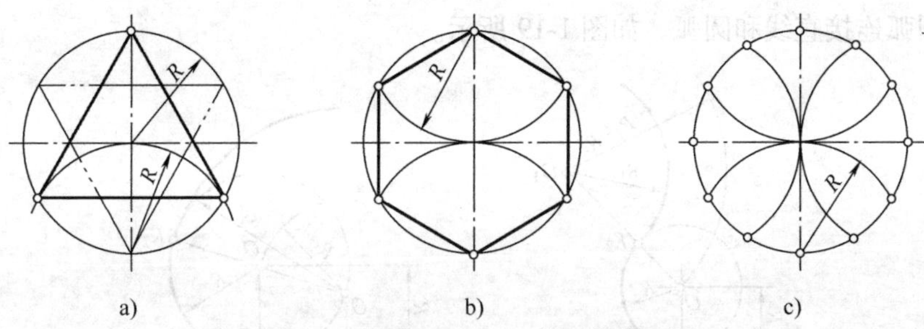

图 1-16　用圆规三、六、十二等分圆周

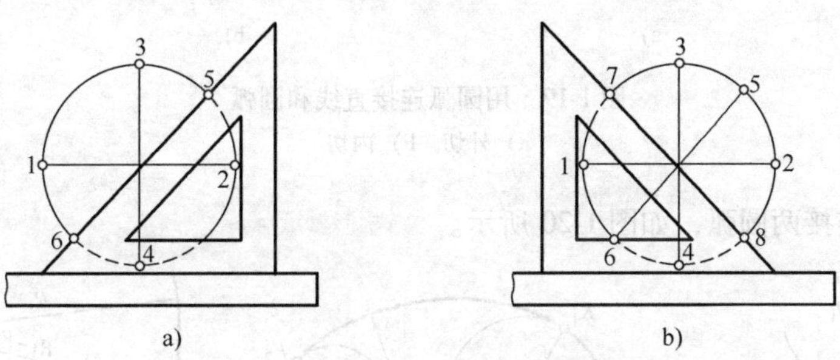

图 1-17　用丁字尺、三角板八等分圆周

a）在四等分（等分点 1、2、3、4）的基础上，用丁字尺与 45°三角板配合使用，三角板斜边通过圆心，与圆周交于点 5、6

b）将三角板转 180°，斜边通过圆心，与圆周交于点 7、8，则 1、2、…、7、8 点即为所求的八等分点

表 1-4　部分圆等分系数

圆等分数 n	3	4	5	6	7	8	9
等分系数 K	0.8660	0.7071	0.5878	0.5000	0.4339	0.3827	0.3420
圆等分数 n	10	11	12	13	14	15	16
等分系数 K	0.3090	0.2817	0.2588	0.2393	0.2225	0.2079	0.1951
圆等分数 n	17	18	19	20	21	22	
等分系数 K	0.1837	0.1736	0.1646	0.1564	0.1490	0.1423	

1.3.3　圆弧连接

圆弧连接是用已知半径的圆弧，光滑地连接相邻已知直线或圆弧的作图方法。圆弧连接时，要使圆弧与要连接的相邻直线或圆弧相切，以达到光滑连接的目的，因此要准确求出连接圆弧的圆心和连接点（切点）。

1）用圆弧连接两直线，如图 1-18 所示。

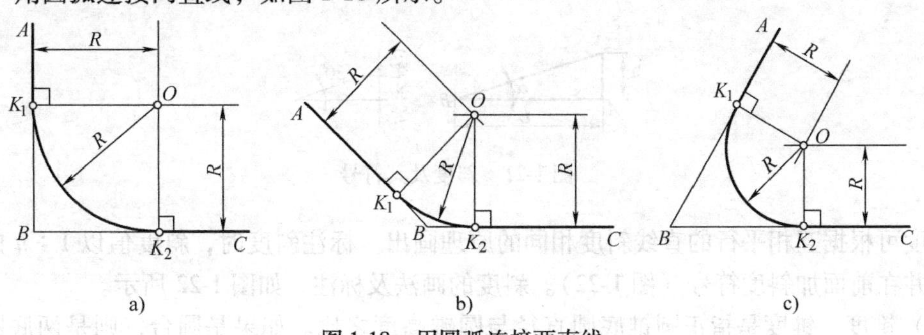

图 1-18　用圆弧连接两直线

a）成直角时　b）成钝角时　c）成锐角时

2）用圆弧连接直线和圆弧，如图 1-19 所示。

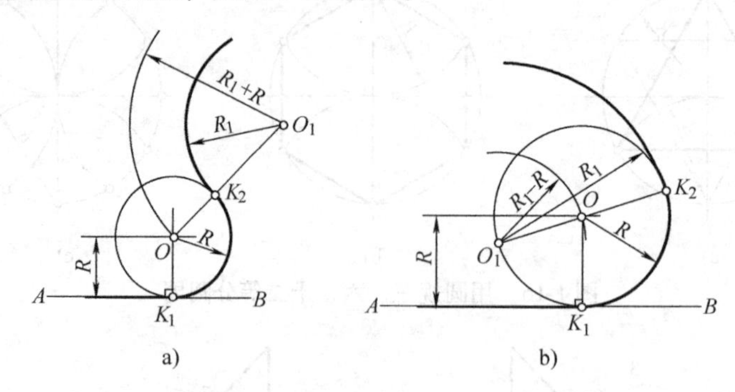

图 1-19　用圆弧连接直线和圆弧

a）外切　b）内切

3）用圆弧连接两圆弧，如图 1-20 所示。

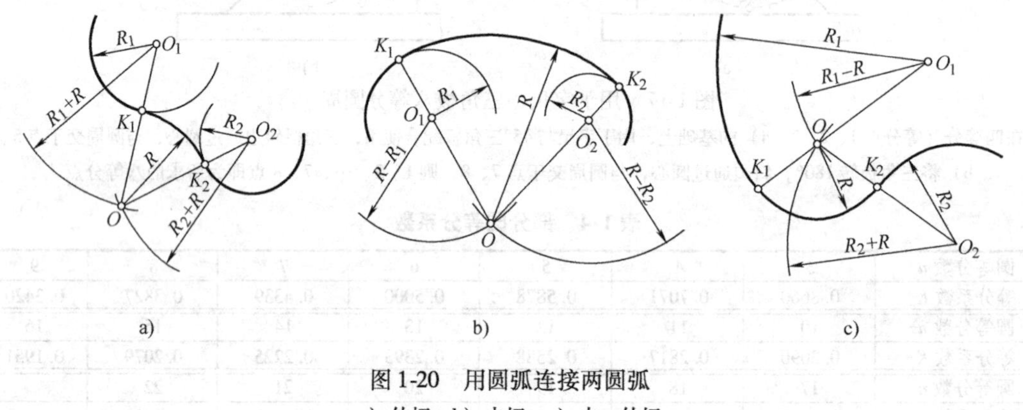

图 1-20　用圆弧连接两圆弧

a）外切 b）内切 c）内、外切

1.3.4　斜度和锥度

（1）斜度　斜度是指一直线（或平面）相对于另一直线（或平面）的倾斜度，其大小用它们之间夹角的正切值表示，如图 1-21 所示。

$$斜度=\tan\alpha=\frac{CA}{AB}=\frac{H}{L}$$

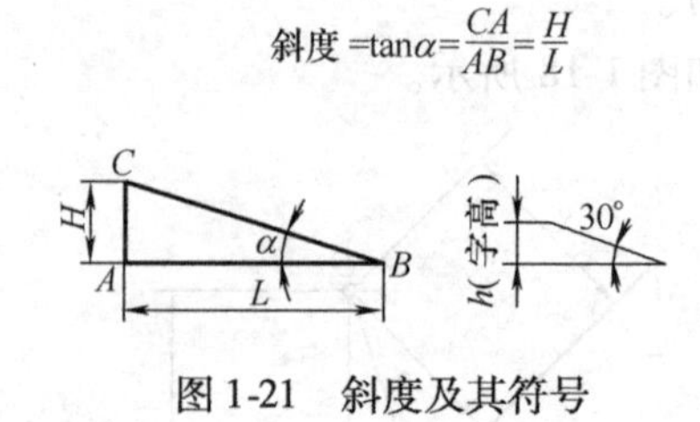

图 1-21　斜度及其符号

斜度可根据互相平行的直线斜度相同的原理画出。标注斜度时，斜度值以 1∶n 的形式表示，并在前面加斜度符号（图 1-22）。斜度的画法及标注，如图 1-22 所示。

（2）锥度　锥度是指正圆锥底圆直径与圆锥高度之比。如果是圆台，则是两底圆直径差与圆台高度之比，如图 1-23 所示。

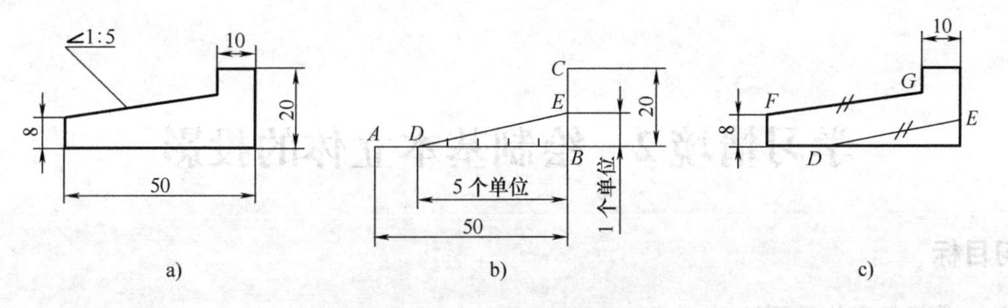

图 1-22　斜度的画法及标注

a）已知图形　b）在 *AB* 上取 5 个单位得点 *D*，在 *BC* 上取 1 个单位得点 *E*，连接 *DE* 得 1∶5 斜度线

c）按尺寸定出点 *F*、*G*，过点 *F* 作 *DE* 的平行线，完成作图

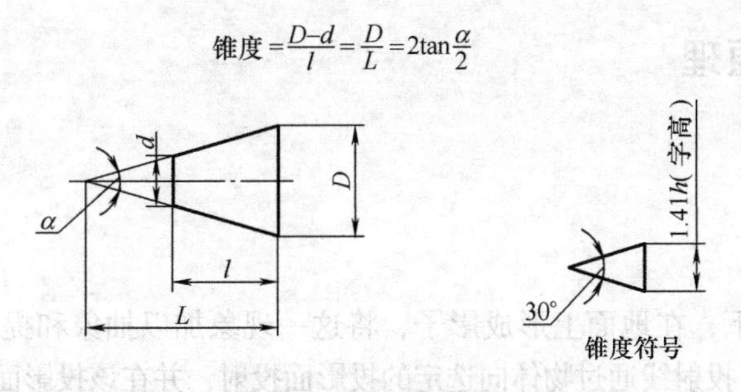

图 1-23　锥度及其符号

锥度可根据平行线原理画出。标注锥度时，锥度值以 1∶*n* 的形式表示，并在前面加锥度符号◁。锥度的画法及标注，如图 1-24 所示。

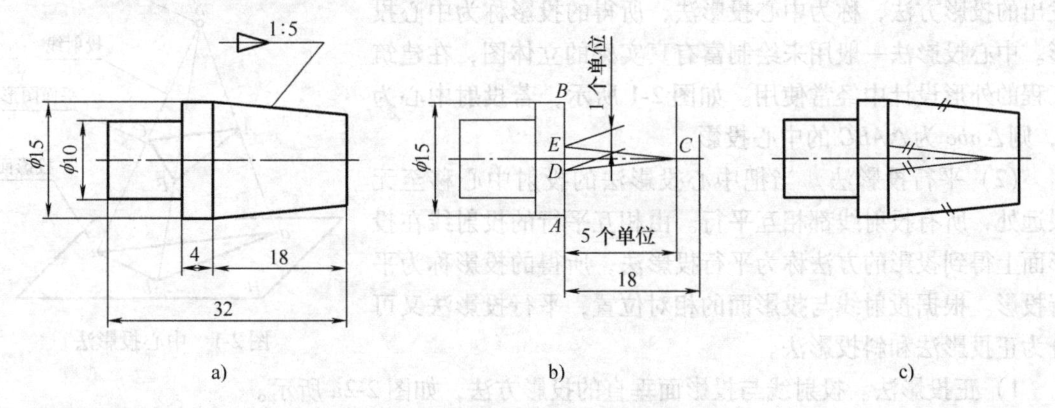

图 1-24　锥度的画法及标注

a）已知图形　b）按尺寸画出已知部分，在轴线上取 5 个单位，在 *AB* 上取 1 个单位，得两条线 *CD*、*CE*

c）过点 *A*、*B* 作 *CD*、*CE* 的平行线，完成作图

学习情境2　绘制基本立体的投影

学习目标

1）掌握投影作图原理。

2）掌握点、直线、平面的作图方法。

3）掌握基本立体的作图方法。

2.1　投影作图原理

2.1.1　投影基础

1. 投影法

物体在光线照射下，在地面上形成影子，将这一现象加以抽象和提高可得出投影法。

所谓投影法，就是投射线通过物体向选定的投影面投射，并在该投影面上得到投影的方法。

2. 投影法的分类

投影法可分为中心投影法和平行投影法两大类。

（1）中心投影法　所有投射线都是从一点（投射中心）发出的投影方法，称为中心投影法，所得的投影称为中心投影。中心投影法一般用来绘制富有真实感的立体图，在建筑工程的外形设计中经常使用。如图2-1所示，若投射中心为S，则$\triangle abc$为$\triangle ABC$的中心投影。

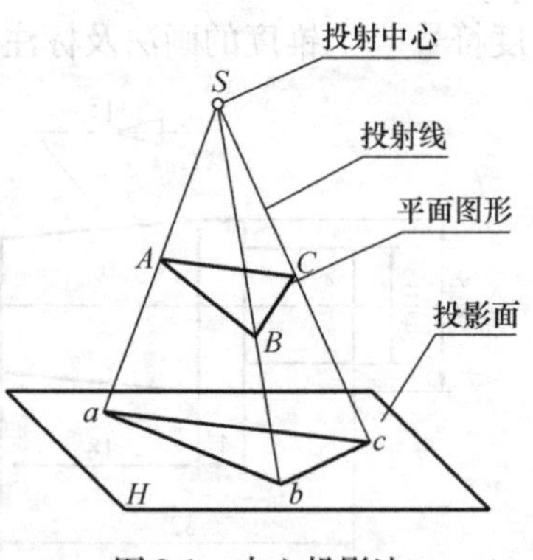

图2-1　中心投影法

（2）平行投影法　当把中心投影法的投射中心移至无限远处，所有投射线都相互平行。由相互平行的投射线在投影面上得到投影的方法称为平行投影法，所得的投影称为平行投影。根据投射线与投影面的相对位置，平行投影法又可分为正投影法和斜投影法。

1）正投影法。投射线与投影面垂直的投影方法，如图2-2a所示。

2）斜投影法。投射线与投影面倾斜的投影方法，如图2-2b所示。

由于正投影法能真实表达空间物体的形状和大小，度量性好，而且作图简便，因此，机械图样主要是采用正投影法来绘制的。本书后续内容中如不特别说明，其投影一般均指正投影。

3. 正投影的基本性质

（1）显实性　当直线或平面图形与投影面平行时，在该投影面上的投影反映实长和实形，这种性质称为显实性，如图2-3所示。

（2）积聚性　当直线或平面图形与投影面垂直时，在该投影面上的投影积聚成一点或一直线，这种性质称为积聚性，如图2-4所示。

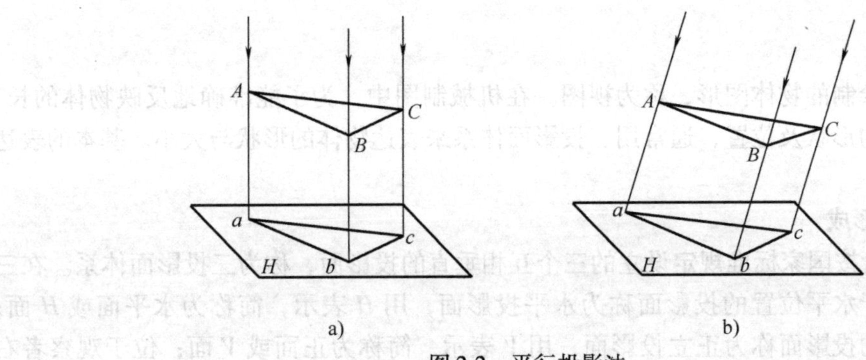

a)　　　　　　　　b)

图 2-2　平行投影法

a）正投影法　b）斜投影法

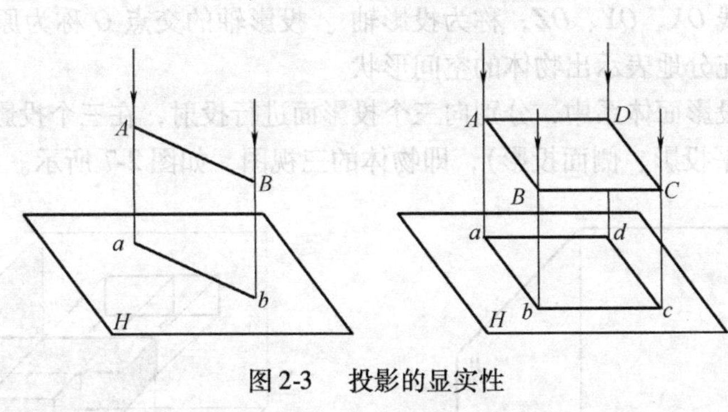

图 2-3　投影的显实性

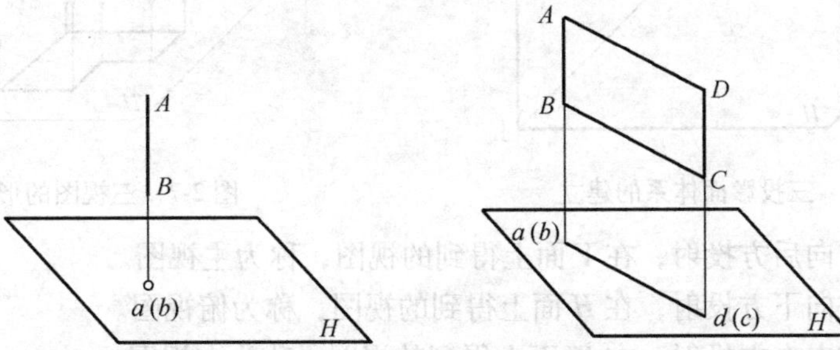

图 2-4　投影的积聚性

（3）类似性　当直线或平面图形倾斜于投影面时，在该投影面上的投影不反映实长或实形，但仍保留其空间几何形状，这种性质称为类似性，如图 2-5 所示。

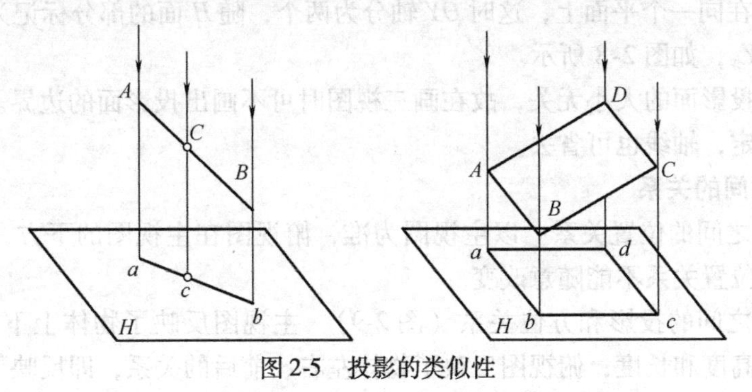

图 2-5　投影的类似性

2.1.2 三视图

用正投影法绘制的物体图形，称为视图。在机械制图中，为了能准确地反映物体的长、宽、高和不同面的形状及位置，通常用三投影面体系来表达物体的形状与大小。基本的表达方法是三视图。

1. 三视图的形成

图 2-6 所示为按国家标准规定设立的三个互相垂直的投影面，称为三投影面体系。在三个投影面中，位于水平位置的投影面称为水平投影面，用 *H* 表示，简称为水平面或 *H* 面；在观察者正前方的投影面称为正立投影面，用 *V* 表示，简称为正面或 *V* 面；位于观察者右方的投影面称为侧立投影面，用 *W* 表示，简称为侧面或 *W* 面。这三个投影面两两相交，得三条互相垂直的交线 *OX*、*OY*、*OZ*，称为投影轴 。投影轴的交点 *O* 称为原点。只有在这个体系中，才能比较充分地表示出物体的空间形状。

把物体放在三投影面体系中，分别向三个投影面进行投射，在三个投影面上得到三个投影（正面投影、水平投影、侧面投影），即物体的三视图，如图 2-7 所示。

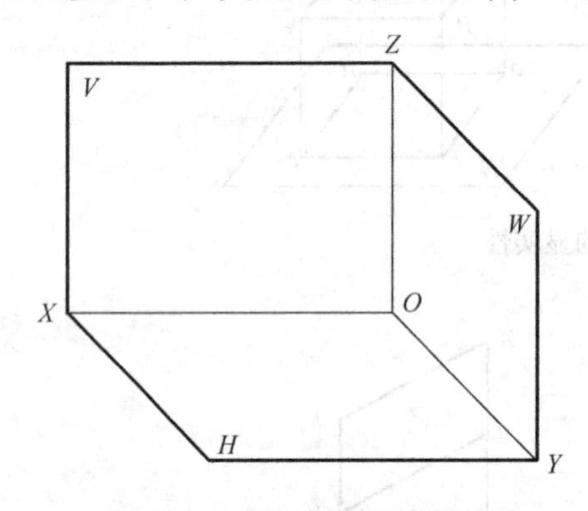

图 2-6　三投影面体系的建立

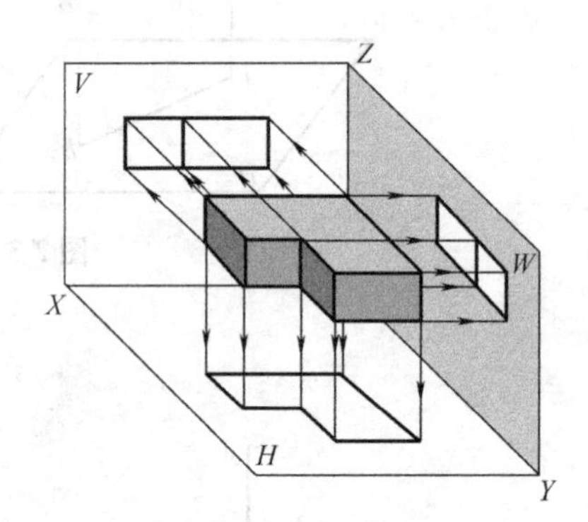

图 2-7　三视图的形成

从物体的前方向后方投射，在 *V* 面上得到的视图，称为主视图。

从物体的上方向下方投射，在 *H* 面上得到的视图，称为俯视图。

从物体的左方向右方投射，在 *W* 面上得到的视图，称为左视图。

上述所得到的视图就是物体最基本的三个视图。根据物体的三视图，就可确定物体的形状。要把三视图画在一张图纸上，就必须把三个投影面展开成一个平面。规定：*V* 面不动，将 *H* 面与 *W* 面沿 *OY* 轴分开，*H* 面绕 *OX* 轴向下旋转 90°，*W* 面绕 *OZ* 轴向右旋转 90°，使 *H* 面、*W* 面与 *V* 面在同一个平面上，这时 *OY* 轴分为两个，随 *H* 面的部分标记为 OY_H，随 *W* 面的部分标记为 OY_W，如图 2-8 所示。

由于视图与投影面的大小无关，故在画三视图时可不画出投影面的边界。视图之间的距离可根据需要确定，轴线也可省去。

2. 三视图之间的关系

（1）三视图之间的位置关系　以主视图为准，俯视图在主视图的下方，左视图在主视图的右方，这种位置关系不能随意改变。

（2）三视图之间的投影和方位关系（图 2-9）　主视图反映了物体上下、左右的关系，即反映了物体的高度和长度；俯视图反映了物体左右、前后的关系，即反映了物体的长度和宽度；左视图反映了物体上下、前后的关系，即反映了物体的高度和宽度。

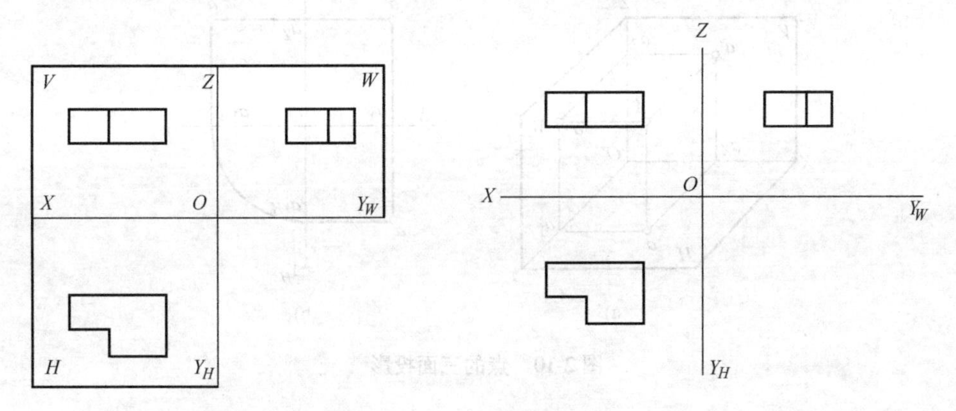

图 2-8　三个投影面的展开

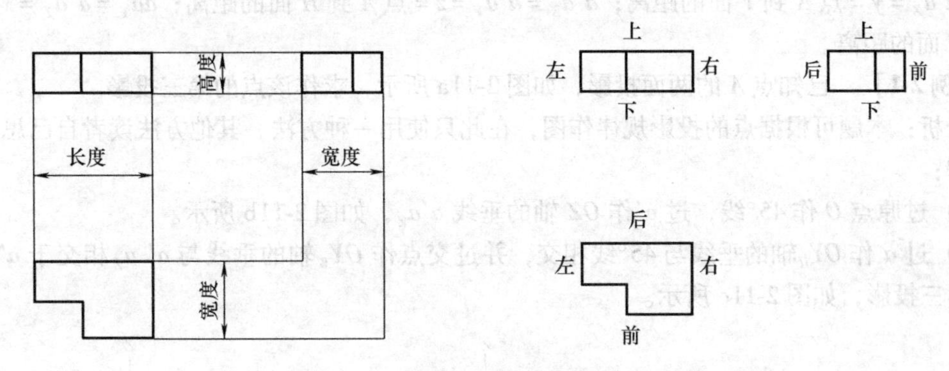

图 2-9　三视图之间的投影和方位关系

由此可得出：主视图和俯视图——长对正（等长）；主视图和左视图——高平齐（等高）；俯视图和左视图——宽相等（等宽）。

“长对正、高平齐、宽相等”是画图和读图的依据，应透彻理解，熟练应用。无论是整个物体还是物体的局部，其三个视图之间都必须符合这条规律。

2.2　点的投影

2.2.1　点的三面投影

设在三投影面体系中有一点 A，过点 A 分别向 H 面、V 面和 W 面作投射线，投射线与投影面的交点，即为点 A 的三面投影，分别用 a、a' 和 a'' 表示，如图 2-10a 所示。其中 a 为点 A 的水平投影；a' 为点 A 的正面投影；a'' 为点 A 的侧面投影。移去空间点 A，将三投影面展开，形成三面投影图，如图 2-10b 所示。

由点的三面投影的形成过程，可总结出点的投影规律。

1）点的水平投影 a 与正面投影 a' 的连线垂直于 OX 轴，即 $aa' \perp OX$；点的侧面投影 a'' 与正面投影 a' 的连线，垂直于 OZ 轴，即 $a'a'' \perp OZ$。

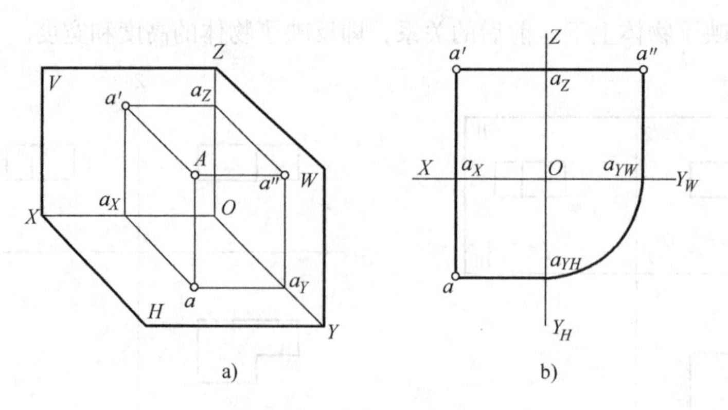

图 2-10　点的三面投影

2）点到某一投影面的距离等于该点在另一投影面上的投影到其相应投影轴的距离，即 $aa_X = a''a_Z = y$ = 点 A 到 V 面的距离；$a'a_X = a''a_Y = z$ = 点 A 到 H 面的距离；$aa_Y = a'a_Z = x$ = 点 A 到 W 面的距离。

[例 2-1]　已知点 A 的两面投影，如图 2-11a 所示，求作该点的第三投影。

分析：本题可根据点的投影规律作图，在此只使用一种方法，其他方法读者自己思考。

解：

1）过原点 O 作 45°线，过 a' 作 OZ 轴的垂线 $a'a_Z$，如图 2-11b 所示。

2）过 a 作 OY_H 轴的垂线与 45°线相交，并过交点作 OY_W 轴的垂线与 $a'a_Z$ 相交于 a''，a'' 即为第三投影，如图 2-11c 所示。

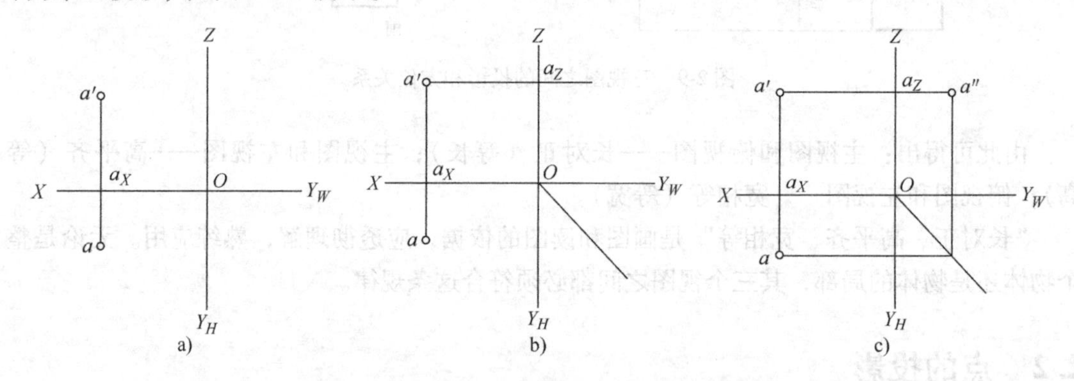

图 2-11　已知点的两面投影，求作第三投影

2.2.2　点的投影与直角坐标的关系

如果把图 2-12 所示的三投影面体系看作直角坐标系，H 面、V 面 和 W 面为坐标面，OX 轴、OY 轴和 OZ 轴为坐标轴，点 O 为坐标原点。点在空间的位置可由该点到三个投影面的距离来确定，即点 A 到 W 面、V 面和 H 面的距离 Aa''、Aa' 和 Aa 称为该点的 x 坐标、y 坐标和 z 坐标（三个坐标分别用小写 x、y 和 z 表示）。因此，点的空间位置可用 x，y，z 来表示。

由此可见，点的投影与其坐标是一一对应的。由已知点的三个坐标，可以作该点的三面投影图。相反，根据点的三面投影图，也可以求出该点的三个坐标值。

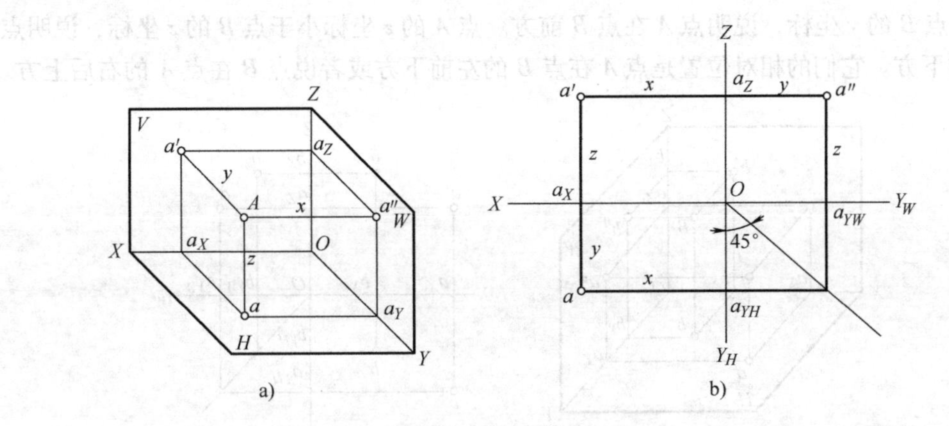

图 2-12　点的坐标

［例 2-2］　已知点 $A(20,15,30)$，求作点 A 的三面投影图，如图 2-13 所示。

解：

1）先画投影轴，在 OX 轴上取 $Oa_X=20\mathrm{mm}$。

2）过 a_X 作 $a'a\perp OX$，并使 $aa_X=15\mathrm{mm}$，$a'a_X=30\mathrm{mm}$。

3）由 a' 作 OZ 轴的垂线，与 OZ 轴交于 a_Z，由 a_Z 向右量取 $y=15\mathrm{mm}$，得 a''（也可用由点的两面投影求第三投影的方法求得）。

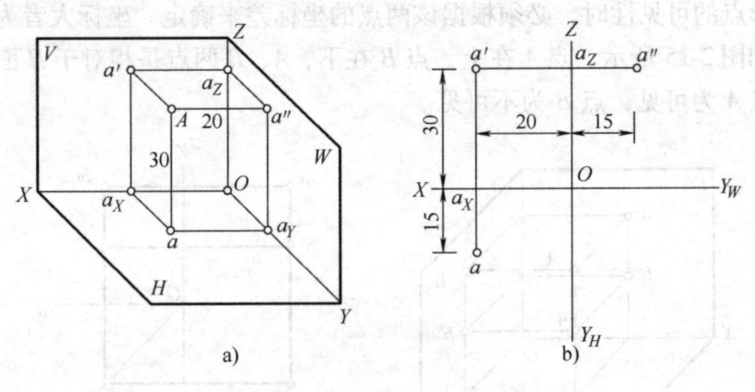

图 2-13　根据点的坐标作投影图

2.2.3　两点的相对位置

两点的相对位置是指空间点在投影体系中的相对位置，即两点间的左右、前后和上下的位置关系。

在三投影面体系中，判断两点的相对位置，必须仔细分析两点在各个投影面上投影的坐标关系，可根据两点的坐标来判断。

1. 判断两点相对位置的原则

判断左右：x 坐标值大的点在左，x 坐标值小的点在右。

判断前后：y 坐标值大的点在前，y 坐标值小的点在后。

判断上下：z 坐标值大的点在上，z 坐标值小的点在下。

如图 2-14 所示，点 A 的 x 坐标大于点 B 的 x 坐标，说明点 A 在点 B 的左方。点 A 的 y

坐标大于点 B 的 y 坐标，说明点 A 在点 B 前方。点 A 的 z 坐标小于点 B 的 z 坐标，说明点 A 在点 B 的下方。它们的相对位置是点 A 在点 B 的左前下方或者说点 B 在点 A 的右后上方。

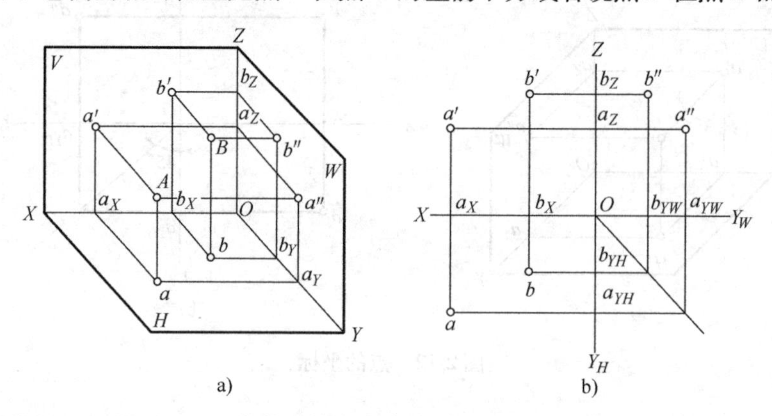

图 2-14　两点的相对位置

2. 重影点及其可见性

当空间两点处于某一投影面的同一投射线上，则它们在该投影面的投影必然重合。具有重合特性的两空间点称为该投影面上的重影点。如果沿着投射方向观察这两个点，一定是一点为可见，一点为不可见。如何判断重影点的可见性是重影点的一个重要问题。

在判断重影点的可见性时，必须根据该两点的坐标差来确定。坐标大者为可见，坐标小者为不可见。如图 2-15 所示，点 A 在上，点 B 在下，A、B 两点是相对于 H 面的重影点，根据坐标关系，点 A 为可见，点 B 为不可见。

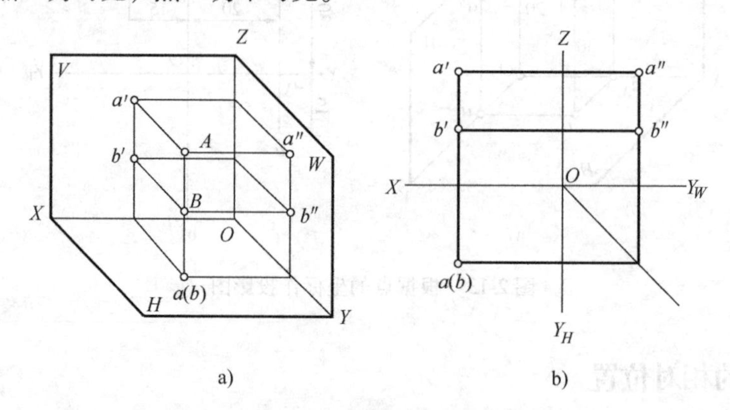

图 2-15　重影点的投影

两点的投影重合时，其投影的标注方法是：可见点投影注写在前，不可见点投影注写在后，并加括号。

2.3　直线的投影

2.3.1　一般直线的三面投影

在一般情况下，直线的投影仍为一直线，如图 2-16 所示。

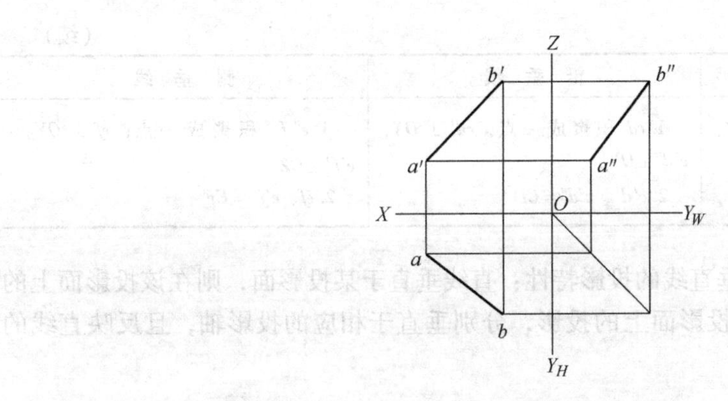

图 2-16 一般直线的三面投影

2.3.2 各种位置直线的投影特性

在三投影面体系中，空间直线对投影面的相对位置，可分为三类：投影面垂直线；投影面平行线；一般位置直线。

其中，前两类统称为特殊位置直线。各种位置直线具有不同投影特性。

一般位置直线与投影面之间的夹角，称为直线对该投影面的倾角。一般位置直线对 H 面、V 面和 W 面的倾角，分别用 α、β、γ 表示。

1. 投影面垂直线

垂直于某一个投影面，而平行于另两个投影面的直线，称为投影面垂直线。

投影面垂直线有三种情况：垂直于 H 面的直线称为铅垂线（$\perp H$ 面、$/\!/ V$ 面、$/\!/ W$ 面）；垂直于 V 面的直线称为正垂线（$\perp V$ 面、$/\!/ H$ 面、$/\!/ W$ 面）；垂直于 W 面的直线称为侧垂线（$\perp W$ 面、$/\!/ H$ 面、$/\!/ V$ 面）。

投影面垂直线的投影特性见表 2-1。

表 2-1 投影面垂直线的投影特性

名称	正 垂 线	铅 垂 线	侧 垂 线
立体图	V, Z, a′(b′), B, b″, A, a″, O, W, X, b, a, H, Y	V, c′, Z, C, c″, d′, O, W, X, D, d″, c(d), H, Y	V, e′, f′, Z, E, F(f″), e″, W, O, X, e, f, H, Y
投影图	Z, a′(b′), b″, a″, O, X, YW, b, a, YH	c′, Z, c″, d′, d″, O, X, YW, c(d), YH	Z, e′, f′, e″(f″), O, X, YW, e, f, YH

（续）

名称	正垂线	铅垂线	侧垂线
投影特性	1. $a'b'$ 积聚成一点；$ab \perp OX$，$a''b'' \perp OZ$ 2. ab、$a''b'' = AB$	1. cd 积聚成一点；$cd' \perp OX$，$c''d'' \perp OY_H$ 2. $c'd'$、$c''d'' = CD$	1. $e''f''$ 积聚成一点；$ef \perp OY_H$，$e'f' \perp OZ$ 2. ef、$e'f' = EF$

由表 2-1 可以得出投影面垂直线的投影特性：直线垂直于某投影面，则在该投影面上的投影积聚成一点；在另外两个投影面上的投影，分别垂直于相应的投影轴，且反映直线的实长。

2. 投影面平行线

只平行于某一个投影面，而倾斜于另两个投影面的直线，称为投影面平行线。

投影面平行线有三种情况：平行于 H 面，而与 V、W 面倾斜的直线称为水平线；平行于 V 面，而与 H、W 面倾斜的直线称为正平线；平行于 W 面，而与 H、V 面倾斜的直线称为侧平线。

投影面平行线的投影特性见表 2-2。

表 2-2 投影面平行线的投影特性

名称	正平线	水平线	侧平线
立体图	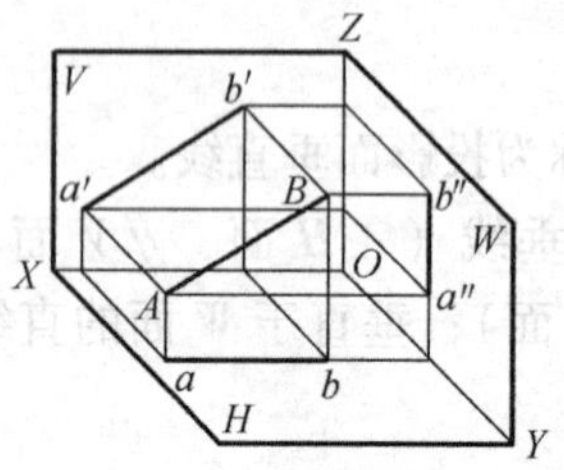	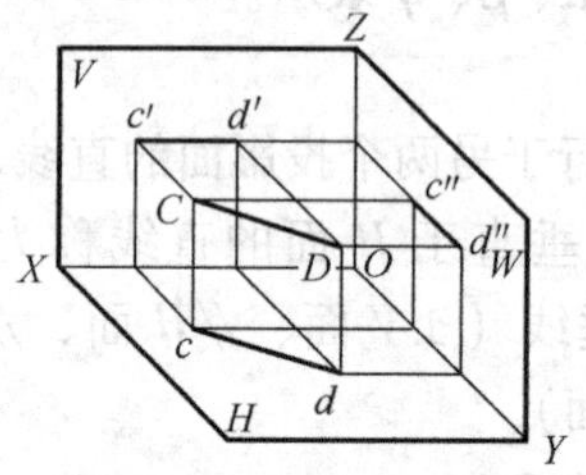	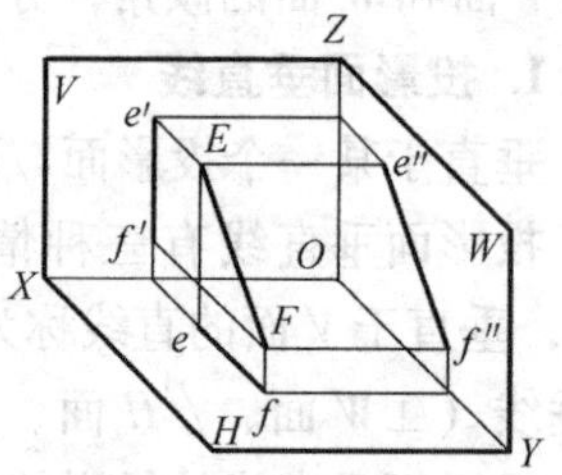
投影图	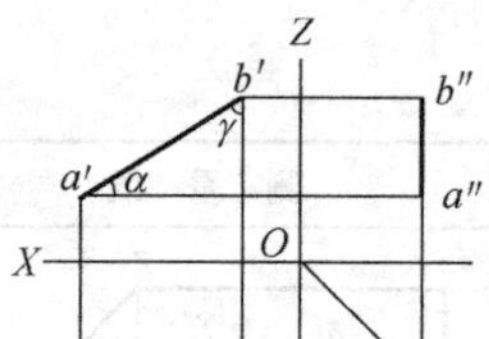	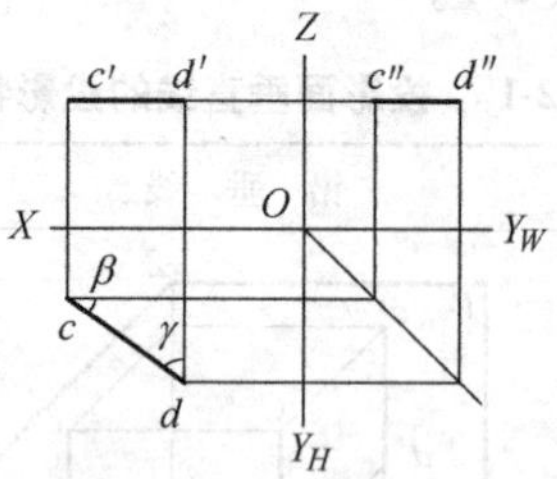	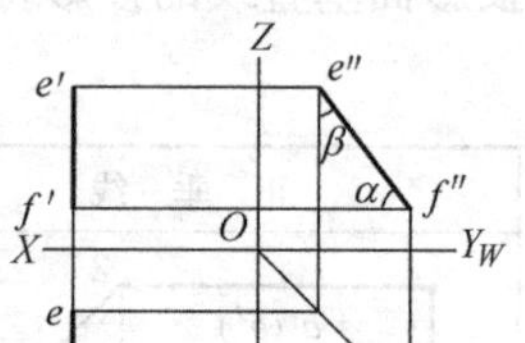
投影特性	1. $a'b' = AB$ 2. $ab \parallel OX$，$a''b'' \parallel OZ$ 3. $a'b'$ 反映 AB 的倾角 α、γ	1. $cd = CD$ 2. $c'd' \parallel OX$，$c''d'' \parallel OY_H$ 3. cd 反映 CD 的倾角 β、γ	1. $e''f'' = EF$ 2. $ef \parallel OY_H$，$e'f' \parallel OZ$ 3. $e''f''$ 反映 EF 的倾角 α、β

由表 2-2 可以得出投影面平行线的投影特性，直线平行于某投影面，则在该投影面上的投影反映直线实长以及直线对其他两个投影面的倾角；在另外两个投影面上的投影，分别平行于相应的投影轴，但不反映实长。

3. 一般位置直线

与三个投影面都倾斜的直线，称为一般位置直线。如图 2-17 所示，直线 AB 倾斜于 H 面、V 面和 W 面，其端点 A、B 到各投影面的距离都不相等。一般位置直线的三个投影均倾斜于投影轴，且不反映实长，其投影与投影轴的夹角，也不反映直线对投影面的倾角。

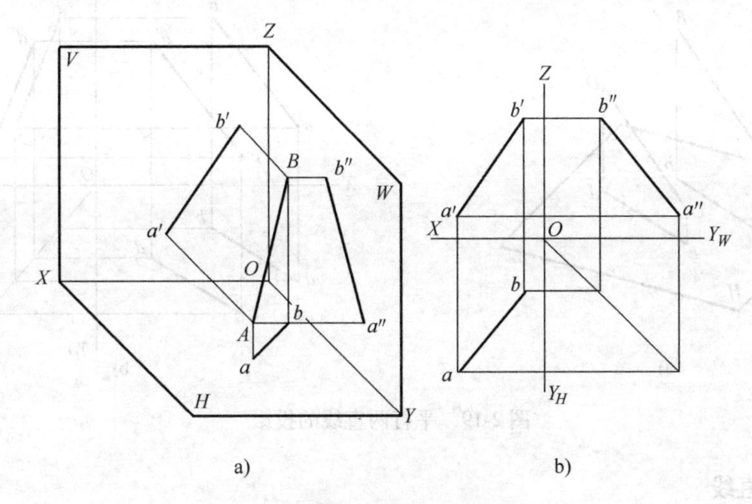

图 2-17　一般位置直线

2.3.3　直线上的点

如果点在直线上，则点的各投影必在直线的同面投影上，反之，如果点的各投影都在直线的同面投影上，则该点必属于该直线，如图 2-18 所示。

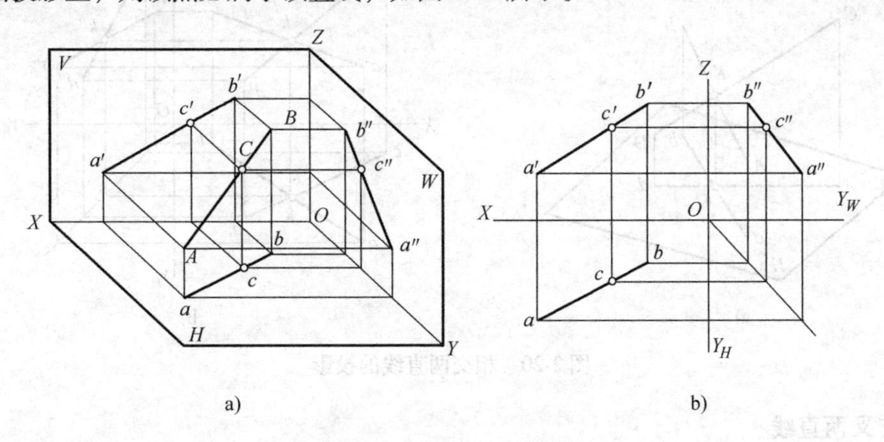

图 2-18　直线上点的投影

2.3.4　两直线的相对位置

两直线的相对位置有三种：平行、相交和交叉。

1. 平行两直线

若两直线相互平行，则其同面投影必相互平行。

如图 2-19 所示，已知 $AB /\!/ CD$，则 $ab /\!/ cd$ 、$a'b' /\!/ c'd'$、$a''b'' /\!/ c''d''$。

反之，如果两直线的同面投影都相互平行，则两直线在空间必定相互平行。两直线为一般位置直线时，如它们在任意投影面上的同面投影相互平行，即可肯定两直线是相互平行的。

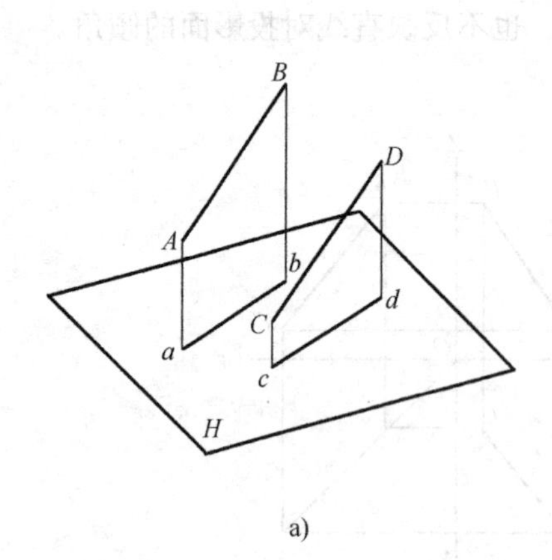

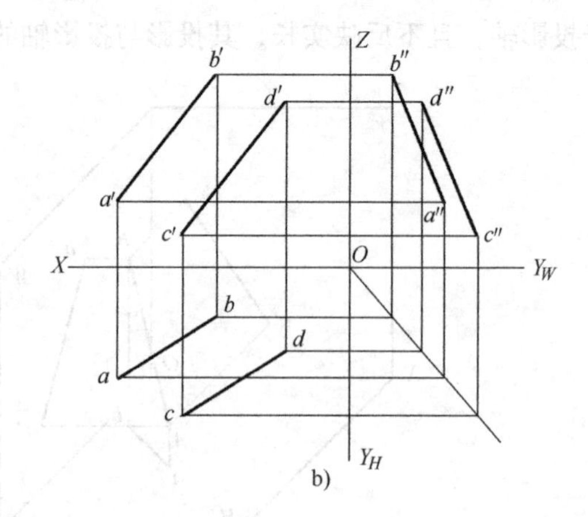

图 2-19　平行两直线的投影

2. 相交两直线

两直线相交，则它们的同面投影必相交，且投影交点符合点的投影规律；反之，如果两直线的同面投影都相交，且投影交点符合点的投影规律，则两直线在空间必定相交，如图 2-20 所示。

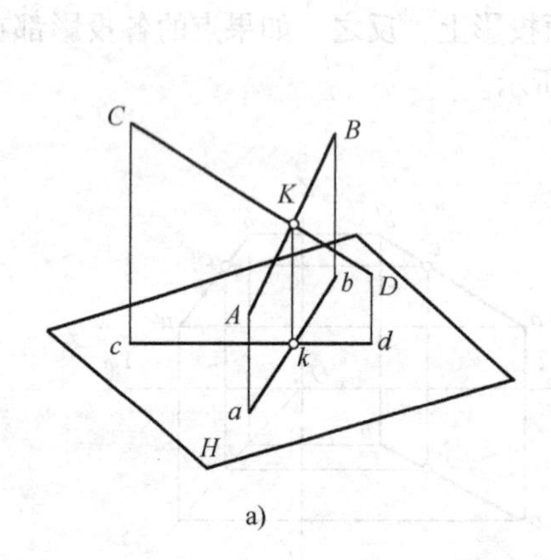

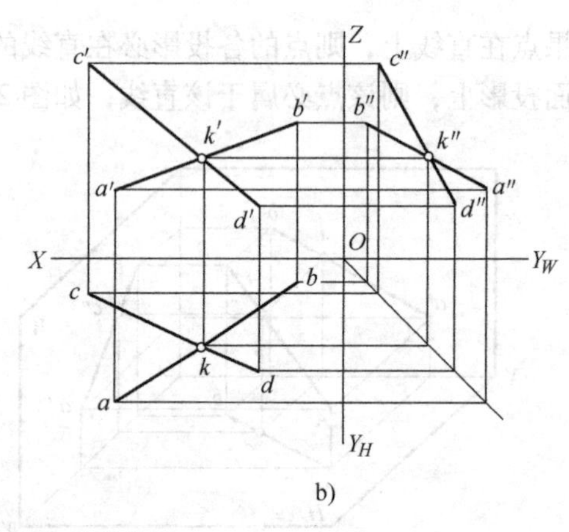

图 2-20　相交两直线的投影

3. 交叉两直线

在空间既不平行也不相交的两直线称为交叉两直线，又称为异面直线。交叉两直线的投影，既不符合平行两直线的投影特性，也不符合相交两直线的投影特性。交叉两直线的同面投影也可能相交，但投影交点不符合点的投影规律。

图 2-21 所示为交叉两直线的投影。虽然 *AB*、*CD* 的同面投影都相交，但是正面投影上的交点和水平投影上的交点之间连线不垂直于 *OX* 轴，即交点不符合点的投影规律。因为它们不是空间某一点的两投影，而是直线 *AB*、*CD* 上不同的两对重影点的投影。

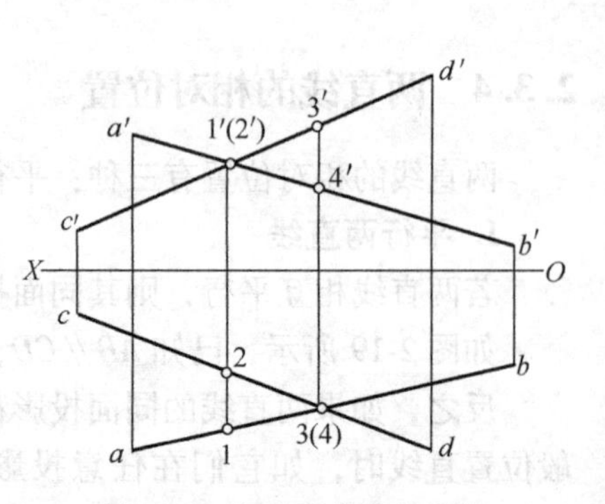

图 2-21　交叉两直线的投影

2.4 平面的投影

2.4.1 平面的投影表示法

平面是无限的，因此，在投影图上，平面的投影可以用下列任何一组几何元素的投影来表示。

1）不在同一直线上的三点（图2-22a）。

2）直线和直线外一点（图2-22b）。

3）相交两直线（图2-22c）。

4）平行两直线（图2-22d）。

5）任意平面图形，即平面的有限部分，如三角形、圆及其他图形（图2-22e）。

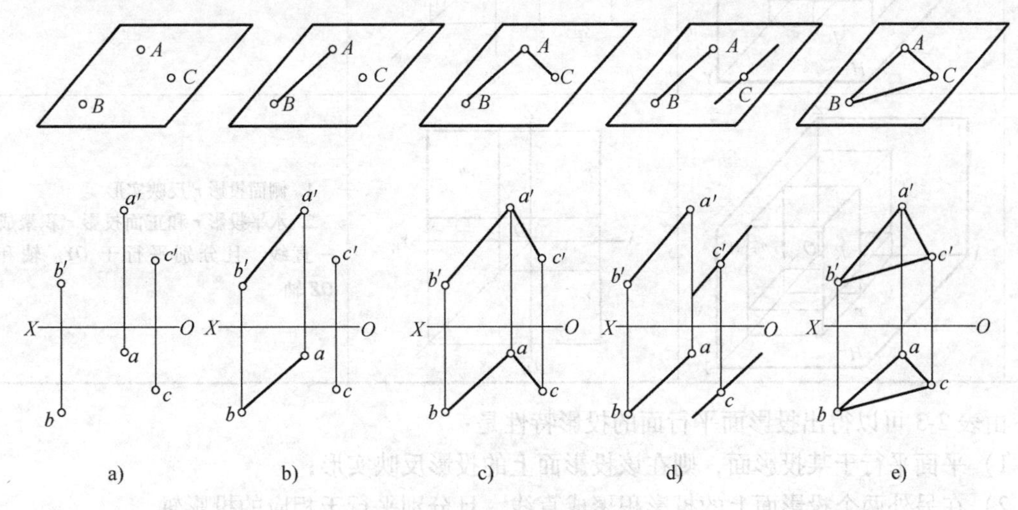

图2-22 几何元素表示平面

在实际应用中，通常用平面图形来表示空间平面。

2.4.2 各种位置平面的投影特性

在三投影面体系中，平面对投影面的相对位置，可分为三类：投影面平行面；投影面垂直面；一般位置平面。

投影面平行面和投影面垂直面，称为特殊位置平面。一般位置平面与投影面之间的夹角，称为倾角。一般位置平面对 H 面、V 面和 W 面的倾角，分别用 α 、β 和 γ 表示。

（1）投影面的平行面

在三投影面体系中，平行于某一个投影面，而垂直于另两个投影面的平面，称为投影面平行面。

投影面平行面有三种情况：平行于 H 面的平面称为水平面；平行于 V 面的平面称为正平面；平行于 W 面的平面称为侧平面。

投影面平行面的投影特性见表2-3。

表 2-3　投影面平行面的投影特性

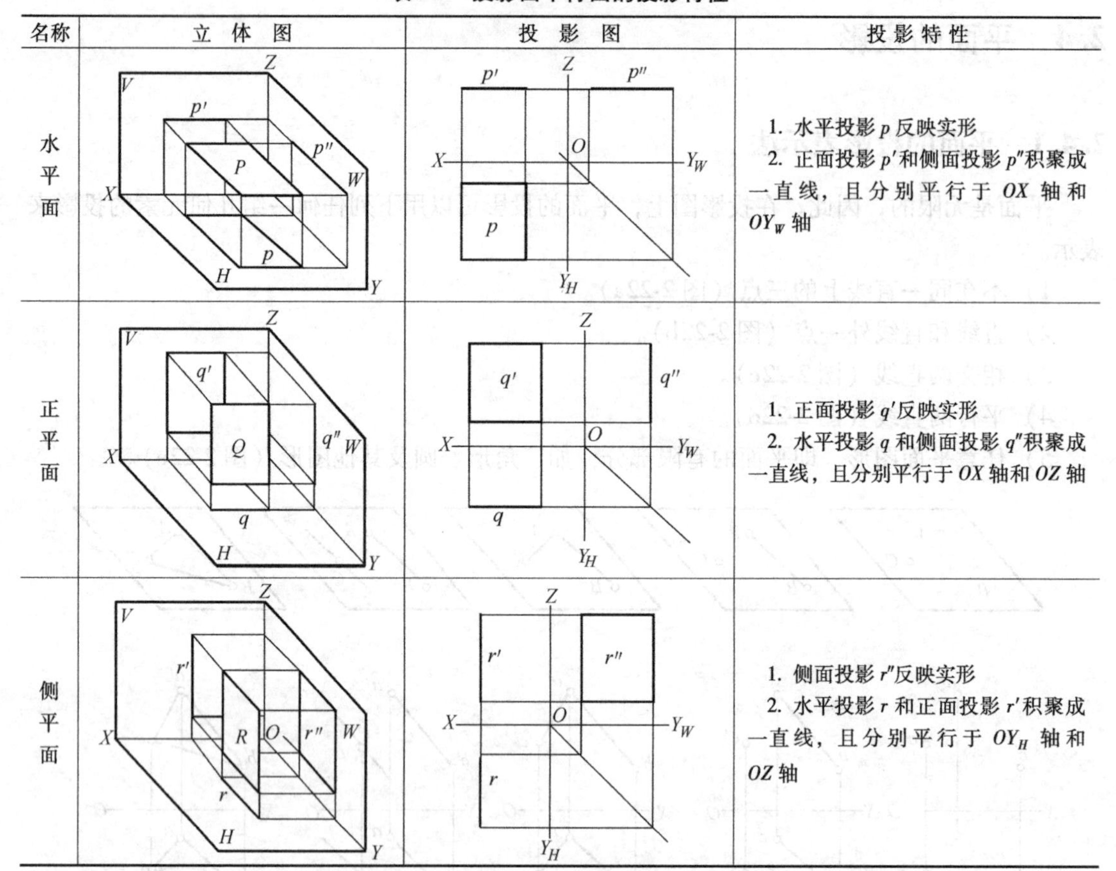

名称	立 体 图	投 影 图	投 影 特 性
水平面			1. 水平投影 p 反映实形 2. 正面投影 p' 和侧面投影 p'' 积聚成一直线，且分别平行于 OX 轴和 OY_W 轴
正平面			1. 正面投影 q' 反映实形 2. 水平投影 q 和侧面投影 q'' 积聚成一直线，且分别平行于 OX 轴和 OZ 轴
侧平面			1. 侧面投影 r'' 反映实形 2. 水平投影 r 和正面投影 r' 积聚成一直线，且分别平行于 OY_H 轴和 OZ 轴

由表 2-3 可以得出投影面平行面的投影特性是：

1）平面平行于某投影面，则在该投影面上的投影反映实形；

2）在另外两个投影面上的投影积聚成直线，且分别平行于相应的投影轴。

（2）投影面垂直面

在三投影面体系中，只垂直于某一个投影面，而倾斜于另两个投影面的平面，称为投影面垂直面。

投影面垂直面有三种情况：垂直于 H 面的平面称为铅垂面；垂直于 V 面的平面称为正垂面；垂直于 W 面的平面称为侧垂面。

投影面垂直面的投影特性见表 2-4。

表 2-4　投影面垂直面的投影特性

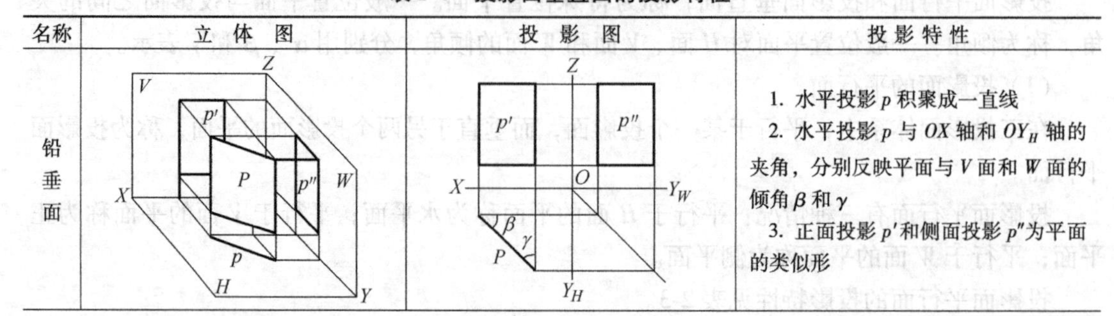

名称	立 体 图	投 影 图	投 影 特 性
铅垂面			1. 水平投影 p 积聚成一直线 2. 水平投影 p 与 OX 轴和 OY_H 轴的夹角，分别反映平面与 V 面和 W 面的倾角 β 和 γ 3. 正面投影 p' 和侧面投影 p'' 为平面的类似形

（续）

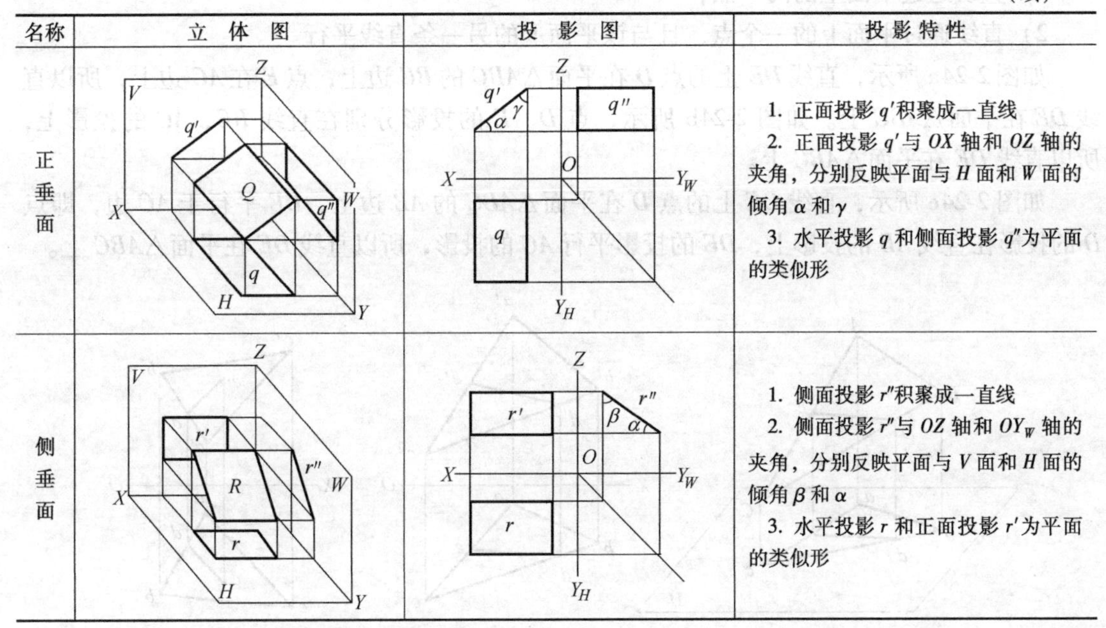

名称	立 体 图	投 影 图	投 影 特 性
正垂面			1. 正面投影 q' 积聚成一直线 2. 正面投影 q' 与 OX 轴和 OZ 轴的夹角，分别反映平面与 H 面和 W 面的倾角 α 和 γ 3. 水平投影 q 和侧面投影 q'' 为平面的类似形
侧垂面			1. 侧面投影 r'' 积聚成一直线 2. 侧面投影 r'' 与 OZ 轴和 OY_W 轴的夹角，分别反映平面与 V 面和 H 面的倾角 β 和 α 3. 水平投影 r 和正面投影 r' 为平面的类似形

由表 2-4 可以得出投影面垂直面的投影特性是：

1）平面垂直于某投影面，则在该投影面上的投影积聚成一直线，该直线与两投影轴的夹角反映平面对其他两个投影面的倾角；

2）在其他两个投影面上的投影为平面的类似形。

（3）一般位置平面

一般位置平面对各个投影面，既不平行也不垂直。它的任何一个投影，既不反映平面图形的实形，也没有积聚性。因此，一般位置平面的各个投影，仍然是平面图形，且为空间图形的类似形，如图 2-23 所示。

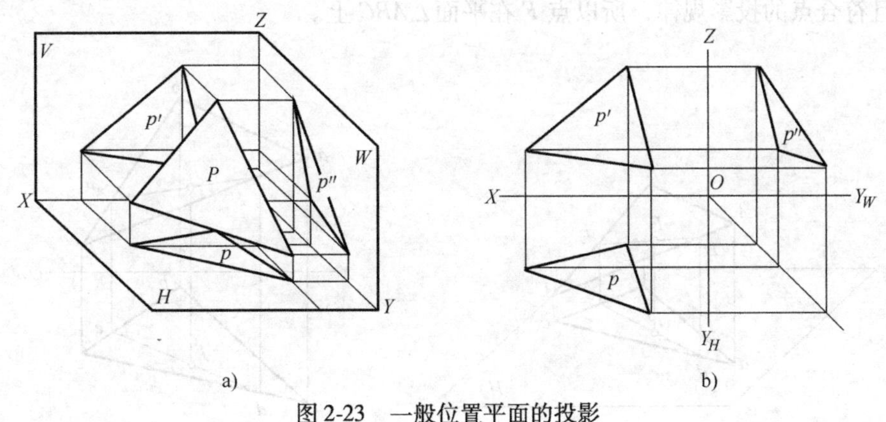

图 2-23　一般位置平面的投影

2.4.3　平面上的直线和点

1. 平面上的直线

直线在平面上的条件是：

1）直线通过平面上的两个点；

2）直线通过平面上的一个点，且与该平面上的另一条直线平行。

如图2-24a 所示，直线 *DE* 上的点 *D* 在平面△*ABC* 的 *BC* 边上，点 *E* 在 *AC* 边上，所以直线 *DE* 在平面△*ABC* 上。如图 2-24b 所示，点 *D*、*E* 的投影分别在直线 *BC*、*AC* 的投影上，所以直线 *DE* 在平面△*ABC* 上。

如图 2-24c 所示，直线 *DE* 上的点 *D* 在平面△*ABC* 的 *AB* 边上，*DE* 平行于 *AC* 边，即点 *D* 的投影在直线 *AB* 的投影上，*DE* 的投影平行 *AC* 的投影，所以直线 *DE* 在平面△*ABC* 上。

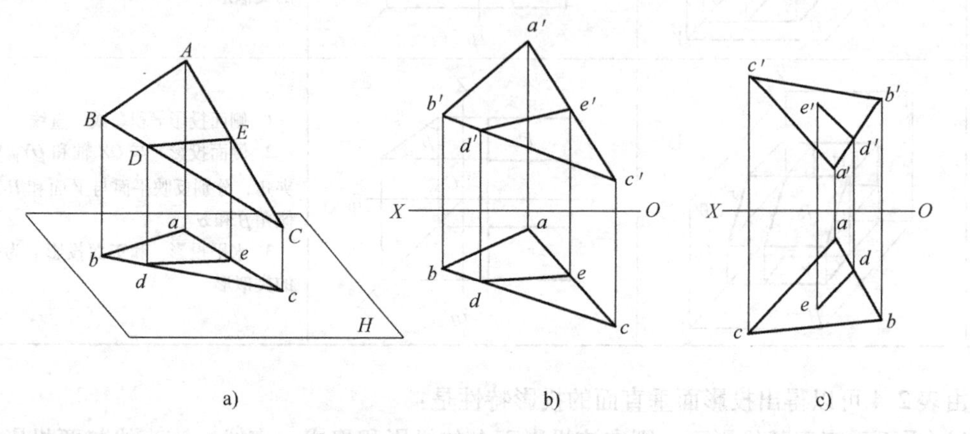

图 2-24 平面上的直线

2. 平面上的点

点在平面内的任意一直线上，则该点必在该平面上。由此可知：在平面上取点时，首先应在平面上取直线，再在该直线上取点。

如图 2-25a 所示，点 *F* 在已知平面△*ABC* 内一直线 *DE* 上，所以点 *F* 在平面△*ABC* 上。如图 2-25b 所示，点 *F* 的投影在已知平面△*ABC* 内一直线 *DE* 的投影上，即 *f*、*f'* 分别在 *de*、*d'e'* 上，且符合点的投影规律，所以点 *F* 在平面△*ABC* 上。

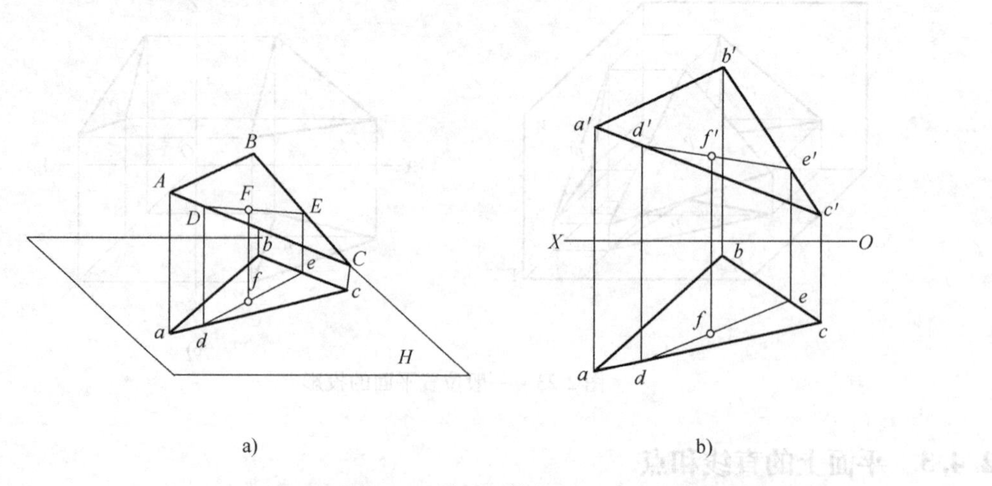

图 2-25 平面上的点

［例 2-3］ 已知△*ABC* 上点 *K* 的正面投影 *k'*，求点 *K* 的水平投影 *k*，如图 2-26a 所示。

解：

1）过点 k' 任作一条辅助线，与 $a'b'$、$a'c'$ 交于 m'、n' 两点（见图 2-26b）。

2）过 m'、n' 作 OX 轴垂线交 ab、ac 于 m、n 两点，连接 mn（图 2-26b）。

3）过 k' 作 OX 轴的垂线交直线 mn 于 k，k 即为点 K 的水平投影（图 2-26b）。

有时为了简便，使辅助线过平面上某个已知点（图 2-26c），或平行某条已知线（图 2-26d），解题所得结果是一样的。

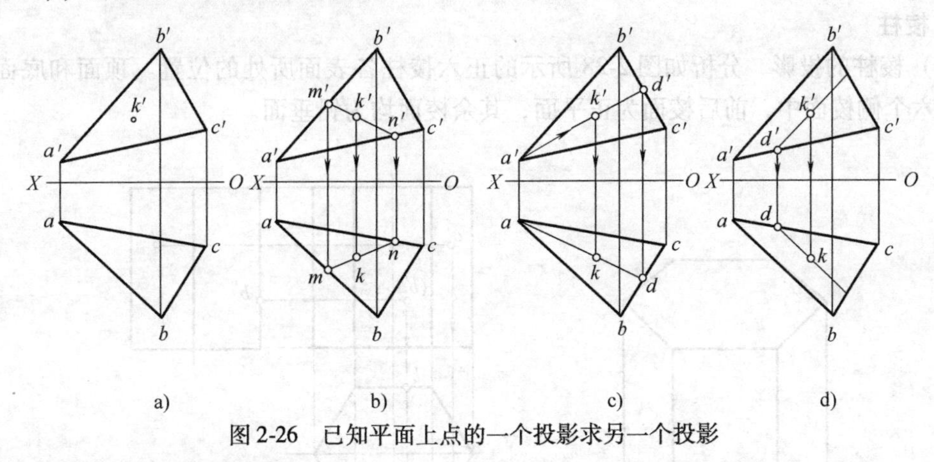

图 2-26　已知平面上点的一个投影求另一个投影

3. 平面上的投影面平行线

既在平面上同时又平行于投影面的直线称为平面上的投影面平行线。平面上的投影面平行线有三种：平面上的水平线；平面上的正平线；平面上的侧平线。

平面上的投影面平行线具有下列性质。

1）符合平面上取直线的几何条件。

2）符合投影面平行线的投影特性。

如图 2-27a 所示，直线 CD 上两点都在 $\triangle ABC$ 上，且其 V 面投影 $c'd'$ 平行 OX 轴。因此，直线 CD 是平面上的水平线。如图 2-27b 所示，直线 FK 为平面上的正平线。

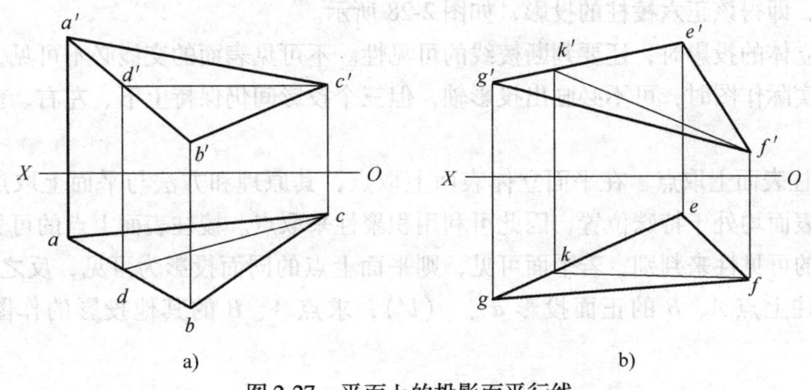

图 2-27　平面上的投影面平行线

2.5　基本立体的投影

基本立体通常分为两类。表面均为平面的立体，称为平面立体；表面为曲面或曲面与平面的立体，称为曲面立体。本节主要学习基本立体及在其表面上取点的作图方法。

2.5.1 平面立体的投影

常见的平面立体有棱柱和棱锥两种。

平面立体上相邻两表面的交线称为棱线，棱线与棱线的交线称为顶点。绘制平面立体的投影，可归结为绘制其表面和棱线的投影。

1. 棱柱

（1）棱柱的投影　分析如图 2-28 所示的正六棱柱各表面所处的位置。顶面和底面为水平面；六个侧棱面中，前后棱面为正平面，其余棱面均为铅垂面。

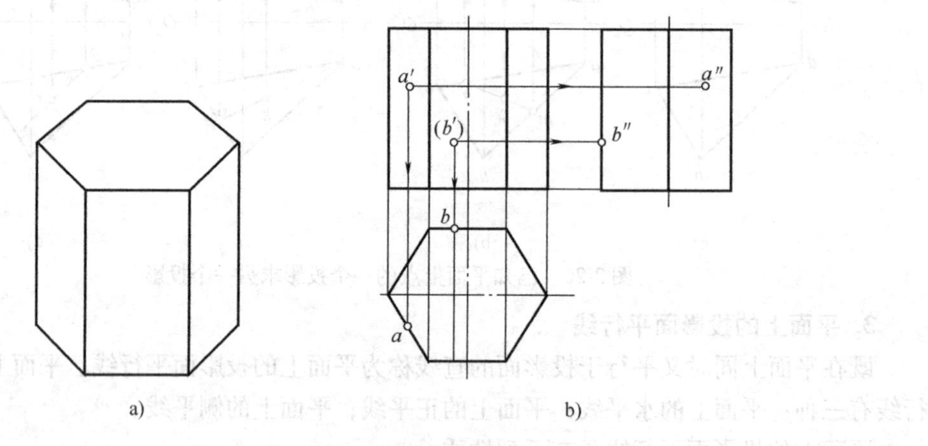

图 2-28　正六棱柱的投影及其表面上取点

画正六棱柱的投影时，一般先画顶面和底面的投影。它们为水平面，水平投影反映实形，其余两个投影积聚为直线。再画侧棱线的投影，六条侧棱线均为铅垂线，水平投影积聚在正六边形的六个顶点，其余两个投影均为竖直线，且反映正六棱柱的高。画完上述面与棱线的投影后，即得该正六棱柱的投影，如图 2-28 所示。

画平面立体的投影时，还要判断棱线的可见性。不可见表面的交线必不可见，投影用虚线画出。在实际作图时，可不必画出投影轴，但三个投影间仍保持上下、左右、前后的对应关系。

（2）棱柱表面上取点　在平面立体表面上取点，其原理和方法与平面上取点相同。由于棱柱的各表面均处于特殊位置，因此可利用积聚性来取点。棱柱表面上点的可见性可根据点所在平面的可见性来判别，若平面可见，则平面上点的同面投影为可见，反之为不可见。已知正六棱柱上点 A、B 的正面投影 a'、（b'），求点 A、B 的其他投影的作图方法，如图 2-28 所示。

2. 棱锥

（1）棱锥的投影　三棱锥由底面和三个棱面所组成。各表面的空间位置及投影如图 2-29 所示。画三棱锥的投影时，一般先画底面的投影。底面为水平面，水平投影反映实形，其他两个投影积聚成直线。再画锥顶 S 的三个投影，最后完成各侧棱线的投影，即完成该三棱锥的投影，如图 2-29 所示。

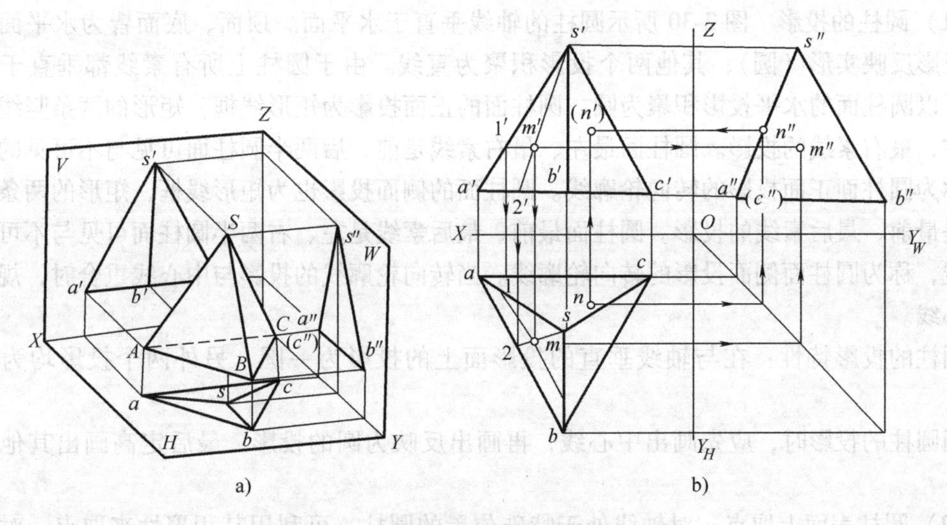

图 2-29　三棱锥的投影及其表面上取点

（2）棱锥表面上取点　棱锥有的表面处于特殊位置，有的表面处于一般位置。处于特殊位置表面上的点，其投影可利用投影的积聚性直接求得；处于一般位置表面上的点，其投影可通过作辅助线的方法求得。如已知三棱锥上点 M 的正面投影 m' 和点 N 的水平投影 n，求点 M、N 的其他投影，作图方法如图 2-29b 所示。

2.5.2　曲面立体的投影

工程上常见的曲面立体为回转体。回转体是由回转面或回转面与平面所围成的立体。回转面是由一动线（或称为母线）绕轴线旋转而成的。回转面上任一位置的母线称为素线。

常见的回转体有圆柱、圆锥和圆球。

1. 圆柱

如图 2-30 所示，圆柱是由顶面、底面和圆柱面所围成的。圆柱面是由一直母线绕与其平行的轴线旋转而成的。

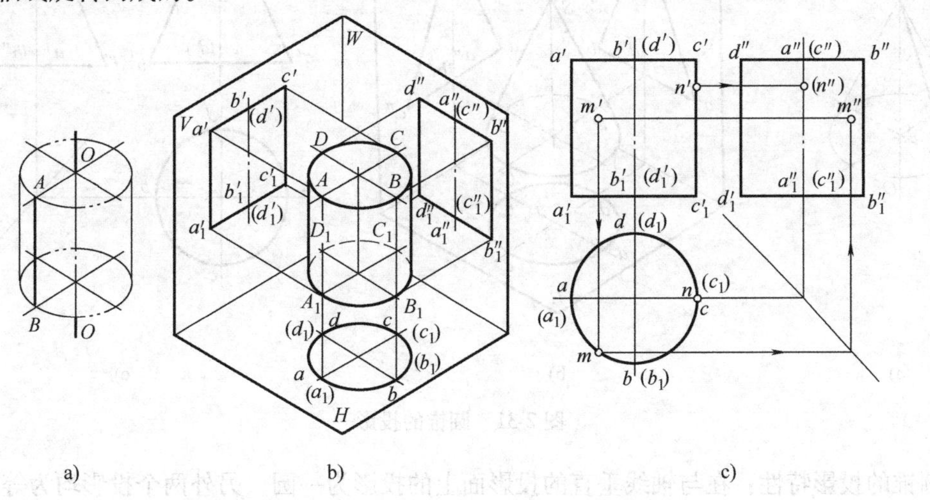

图 2-30　圆柱的投影及其表面上取点

（1）圆柱的投影　图 2-30 所示圆柱的轴线垂直于水平面。顶面、底面皆为水平面，其水平投影反映实形（圆），其他两个投影积聚为直线。由于圆柱上所有素线都垂直于水平面，所以圆柱面的水平投影积聚为圆。圆柱面的正面投影为矩形线框，矩形的两条竖线分别是最左、最右素线的投影。圆柱面最左、最右素线是前、后两半圆柱面可见与不可见的分界线，称为圆柱面正面投影的转向轮廓线。圆柱面的侧面投影也为矩形线框，矩形的两条竖线分别是最前、最后素线的投影。圆柱面最前、最后素线是左、右两半圆柱面可见与不可见的分界线，称为圆柱面侧面投影的转向轮廓线。当转向轮廓线的投影与中心线重合时，规定只画中心线。

圆柱的投影特性：在与轴线垂直的投影面上的投影为一圆，另外两个投影均为矩形线框。

画圆柱的投影时，应先画出中心线，再画出反映为圆的投影，最后定高画出其他两个投影。

（2）圆柱表面上取点　对轴线处于特殊位置的圆柱，可利用其积聚性来取点；对位于转向轮廓线上的点则可利用投影关系直接求出。

如已知圆柱表面上点 M、N 的正面投影 m'、n'，求它们的其他两个投影，作图方法如图 2-30c 所示。

2. 圆锥

图 2-31 所示为一圆锥，它由底面和圆锥面所围成。圆锥面是由一直母线绕与其相交的轴线旋转而成的。

（1）圆锥的投影　图 2-31 所示圆锥的轴线垂直于水平面。圆锥的投影分析与圆柱类似，但圆锥面在水平面的投影不具有积聚性，投影仍为圆，其他两个投影均为等腰三角形线框，三角形的两腰仍为转向轮廓线的投影。

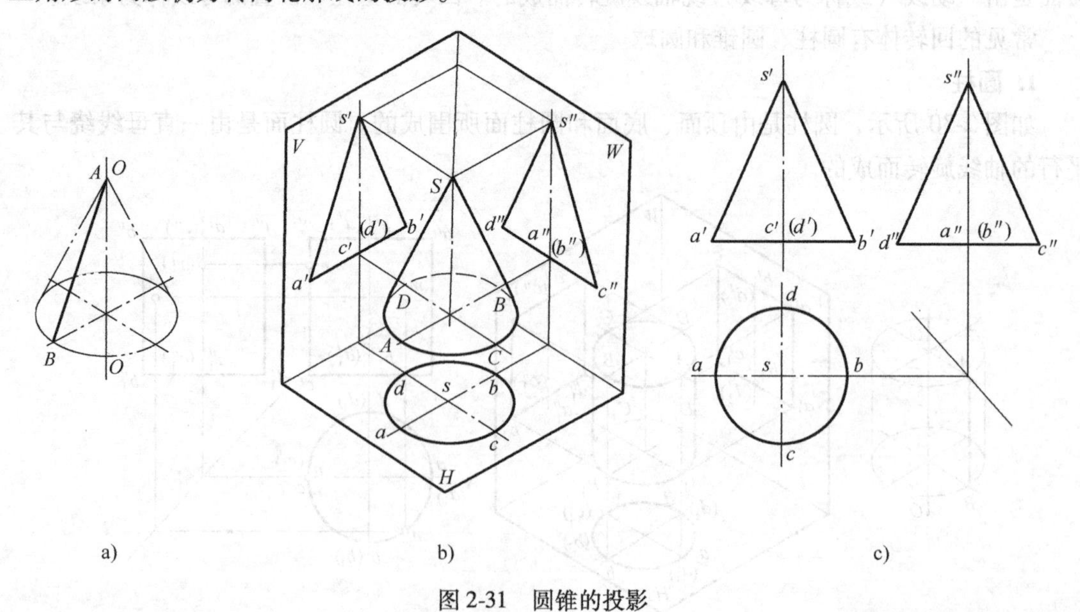

图 2-31　圆锥的投影

圆锥的投影特性：在与轴线垂直的投影面上的投影为一圆，另外两个投影均为等腰三角形线框。

画圆锥的投影时，应先画出中心线，再画出反映为圆的投影，最后定高画出其他两个投影。

（2）圆锥表面上取点　由于圆锥面的三个投影均无积聚性，除位于转向轮廓线上的点可直接求出外，其余都需用辅助线法来求解。

在图2-32中，若已知圆锥表面上点 M 的正面投影 m'，求它的其他两个投影。

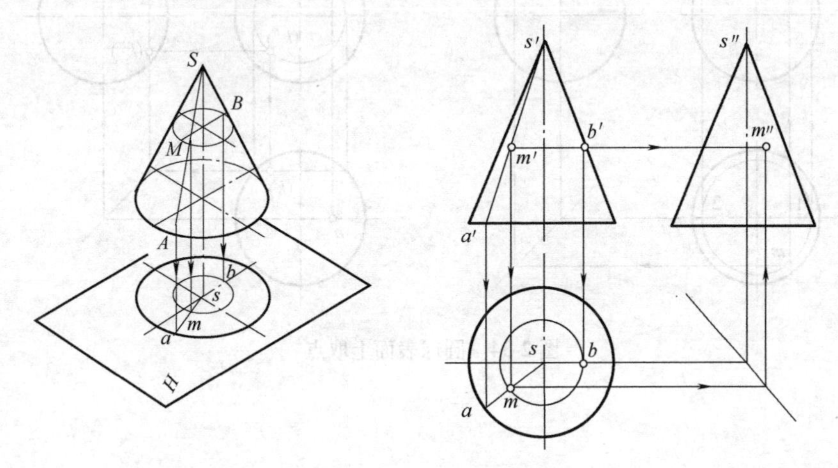

图2-32　圆锥表面上取点

1）辅助素线法。过锥顶 S 和点 M 作素线 SA，则点 M 的投影必位于 SA 的同面投影上，由此可求得 m 和 m''。由于点 M 位于左前圆锥面上，故 m、m'' 为可见。

2）辅助纬圆法。过点 M 作一垂直于圆锥轴线的纬圆，则点 M 的投影必位于该纬圆的同面投影上，由此可求得 m 和 m''。

3. 圆球

图2-33所示为一圆球，它是由一圆母线绕其直径旋转而成的。

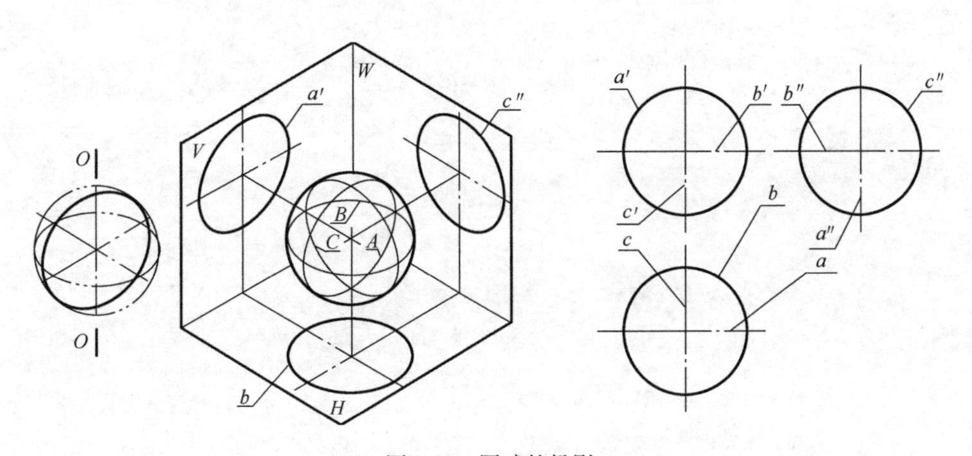

图2-33　圆球的投影

（1）圆球的投影　圆球的三个投影均为等径的圆。水平投影的圆是圆球面水平投影转向轮廓线的投影；正面投影的圆是圆球面正面投影转向轮廓线的投影；侧面投影的圆是圆球面侧面投影转向轮廓线的投影。

（2）圆球表面上取点　由于圆球面的三个投影均无积聚性，除位于转向轮廓线上的点能直接求出外，其余都需用纬圆法来求解。如已知圆球表面上点 M、N、K 的投影 m'、n、(k)，求它们的其他投影，作图方法如图 2-34 所示。

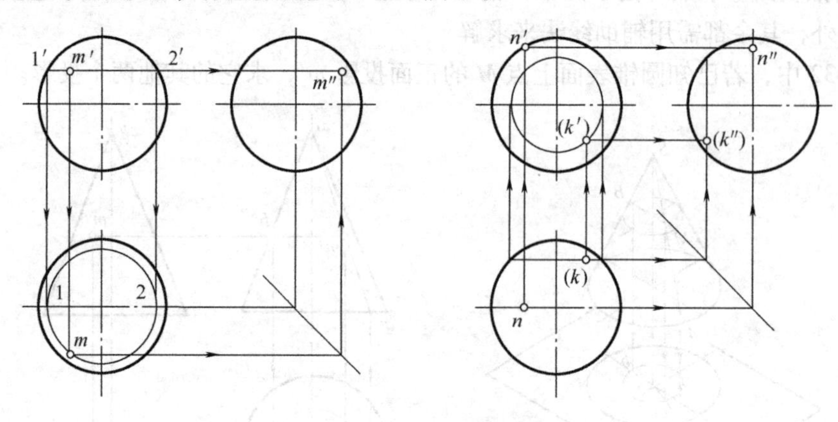

图 2-34　圆球表面上取点

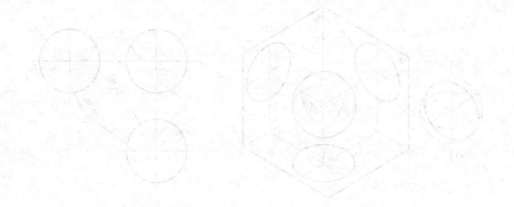

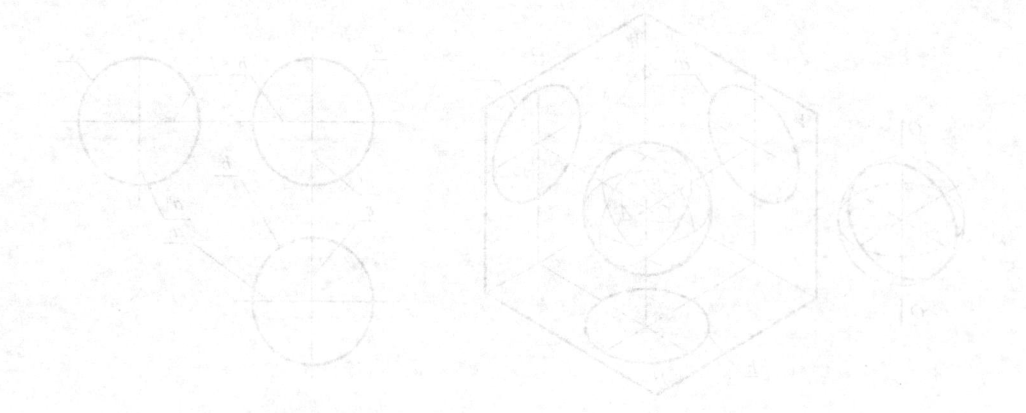

学习情境3　立体表面的交线

学习目标

1）了解截交线、相贯线的常见形式。

2）了解截交线、相贯线的绘制方法及步骤。

3）掌握常见截交线的绘制方法。

3.1　截交线

平面与立体相交，可以认为是平面截切立体。该平面称为截平面，截平面与立体表面的交线称为截交线，截交线围成的图形称为截断面。工程上常常会遇到平面与立体相交的情形。平面与立体相交的例子，如图 3-1 所示。

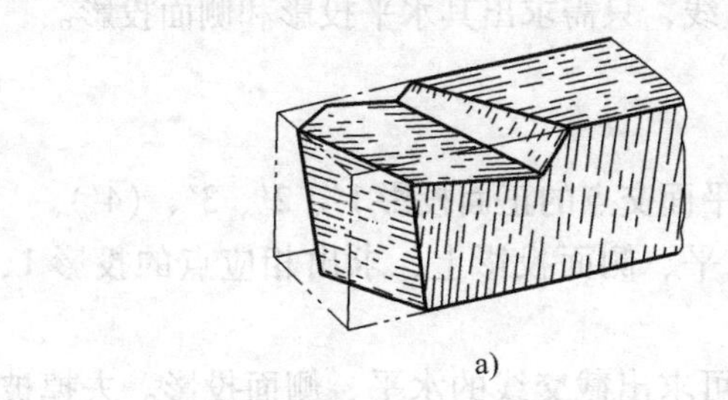

a)

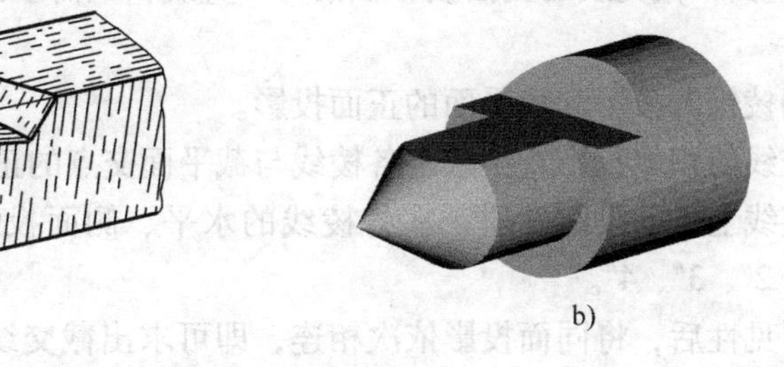

b)

图 3-1　平面与立体相交的例子

a）车刀　b）顶尖

截交线的基本性质。

1）共有性。截交线是截平面与立体表面的共有线，故截交线上的每一点也必是这两者所共有的。

2）封闭性。由于任何立体都有一定的范围，故截交线所围成的图形一定是封闭的平面图形。

3.2　立体的截交线

3.2.1　平面立体的截交线

平面立体的截交线所围成的图形是封闭的平面多边形。多边形的各边是立体表面与截平面的交线，顶点是立体各棱线与截平面的交点。因此，求作平面立体截交线的投影实际上是求截平面与立体各被截棱线交点的投影。

［例 3-1］　试求出正垂面 P 与四棱锥的截交线，并画出四棱锥截切后的三面投影（图3-2）。

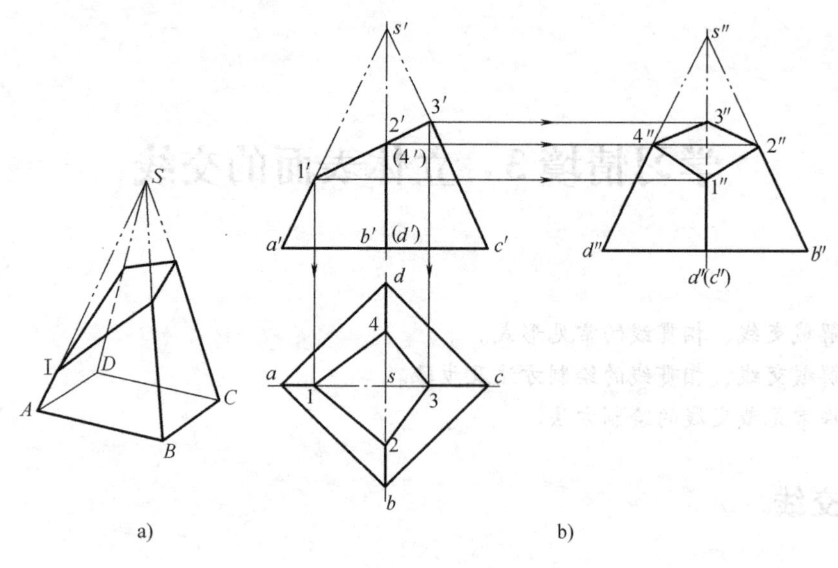

图 3-2　四棱锥与平面相交

分析：由图 3-2a 可知，截平面与四棱锥的四个侧面都相交，所以截交线为四边形。由于截平面是正垂面，截交线的正面投影积聚为一直线，只需求出其水平投影和侧面投影。

解：

1）画出四棱锥的投影和截平面的正面投影。

2）由截交线的积聚投影直接求出各棱线与截平面交点的正面投影 1′、2′、3′、(4′)。

3）根据直线上点的投影性质，在各棱线的水平、侧面投影上，求出相应点的投影 1、2、3、4 和 1″、2″、3″、4″。

4）判断可见性后，将同面投影依次相连，即可求出截交线的水平、侧面投影。去掉被截平面切去的部分，即完成截切四棱锥的三面投影，如图 3-2b 所示。

3.2.2　曲面立体的截交线

曲面立体的截交线也是一个封闭的平面图形，一般多由曲线或曲线与直线所围成，有时也由直线围成。

（1）圆柱的截交线　根据截平面与圆柱轴线相对位置的不同，平面截切圆柱后，其截交线有三种不同的形状，见表 3-1。

表 3-1　圆柱截交线

截平面的位置	垂直于轴线	平行于轴线	倾斜于轴线
截交线的形状	圆	矩形	椭圆
立体图	P	P	P

（续）

截平面的位置	垂直于轴线	平行于轴线	倾斜于轴线
截交线的形状	圆	矩形	椭圆
投影图			

［例 3-2］ 求作圆柱被一正垂面 P 截切后的投影（图 3-3）。

分析： 如图 3-3a 所示，由于截平面与圆柱轴线倾斜，故其截交线为一椭圆。椭圆的正面投影和水平投影分别与截平面的正面投影和圆柱面的水平投影重合，所以只需求出其侧面投影。

解：

1）画出圆柱的投影和截平面的正面投影。

2）求特殊点。椭圆长轴上的两个端点 A、B 是截交线上的最低、最高及最左、最右点；短轴上的两个端点 C、D 是截交线上的最前、最后点。它们也都是转向轮廓线上的点，可利用积聚性直接求出它们的侧面投影。

3）求一般点。在特殊点之间再求出适量一般点 E、F、G、H 的侧面投影。

4）判断可见性后，依次光滑连接各点的侧面投影，即可求出截交线的侧面投影。去掉被截平面切去的部分，即完成截切圆柱的投影。如图 3-3b 所示。

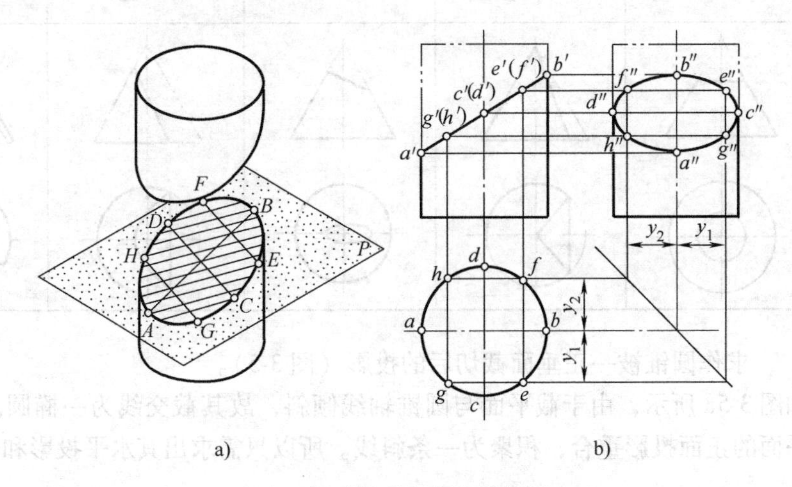

图 3-3　求作截切圆柱的投影

求作切口圆柱的投影，如图 3-4 所示。

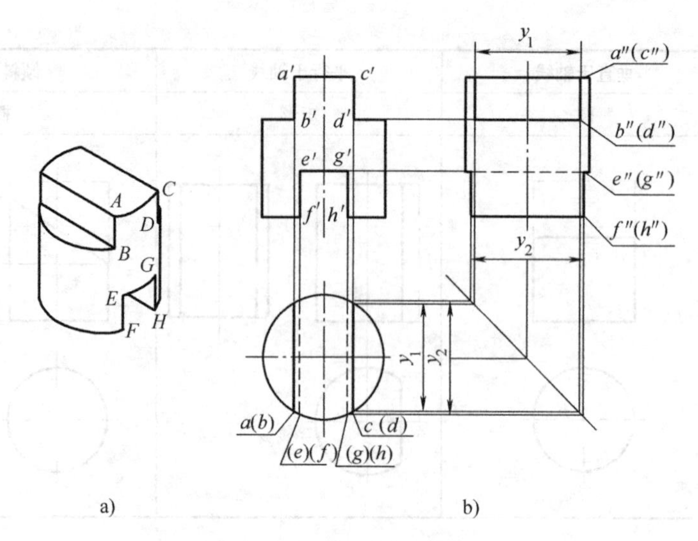

图 3-4　求作切口圆柱的投影

（2）圆锥的截交线　根据截平面与圆锥轴线相对位置的不同，平面截切圆锥后，其截交线有五种不同的形状（见表 3-2）。

表 3-2　圆锥截交线

截平面的位置	与轴线垂直	与轴线倾斜			与轴线平行
		过　锥　顶	与所有素线相交	平行于一条素线	
截交线的形状	圆	三角形	椭圆	抛物线和直线	双曲线和直线
立体图					
投影图					

[**例 3-3**]　求作圆锥被一正垂面截切后的投影（图 3-5）。

分析：如图 3-5a 所示，由于截平面与圆锥轴线倾斜，故其截交线为一椭圆。椭圆的正面投影与截平面的正面投影重合，积聚为一条斜线。所以只需求出其水平投影和侧面投影。

解：

1）画圆锥的投影和截平面的正面投影。

2）求特殊点。椭圆长轴的两个端点 *A*、*B* 是截交线上的最低、最高及最左、最右点，也是转向轮廓线上的点，可由其正面投影求出其他投影；椭圆短轴的两个端点 C、D 是截交线的最前、最后点，其正面投影重影于 $a'b'$ 的中点，利用纬圆法可求得其他两个投影；椭圆上的点 E、F 是转向轮廓线上的点，由正面投影可求得其他投影。

3）求一般点。用纬圆法在特殊点之间再求出适量一般点如 M、N 的水平投影和侧面投影。

4）判断可见性后，依次光滑连接各点的水平投影和侧面投影，即可求出截交线的水平投影和侧面投影。去掉被截平面切去的部分，即完成截切圆锥的投影，如图 3-5b 所示。

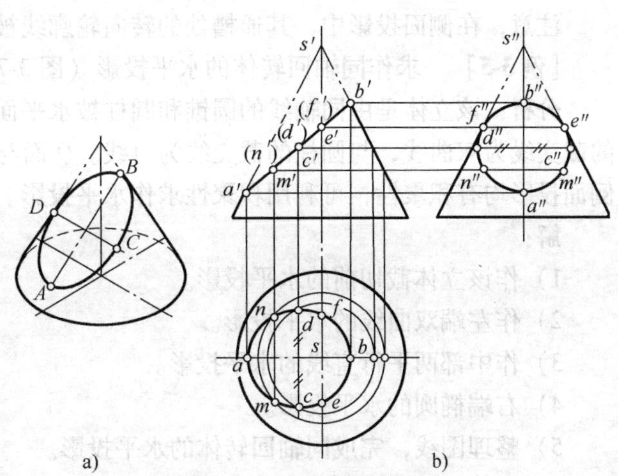

图 3-5　求作截切圆锥的投影

(3) 圆球的截交线　圆球被任意方向的平面截切，其截交线均为圆。根据截平面与投影面相对位置的不同，截交线的投影也不相同。当截平面与投影面平行时，截交线在该投影面的投影为圆，其他两投影积聚成直线；当截平面与投影面垂直时，截交线在该投影面的投影为直线，其他两投影均为椭圆。

［例 3-4］　求作半球切槽后的投影（图 3-6）。

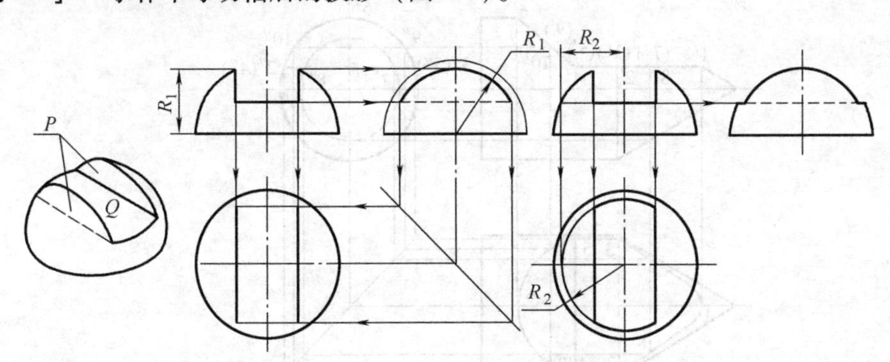

图 3-6　求作半球切槽后的投影

分析：半球上部的通槽是由左右对称的两个侧平面 P 和水平面 Q 截切而成的。它们与球的截交线均为一段圆弧。由于它们的正面投影有积聚性，只需求出它们的水平投影和侧面投影。

解：

1）作半球的三面投影和通槽的正面投影。

2）作两个 P 面与半球的截交线投影。水平投影积聚为两直线，侧面投影是一段重合的、半径为 R_1 的圆弧。

3）作 Q 面与半球的截交线投影。水平投影为两段前后对称、半径为 R_2 的圆弧，侧面投影积聚为直线。

4）作侧平面和水平面交线的投影。

注意，在侧面投影中，其通槽处的转向轮廓线被切去。

［**例 3-5**］　求作同轴回转体的水平投影（图 3-7）。

分析：该立体是由同轴线的圆锥和圆柱被水平面 P、正垂面 Q 截切形成的。P 面与圆锥的截交线为双曲线，与圆柱的截交线为直线。Q 面与圆柱的截交线为椭圆。由于正面投影和侧面投影均有积聚性，可利用积聚性求作水平投影。

解：

1）作该立体截切前的水平投影。

2）作左端双曲线的水平投影。

3）作中部两平行直线的水平投影。

4）右端椭圆的水平投影。

5）整理图线，完成同轴回转体的水平投影。

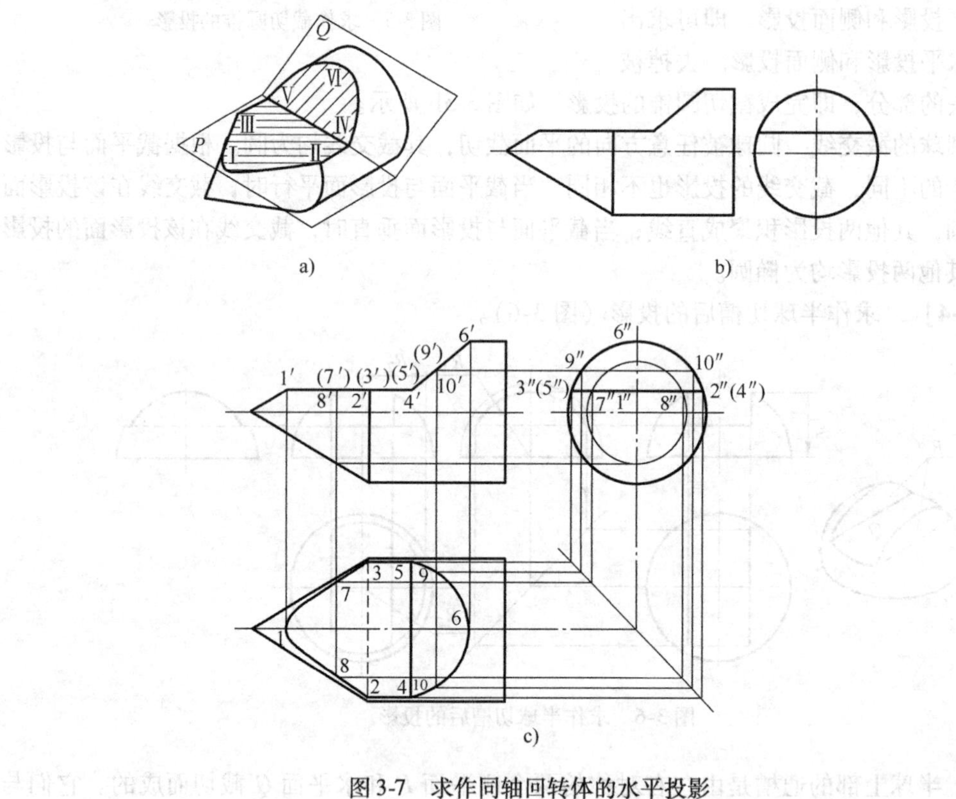

图 3-7　求作同轴回转体的水平投影

3.3　相贯线

两立体相交时，其表面所产生的交线称为相贯线，两相交的立体称为相贯体，如图 3-8 所示。机件上常见的相贯线，大多数是回转体相交而成的，因此，这里主要介绍两回转体表面相贯线的画法。

相贯线的基本性质。

1）共有性。相贯线是两立体表面的共有线，所以相贯线上的每一点都是两立体表面的共有点。

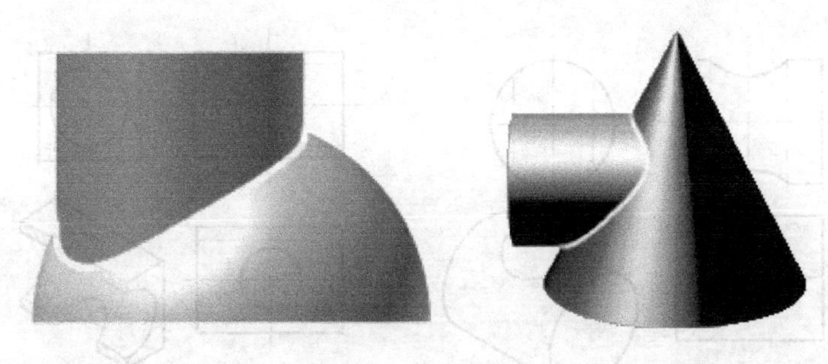

图 3-8　两立体相交

2）封闭性。由于任何立体都有一定的范围，故相贯线一般多是封闭的空间曲线，特殊情况下是平面曲线或直线。

3.4　立体的相贯线

求作相贯线的问题，实质上是求作两回转体表面上一系列共有点的问题。求共有点的方法通常有表面取点法和辅助平面法。

3.4.1　相贯线的画法

（1）表面取点法　表面取点法是利用立体表面投影的积聚性直接确定相贯线上共有点的方法。当圆柱的轴线垂直于某一投影面时，圆柱面在这个投影面上的投影具有积聚性。

［例 3-6］　求作两正交圆柱的相贯线（图 3-9）。

分析： 两圆柱的轴线垂直相交，称为正交，其相贯线为一封闭的且前后、左右均对称的空间曲线。它的水平投影落在直立圆柱面的积聚投影（圆）上，侧面投影落在水平圆柱面的侧面投影（一段圆弧）上，因此只需求作它的正面投影。

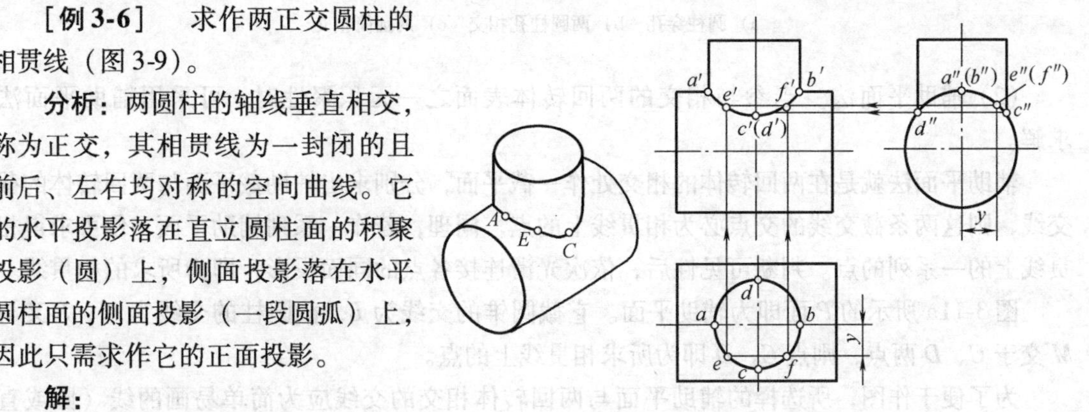

图 3-9　求作两正交圆柱的相贯线

解：

1）求特殊点。两圆柱正面投影的转向轮廓线交点 A、B 是相贯线上的最高、最左、最右点；同理，点 C、D 是相贯线上最低、最前、最后点。上述点的正面投影可以由已知的两面投影直接求得。

2）求一般点。取一般点，如点 E、F。在已知的相贯线投影中，取 e、f 或 e''、f''，利用投影关系，求得 e'、f'。

3）判断可见性后，依次连接各点的正面投影，即为所求。

两圆柱正交的情况，在零件上是常见的。除了上述两实心圆柱外表面相交外，还有圆柱穿孔、两圆柱孔相交、两圆筒相交等相交方式，其相贯线的求法同上，如图 3-10 所示。

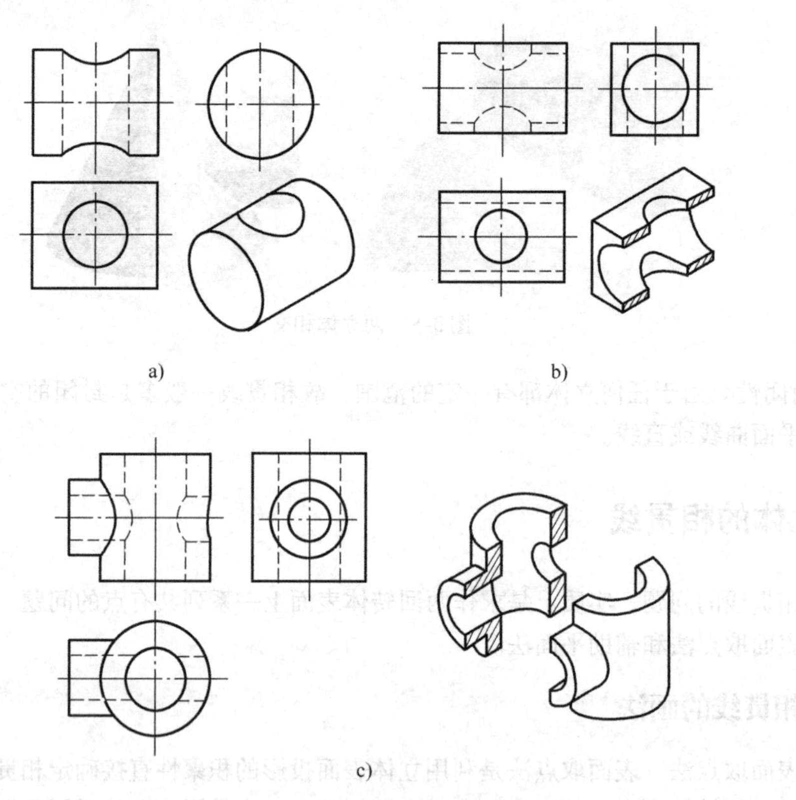

图 3-10　两圆柱正交

a）圆柱穿孔　b）两圆柱孔相交　c）两圆筒相交

(2) 辅助平面法　当参与相交的两回转体表面之一无积聚性时，可采用辅助平面法求解。

辅助平面法就是在两回转体的相交处作一截平面，分别求出辅助截平面与两回转体的截交线，则这两条截交线的交点必为相贯线上的点。同理，若作一系列辅助平面，便可求得相贯线上的一系列的点。判断可见性后，依次光滑连接各点的同面投影，即为所求的相贯线。

图 3-11a 所示的 P 面即为辅助平面。它截圆锥的交线为 L，截圆柱的交线为 M；L 又与 M 交于 C、D 两点，则点 C、D 即为所求相贯线上的点。

为了便于作图，所选择的辅助平面与两回转体相交的交线应为简单易画的线（圆或直线）。

[例 3-7]　求作圆柱和圆锥正交的相贯线（图 3-11）。

分析：由于圆柱的侧面投影积聚为圆，故相贯线的侧面投影也在该圆周上，只需求作它的正面投影和水平投影。

解：

1）求特殊点。两回转体正面投影转向轮廓线的交点 A、B 的投影可直接求得；过圆柱轴线作辅助平面 P_1，P_1 面与圆柱、圆锥分别相交，其截交线的交点 C、D 即为相贯线上的点，由 c、d 可求得 c'、d'（图 3-11b）。

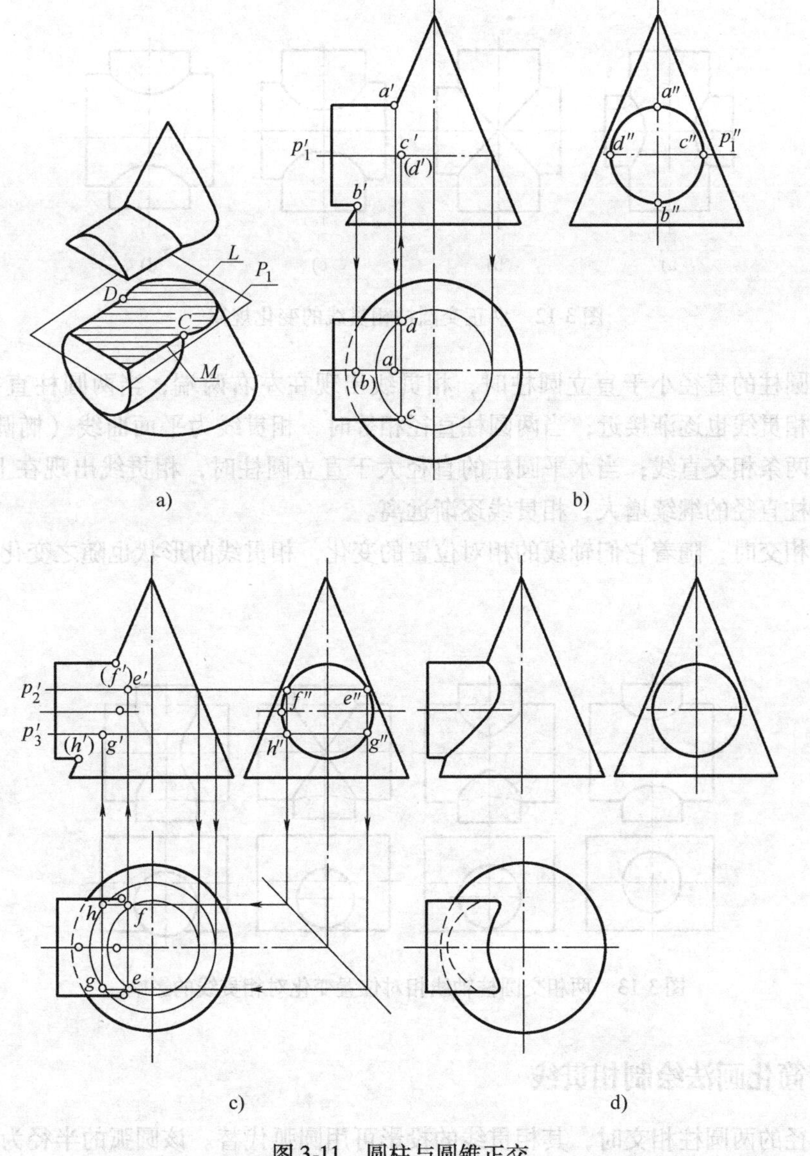

图 3-11 圆柱与圆锥正交

a）立体图 b）求特殊点 c）求一般点 d）判断可见性后连线

2）求一般点。再作辅助平面 P_2、P_3 等，同样方法可求得相贯线上的点 E、F、G、H 的投影（图 3-11c）。

3）判断可见性后，依次光滑连接各点的正面投影和水平投影即为所求（图 3-11d）。

判断可见性的原则是：同时位于两立体可见表面上的相贯线的投影才是可见的；否则就不可见。

3.4.2 两相交圆柱相贯线的变化规律

两圆柱正交时，随着它们尺寸的变化，相贯线的形状也会产生变化，其变化具有一定的规律，如图 3-12 所示。

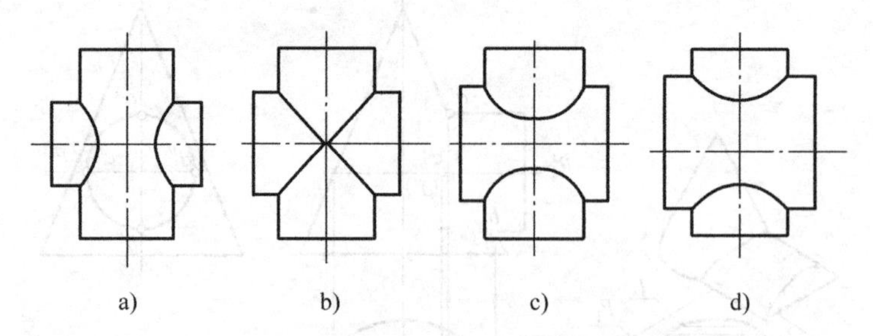

图 3-12　两正交圆柱相贯线的变化规律

当水平圆柱的直径小于直立圆柱时，相贯线出现在左右两端；当两圆柱直径逐渐接近时，两端的相贯线也逐渐接近；当两圆柱直径相等时，相贯线为平面曲线（椭圆），其正面投影积聚为两条相交直线；当水平圆柱的直径大于直立圆柱时，相贯线出现在上、下两端；随着水平圆柱直径的继续增大，相贯线逐渐远离。

两圆柱相交时，随着它们轴线的相对位置的变化，相贯线的形状也随之变化，如图 3-13 所示。

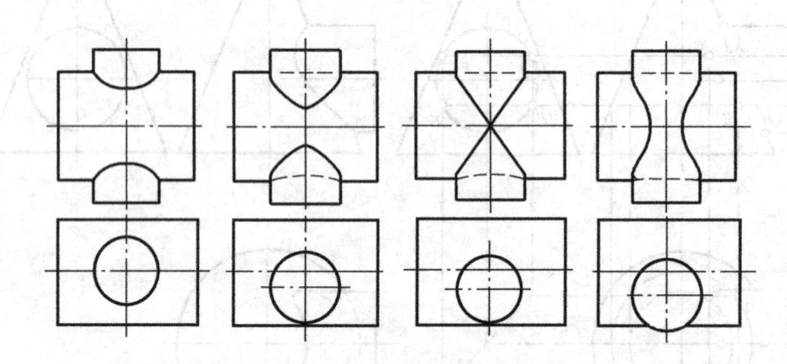

图 3-13　两相交圆柱轴线相对位置变化对相贯线的影响

3.4.3　用简化画法绘制相贯线

当不等径的两圆柱相交时，其相贯线的投影可用圆弧代替。该圆弧的半径为大圆柱的半径，圆心在小圆柱的轴线上，并向大圆柱的方向弯曲，如图 3-14 所示。

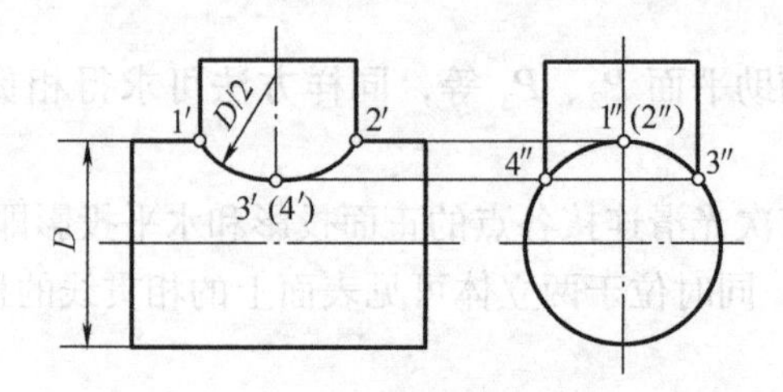

图 3-14　用圆弧代替非圆相贯线

有时图中的相贯线的投影还可用直线代替，如图 3-15 所示。

有时还可以采用模糊画法，如图 3-16 所示。

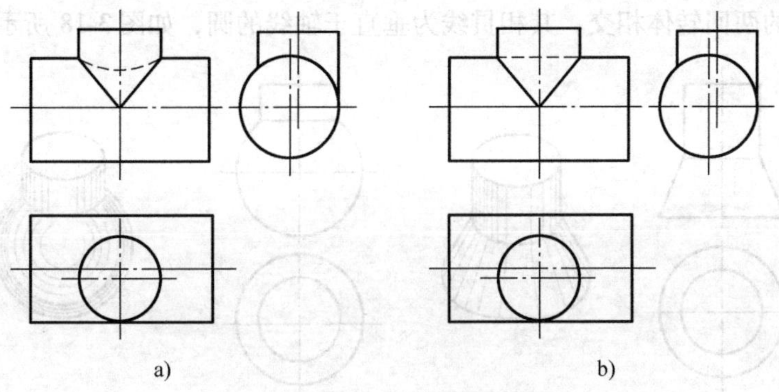

图 3-15 用直线代替非圆相贯线

a）简化前 b）简化后

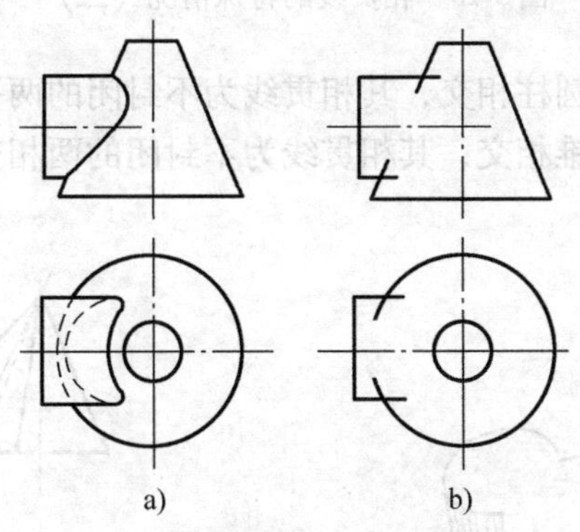

图 3-16 模糊画法表示相贯线

a）简化前 b）简化后

3.4.4 相贯线的特殊情况

在一般情况下，两回转体的相贯线为封闭的空间曲线；但在特殊情况下，也可为平面曲线或直线。

1）当两回转体共切于一球时，其相贯线为椭圆，如图 3-17 所示。

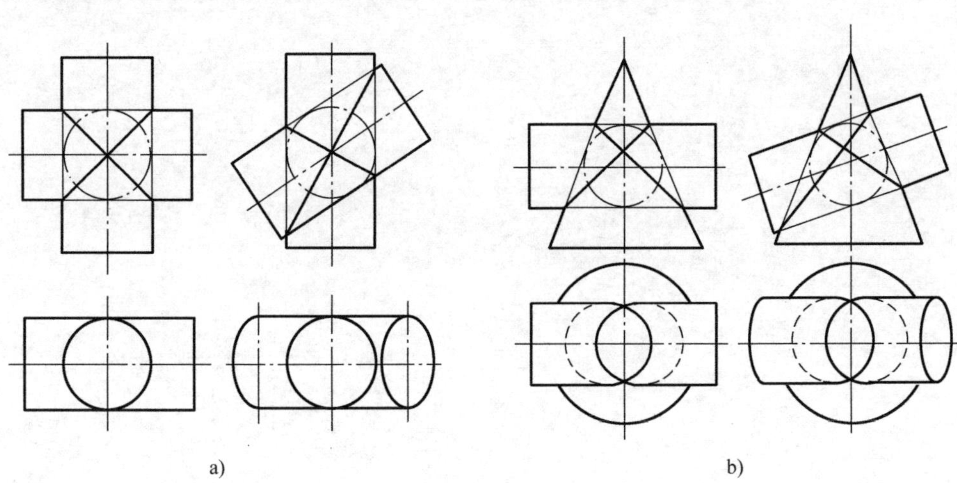

图 3-17 相贯线的特殊情况（一）

2）同轴线的两回转体相交，其相贯线为垂直于轴线的圆，如图 3-18 所示。

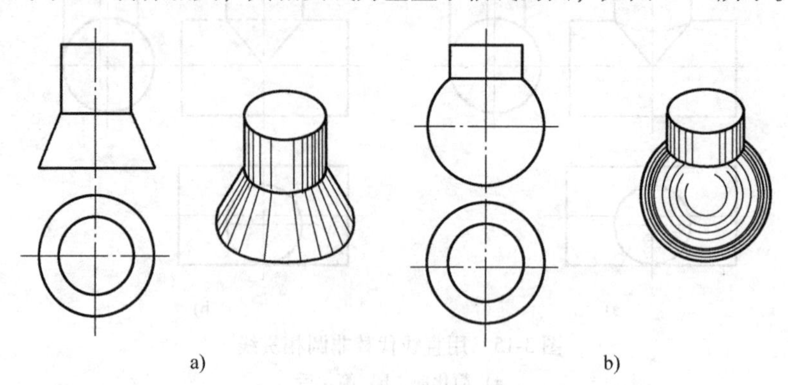

图 3-18　相贯线的特殊情况（二）

3）轴线平行且共底的两圆柱相交，其相贯线为不封闭的两平行直线，如图 3-19 所示。

4）共锥顶且共底的两圆锥相交，其相贯线为不封闭的两相交直线，如图 3-20 所示。

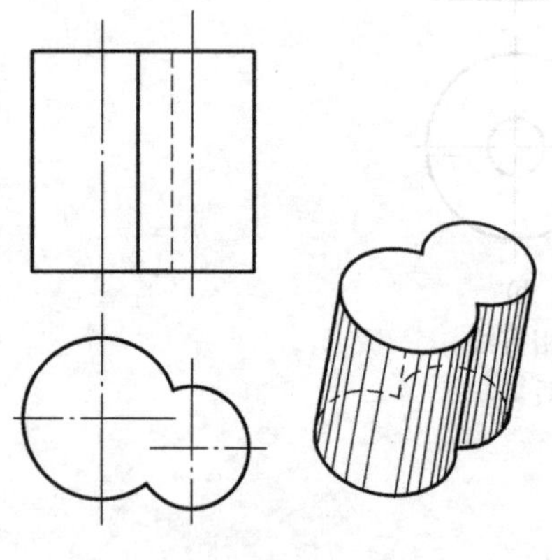

图 3-19　相贯线的特殊情况（三）

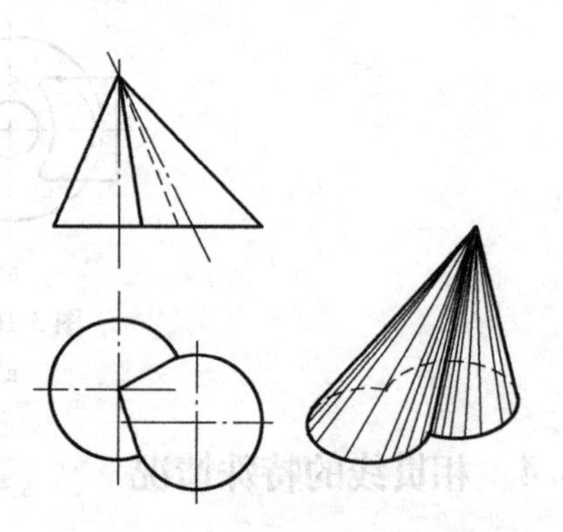

图 3-20　相贯线的特殊情况（四）

学习情境4　绘制和识读组合体视图

学习目标

1）了解组合体的组合形式。

2）掌握组合体视图的绘制方法及步骤。

3）掌握组合体轴测图的绘制方法及步骤。

4）掌握识读组合体视图的形体分析法、线面分析法。

5）能根据组合体已知视图补画视图及图线。

由两个或两个以上基本立体组成的物体，称为组合体。任何复杂的机器零件都是由一些基本立体组成的。

4.1　组合体的形体分析

4.1.1　组合体的组合形式

组合体的组合形式有叠加、挖切及叠加和挖切综合。

（1）叠加　基本立体叠加在一起可形成组合体。图4-1a所示的螺栓毛坯可以看作是由六棱柱和圆柱叠加而成的。

（2）挖切　基本立体经挖切可形成组合体。如图4-1b所示，此组合体可以看作是由长方体Ⅰ，经切去块Ⅱ、Ⅲ、Ⅳ，挖去圆柱Ⅴ后形成的。

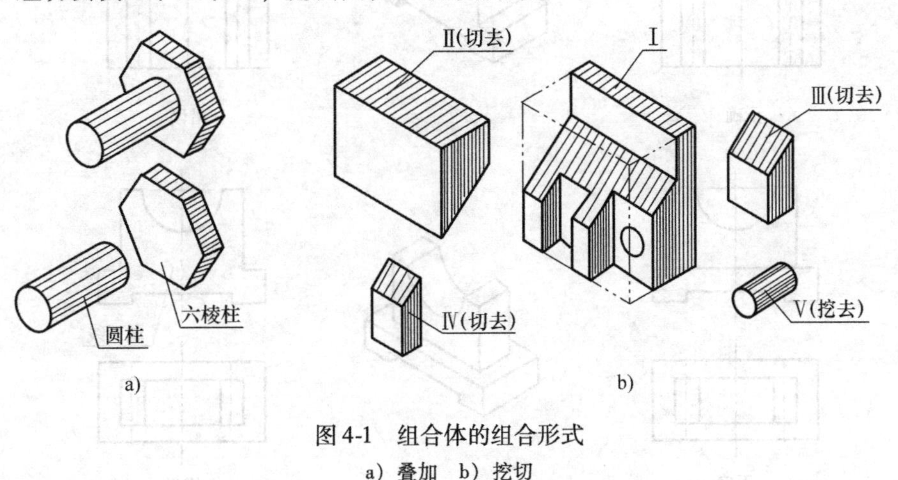

图4-1　组合体的组合形式

a）叠加　b）挖切

（3）叠加和挖切综合　较为复杂的形体往往是由基本立体叠加和挖切综合而成的。图4-2a所示的机座，可以看作是由底板Ⅰ、拱形板Ⅱ、直角三角形柱Ⅲ和长圆柱Ⅳ，四个部分经叠加和挖切而形成的，如图 4-2b 所示。

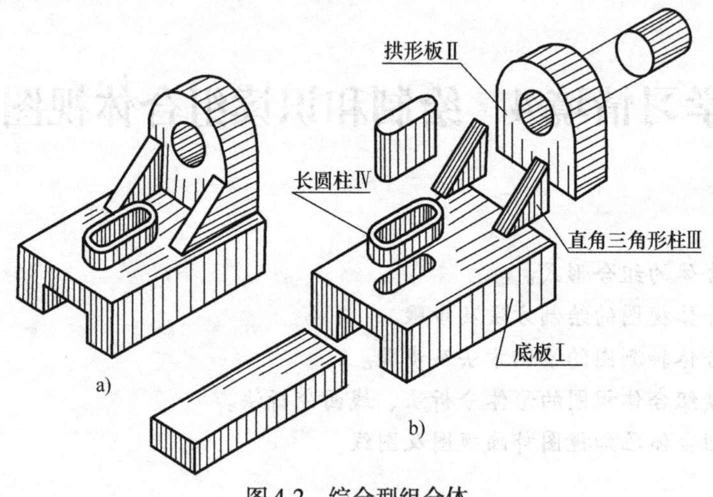

图 4-2　综合型组合体

4.1.2　组合体表面之间的关系

组成组合体的各形体之间都有一定的连接关系。相邻表面连接关系可分为三种：平齐、相切和相交。

（1）平齐　当两形体的表面平齐时，其表面结合处不存在分界线；反之，如两表面不平齐时，则应画出两者的分界线，如图 4-3 所示。

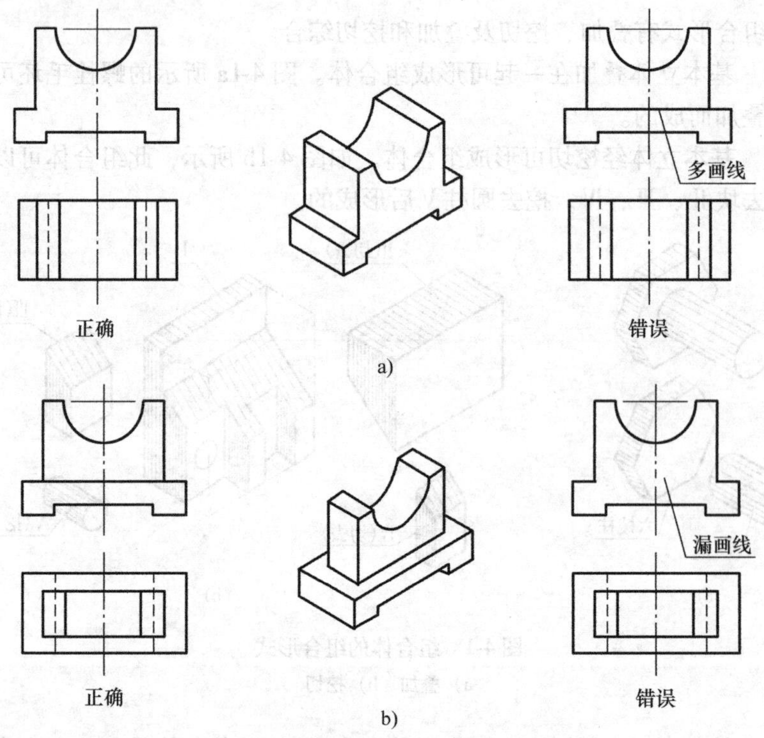

图 4-3　两表面平齐或不平齐的画法

a）平齐　b）不平齐

（2）相切　当两形体的表面相切时，在相切处不画线，如图 4-4 所示。

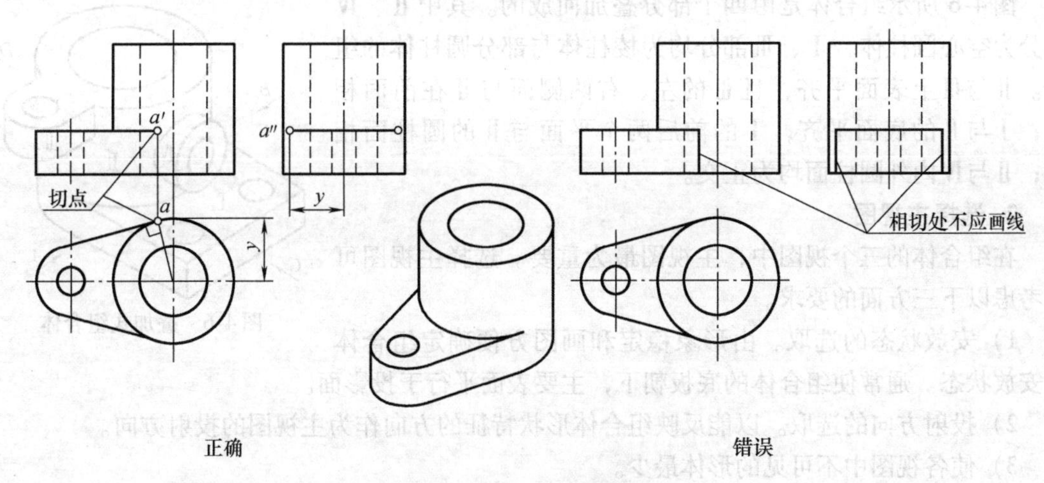

图 4-4　两表面相切的画法

（3）相交　当两形体的表面相交时，应画出交线的投影，如图 4-5 所示。

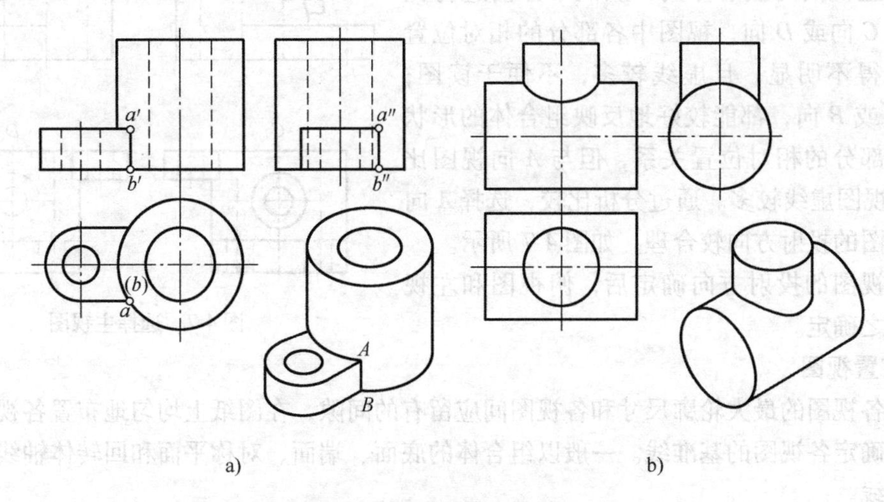

图 4-5　两表面相交的画法

a）平面与曲面相交　b）曲面与曲面相交

4.2　绘制组合体的视图

4.2.1　叠加式组合体视图的画法

绘制叠加式组合体的视图通常采用形体分析法。所谓形体分析法，就是把组合体假想地分解成若干个基本立体，对各基本立体进行分析，并明确各基本立体间相对位置和组合形式，最后综合起来达到了解整个组合体的方法。现以图 4-6 所示组合体为例说明此类组合体的绘图过程。

1. 分析形体

图4-6所示组合体是由四个部分叠加而成的。其中Ⅱ、Ⅳ部分为空心圆柱体，Ⅰ、Ⅲ部分均为棱柱体与部分圆柱体的组合。Ⅱ与Ⅲ上表面平齐，且Ⅲ的左、右两侧面与Ⅱ在前面相交；Ⅰ与Ⅱ的底面平齐，Ⅰ的前后两个平面与Ⅱ的圆柱面相切；Ⅱ与Ⅳ内外圆柱面均为正交。

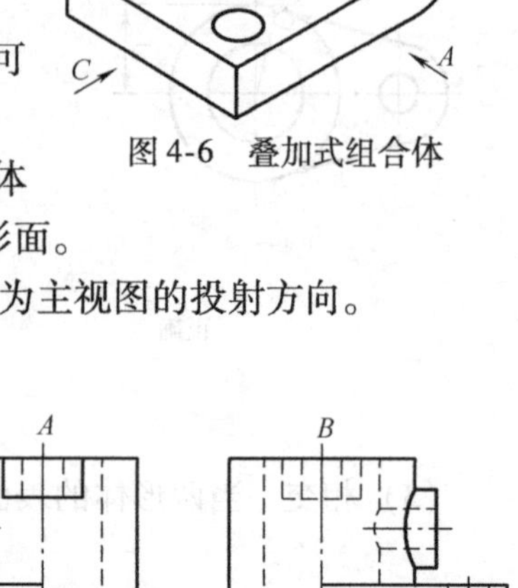

图4-6　叠加式组合体

2. 选择主视图

在组合体的三个视图中，主视图最为重要。选择主视图可以考虑以下三方面的要求。

1）安放状态的选取。由形象稳定和画图方便确定组合体的安放状态。通常使组合体的底板朝下，主要表面平行于投影面。

2）投射方向的选取。以能反映组合体形状特征的方向作为主视图的投射方向。

3）使各视图中不可见的形体最少。

如图4-6所示，将组合体按自然位置安放好，并使其主要平面或轴线与投影面保持平行或垂直，然后选取主视图的投射方向，从四个方向进行比较。若选 *C* 向或 *D* 向，视图中各部分的相对位置关系反映得不明显，且虚线较多，不便于读图；若选 *A* 向或 *B* 向，都能较好地反映组合体的形状特征及各部分的相对位置关系，但与 *A* 向视图比较，*B* 向视图虚线较多。通过分析比较，选择 *A* 向作为主视图的投射方向较合理，如图4-7所示。

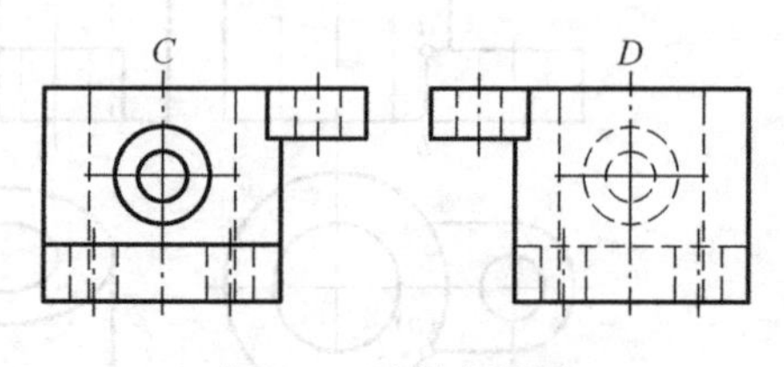

图4-7　选择主视图

当主视图的投射方向确定后，俯视图和左视图也就随之确定。

3. 布置视图

根据各视图的最大轮廓尺寸和各视图间应留有的间隙，在图纸上均匀地布置各视图的位置，画出确定各视图的基准线。一般以组合体的底面、端面、对称平面和回转体轴线的投影作为基准线。

4. 画底稿

细、轻、准、快地逐个画出各基本立体的视图。

1）画图时，常常不是画完一个视图后再画另一个视图，而是几个视图配合起来画，以使投影准确和提高画图效率，防止出现“漏线”或“多线”等错误，并注意组合时两表面连接关系的正确画法

2）画图的一般顺序是：先画主要形体，后画次要形体；先定位置，后画形状；先画具有特征形状的视图（如圆柱应先画圆形视图），后画其他视图；先画各基本形体，后画形体间的交线等。

5. 检查、加深

画完底稿后，应仔细检查。应用形体分析法逐一分析各形体的投影是否画全了；相对位置是否画对了；表面间连接关系是否正确。确认无误后，擦去多余的线，然后按国家标准规

定的线型加深各类图线。叠加式组合体的画图步骤如图 4-8 所示。

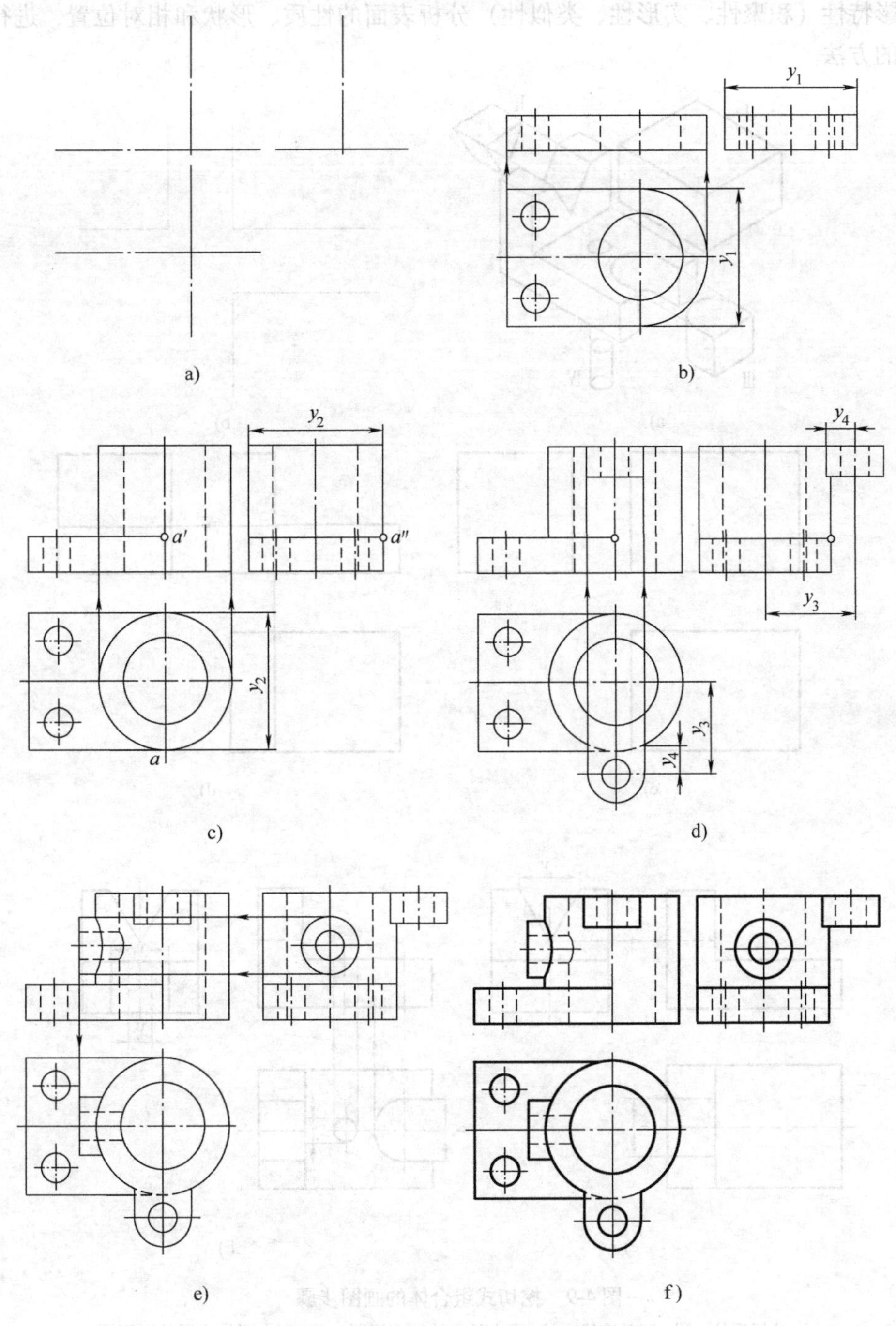

图 4-8　叠加式组合体的画图步骤

a）画基准线　b）画形体Ⅰ　c）画形体Ⅱ　d）画形体Ⅲ　e）画形体Ⅳ　f）检查加深

4.2.2　挖切式组合体视图的画法

图 4-9 所示组合体可以看作是长方体挖切去形体Ⅰ、Ⅱ、Ⅲ、Ⅳ而形成的。这种主要由

基本立体挖切而形成的组合体，通常采用线面分析法来画图。所谓线面分析法，就是根据表面的投影特性（积聚性、实形性、类似性）分析表面的性质、形状和相对位置，进行画图和读图的方法。

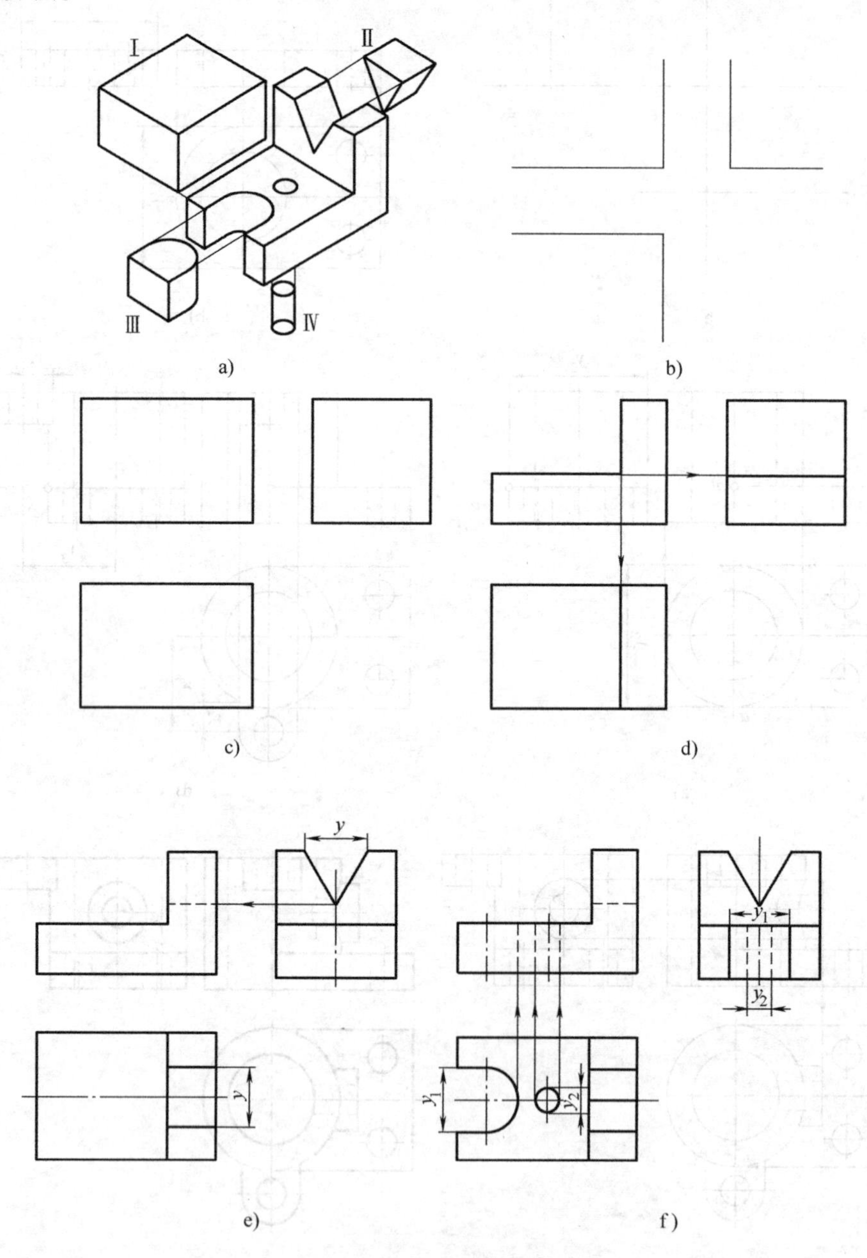

图 4-9　挖切式组合体的画图步骤

a）分析形体　b）画基准线　c）画出长方体的三视图　d）切去形体Ⅰ后的三视图

e）切去形体Ⅱ后的三视图　f）切去形体Ⅲ、Ⅳ后的三视图

图 4-9 所示为该组合体的画图步骤。画图时应注意以下几点。

1）画图时，一般都从最原始的基本立体开始，如图 4-9 所示从长方体画起。当然，也可以从一个比较清晰的、有一定复杂程度的组合体开始，如可从图 4-9d 所示的组合体开始。

2）对于切口，应先画出反映其形状特征的视图，后画其他视图，如画切去形体Ⅱ形成的切口时，应先画其左视图（图4-9e）。

4.3 轴测图

轴测图是用平行投影的原理绘制的一种具有立体感的单面投影图。这种图具有形象、直观的优点，在实际生产中一般用作辅助图样。

4.3.1 轴测图的基本知识

将物体连同其参考直角坐标系，沿不平行于任一坐标面的方向，用平行投影法将其投射在单一投影面 P（即轴测投影面）上所得到的图形，称为轴测投影图（简称轴测图），如图4-10所示。

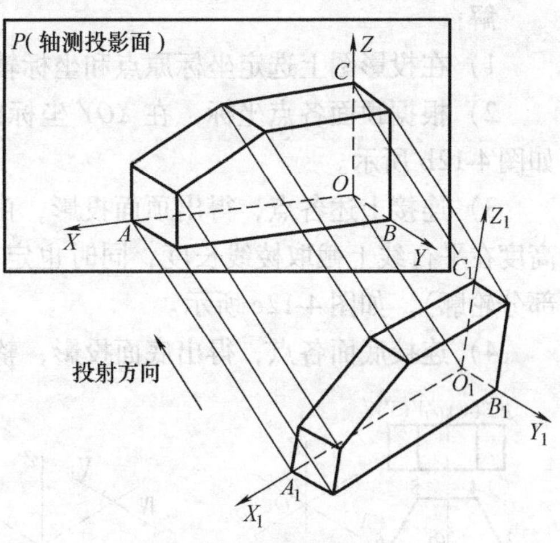

图4-10 轴测图的形成

1. 轴测轴、轴间角和轴向伸缩系数

确定物体空间位置的参考直角坐标系的三根坐标轴 O_1X_1、O_1Y_1、O_1Z_1 在轴测投影面上的投影 OX、OY、OZ，称为轴测投影轴，简称轴测轴。

轴测轴间的夹角 $\angle XOY$、$\angle YOZ$、$\angle XOZ$ 称为轴间角。

物体沿坐标方向线段的轴测投影长度与其空间实长之比，称为轴向伸缩系数。OX、OY、OZ 三个轴测轴方向的轴向伸缩系数分别用 p_1、q_1、r_1 表示。轴向伸缩系数为（图4-10）：$p_1 = OA/O_1A_1$；$q_1 = OB/O_1B_1$；$r_1 = OC/O_1C_1$。

2. 轴测图的基本性质

用平行投影法所获得的轴测图，具有下列基本性质。

1）物体上与坐标轴平行的线段，它的轴测投影必定平行于相应的轴测轴。

2）物体上相互平行的线段，它们的轴测投影也相互平行。

3. 轴测图的分类

当投射方向垂直于轴测投影面时，所得到的图形称为正轴测图。

当投射方向倾斜于轴测投影面时，所得到的图形称为斜轴测图。

常用的轴测图有正等轴测图（简称正等测）及斜二轴测图（简称斜二测）两种。

4.3.2 正等轴测图

1. 正等轴测图的形成、轴间角和轴向伸缩系数

（1）形成　当物体上的三根直角坐标轴与轴测投影面的倾角相等时，用正投影法所得到的图形称为正等轴测图（简称正等测）。

（2）轴间角和轴向伸缩系数　正等轴测图中的三个轴间角相等，$\angle XOY = \angle YOZ = \angle XOZ = 120°$，$OZ$ 轴规定画成铅垂方向，如图4-11所示。

正等轴测图的各轴向伸缩系数相同。根据理论分析，可计算出 $p_1=q_1=r_1\approx0.82$。实际作图时，为了作图方便，可以根据 GB/T 14692—2008 采用简化轴向伸缩系数，将其均取为 1，即简化后的轴向伸缩系数 $p=q=r=1$。虽然轴向尺寸比按理论轴向伸缩系数作图放大了 $1/0.82\approx1.22$ 倍，但这并不影响正等轴测图的立体感以及物体各部分的比例，对表达形体的直观形象没有影响。

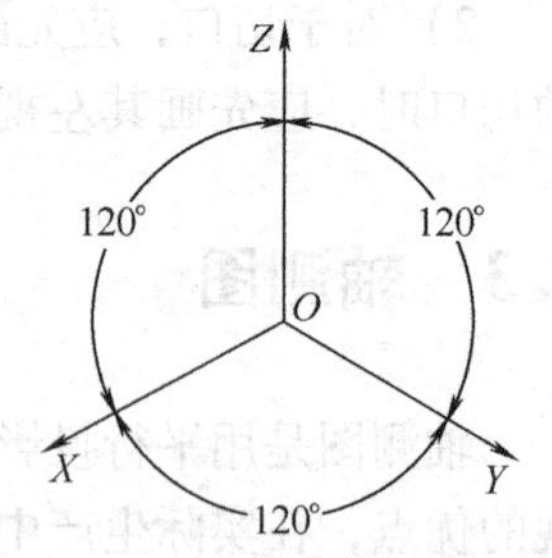

图 4-11　正等轴测图的轴间角

2. 平面立体正等轴测图的画法

在画物体的正等轴测图时，坐标原点的选取应根据作图条件和画图方便而定。

[例 4-1]　根据正六棱柱的投影图，画出正六棱柱的正等轴测图（图 4-12）。

解：

1）在投影图上选定坐标原点和坐标轴，并画出轴测轴，如图 4-12a 所示。

2）根据顶面各点坐标，在 *XOY* 坐标面上定出顶面点Ⅰ、Ⅱ、Ⅲ、Ⅳ、Ⅴ、Ⅵ的位置，如图 4-12b 所示。

3）连接上述各点，得出顶面投影，由各顶点向下作 *OZ* 轴的平行线，并根据正六棱柱高度在平行线上截取棱线长度，同时也定出底面各可见点的位置（轴测图一般不画不可见部分轮廓），如图 4-12c 所示。

4）连接底面各点，得出底面投影，整理加深，完成作图，如图 4-12d 所示。

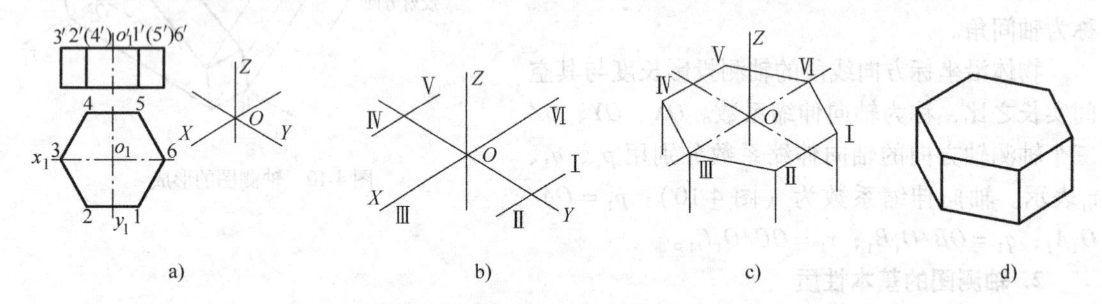

图 4-12　画正六棱柱的正等轴测图

a）选坐标系、画轴测轴　b）定顶面各点位置　c）画顶面和棱线　d）画底面，完成全图

[例 4-2]　画出图 4-13a 所示四棱台的正等轴测图。

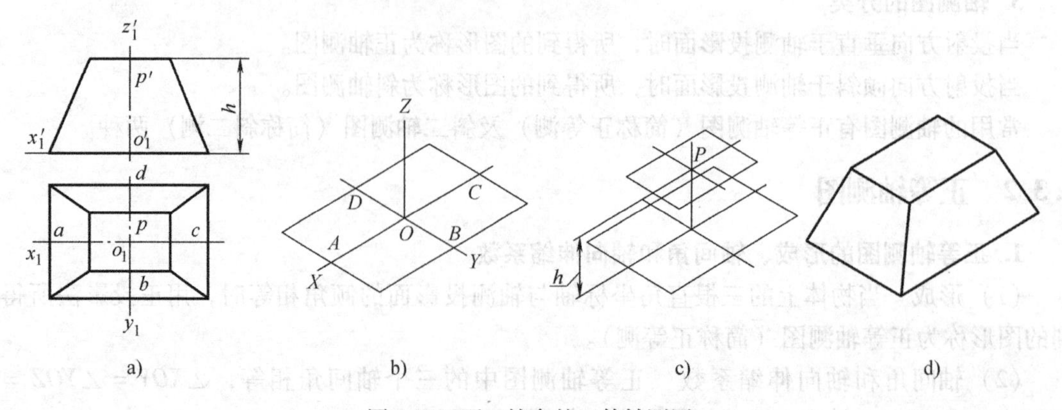

图 4-13　画四棱台的正等轴测图

解：

1）选定底面中心为坐标原点，以底面对称线和棱台的轴线为三根坐标轴，如图 4-13a 所示。

2）画出轴测轴，作底面的轴测投影，如图 4-13b 所示。

3）根据尺寸 h 确定顶面的中心 P，作顶面的轴测投影，如图 4-13c 所示。

4）连接底面和顶面的对应顶点，整理加深，即完成四棱台的正等轴测图，轴测图上的虚线一般省略不画，如图 4-13d 所示。

3. 回转体正等轴测图的画法

回转体表面除了直线轮廓线外，还有曲线轮廓线，工程中用得最多的曲线轮廓线就是圆或圆弧。要画回转体的轴测图必须先掌握圆和圆弧的轴测图画法。

（1）圆的正等轴测图　根据正等轴测图的形成原理可知，平行于坐标面的圆的正等轴测图是椭圆。图 4-14 所示为按简化轴向伸缩系数绘制的平行于坐标面的圆的正等轴测图。

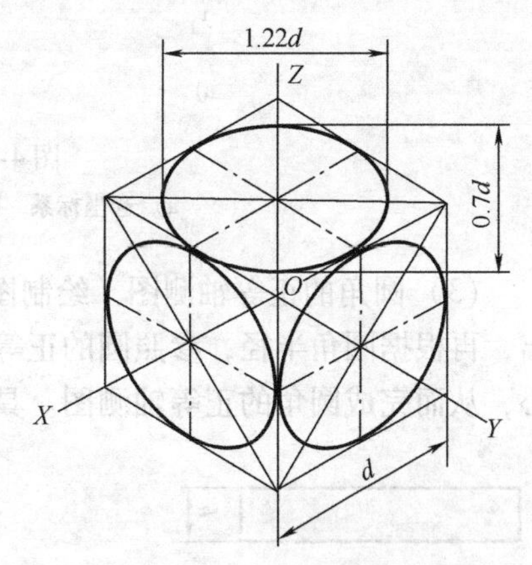

图 4-14　平行于坐标面的圆的正等轴测图

为了简化作图，通常采用四段圆弧连接成近似椭圆的作图方法。由于图中四段圆弧的圆心和半径是根据椭圆的外切菱形求得的，因而称为菱形四心法，如图 4-15 所示，以画 $X_1O_1Y_1$ 坐标面的圆为例，说明了这种近似画法。画其他坐标面的圆的正等轴测图时，应注意长短轴的方向。

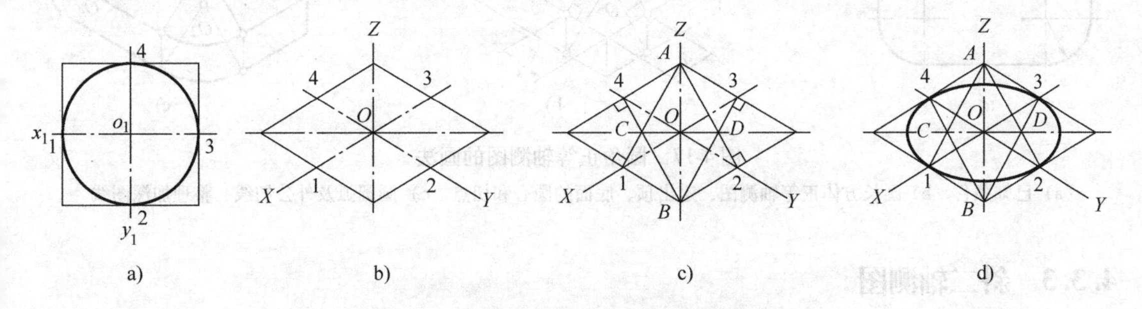

图 4-15　菱形四心法绘制圆的正等轴测图

a）选坐标系，作圆的外切正方形　b）作正方形轴测投影及对角线

c）连点定圆心及切点　d）画出四段圆弧，连成近似椭圆

（2）回转体的正等轴测图　回转体的正等轴测图，只需画出顶面、底面的椭圆，作两椭圆的公切线即可获得。

[**例 4-3**]　画图 4-16a 所示圆柱的正等轴测图。

解：从投影图可知，这是一个直立的圆柱，顶圆、底圆都是水平圆。

1）取顶圆的圆心为原点，选取坐标轴，如图 4-16a 所示。

2）用近似法画出顶圆的轴测投影椭圆，将椭圆各段圆弧的圆心沿 OZ 轴向下移动一个柱高的距离，然后画下底椭圆各段圆弧，如图 4-16b 所示。

3）判断可见性后，只画出大底椭圆可见部分的轮廓，整理加深如图 4-16c 所示。

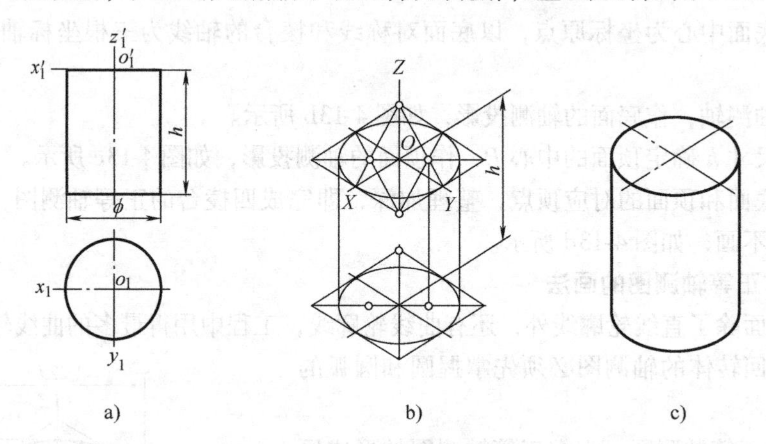

图 4-16　圆柱正等轴测图的画法

a）选坐标系　b）画顶圆、底圆及轮廓线　c）整理加深

（3）圆角的正等轴测图　绘制图 4-17a 所示立体上的圆角结构。绘图时，可先按直角画出，再根据圆角半径，参照圆的正等轴测投影椭圆的近似画法，定出近似轴测投影圆弧的圆心，从而完成圆角的正等轴测图。具体作图步骤如图 4-17 所示。

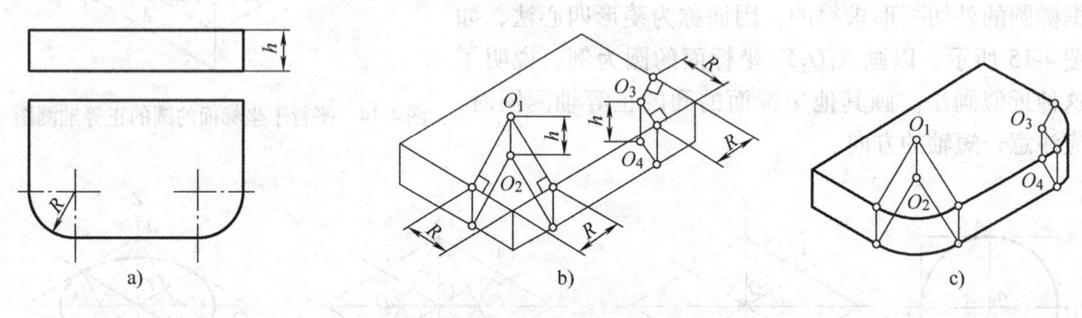

图 4-17　圆角正等轴测图的画法

a）已知条件　b）画长方体正等轴测图，定出顶、底面的圆心和切点　c）画圆弧及外公切线，整理加深图线

4.3.3　斜二轴测图

1. 斜二轴测图的形成、轴间角和轴向伸缩系数

（1）形成　将物体的一个坐标面 XOZ 放置成与轴测投影面平行，并按一定的投射方向进行投影，则所得到的图形称为斜二轴测图（简称斜二测）。

（2）斜二轴测图的轴间角和轴向伸缩系数（图 4-18）　斜二轴测图的轴间角：$\angle XOY = \angle YOZ = 135°$，$\angle XOZ = 90°$，$OZ$ 轴规定画成铅垂方向。斜二轴测图的轴向伸缩系数是：$p_1 = r_1 = 1$，$q_1 = 0.5$。

由平行投影的实形性可知，平行于 XOZ 坐标面的任何图形，在斜二轴测图上均反映实形。因此平行于 XOZ 坐标面的圆和圆弧，其斜二测投影仍是圆和圆弧。由此可见，斜二轴测图主要用于表示仅在一个方向上有圆或圆弧的物体。当物体在两个或两个以上方向有圆或圆弧时，通常采用正等测的方法绘制轴测图。

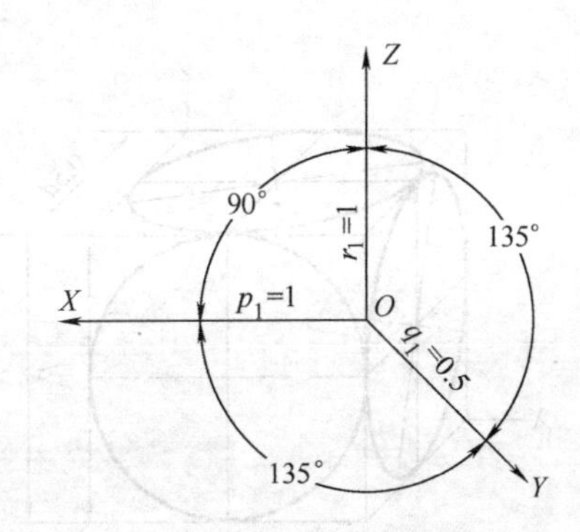

图 4-18　斜二轴测图的轴间角和轴向伸缩系数

2. 平面立体斜二轴测图的画法

［例 4-4］　画出图 4-19a 所示正四棱台的斜二轴测图。

解：

1）建立轴测轴，画出底面的轴测图，如图 4-19b 所示。

2）在 OZ 轴上量取四棱台高 H，画顶面的轴测图，如图 4-19c 所示。

3）连接各可见棱线，整理描深得到正四棱台的斜二轴测图，如图 4-19d 所示。

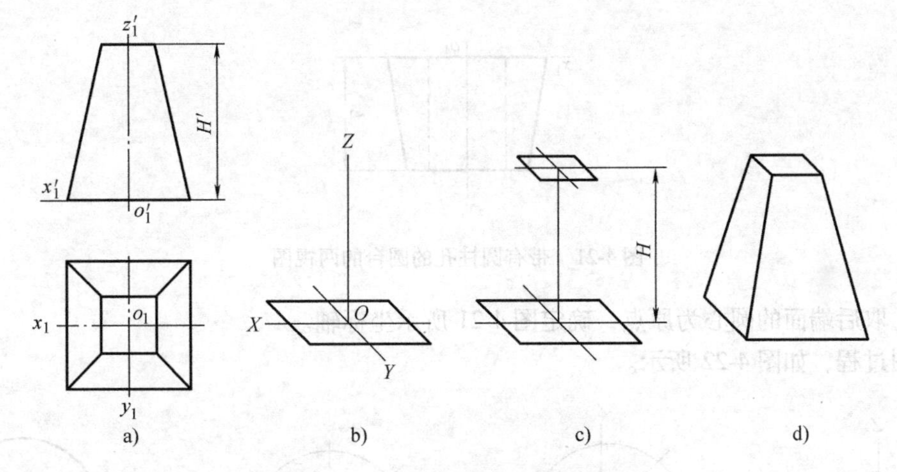

图 4-19　正四棱台斜二轴测图的画法

3. 回转体斜二轴测图画法

由于 $X_1O_1Z_1$ 坐标面平行于轴测投影面，故在 $X_1O_1Z_1$ 坐标面或平行于 $X_1O_1Z_1$ 坐标面的圆的斜二轴测图仍为大小相等的圆；平行于 $X_1O_1Y_1$ 和 $Y_1O_1Z_1$ 坐标面的圆的斜二轴测图都是椭圆，其形状相同，作图方法一样，只是椭圆长、短轴方向不同，如图 4-20 所示。

在物体上有比较多的平行于 $X_1O_1Z_1$ 坐标面的圆或曲线的情况下，常选用斜二轴测图，作图较为方便。

回转体斜二轴测图的作图方法和步骤与正等轴测图相同。

［例 4-5］　画图 4-21 所示圆台的斜二轴测图。

分析：如图 4-21 所示，这是一个具有同轴圆柱孔的圆台，圆台的前、后端面平行于 $X_1O_1Z_1$ 坐标面。

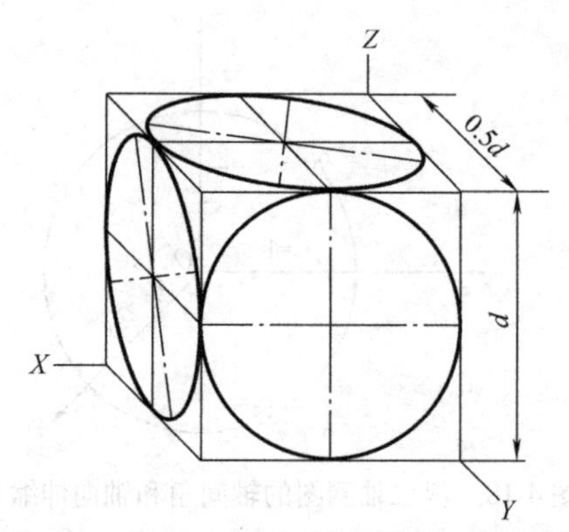

图 4-20　平行于坐标面的圆的斜二轴测图

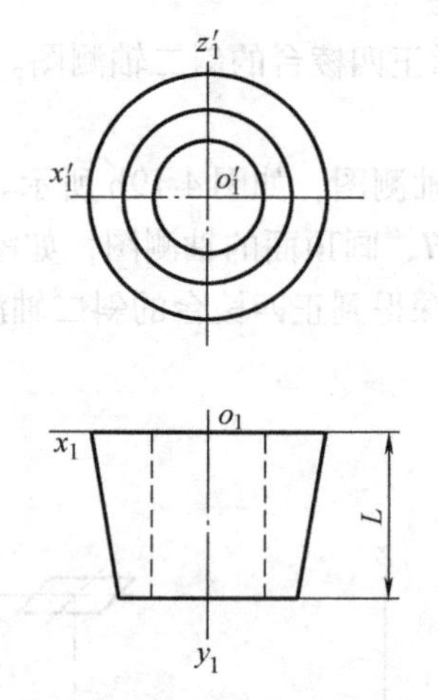

图 4-21　带有圆柱孔的圆台的两视图

解： 取后端面的圆心为原点，确定图 4-21 所示坐标轴。

画图过程，如图 4-22 所示。

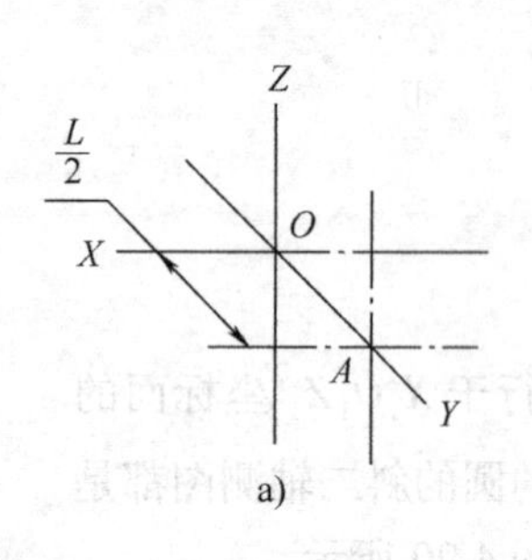

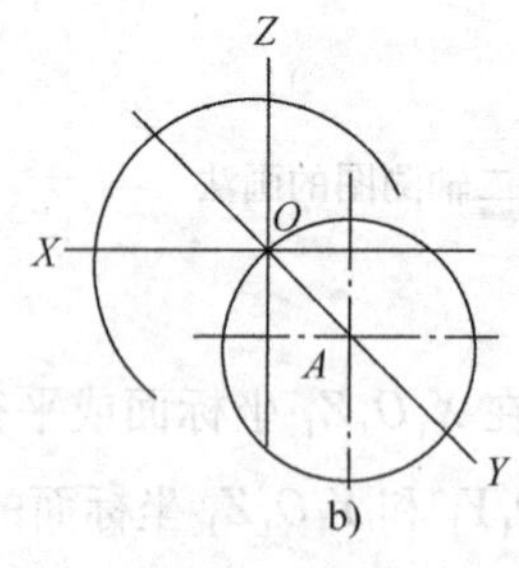

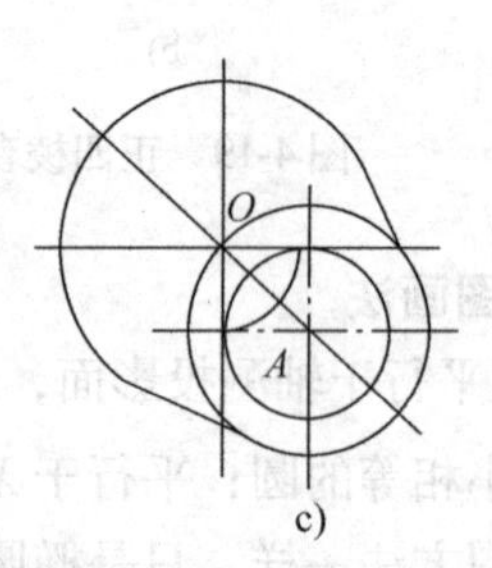

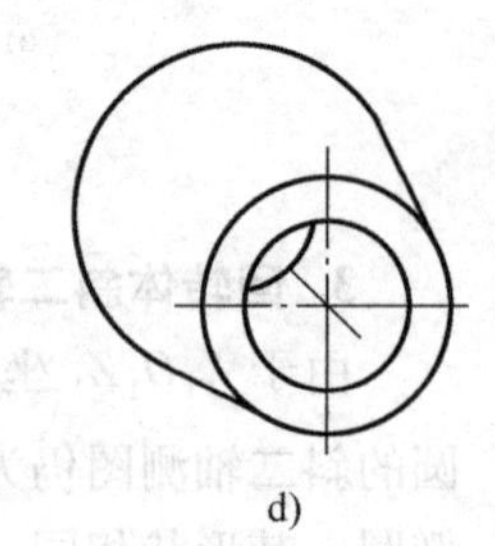

图 4-22　画带有圆柱孔的圆台的斜二轴测图

a）作轴测轴，在 OY 轴上量取 $L/2$，定出前端面圆的圆心 A_1　b）画出前、后两个端面的斜二轴测图（可见部分），分别仍是反映实形的圆　c）作两端大圆的公切线，以及前、后孔口的可见部分　d）擦去作图线，加深

4.3.4　绘制组合体的轴测图

绘制组合体的轴测图，通常采用以下两种方法。

1. 叠加法

叠加法适用于叠加形成的组合体。先将组合体分解成若干个基本立体，再根据各基本立体所在位置，分别画出基本立体的轴测图，进而完成组合体的轴测图。

2. 切割法

切割法适用于带切面的平面立体。先画出完整平面立体的轴测图，然后按其结构特点逐个切除多余的部分，进而完成形体的轴测图。

[**例 4-6**]　画图 4-23a 所示支架的正等轴测图。

解： 画图步骤如图 4-23 所示。

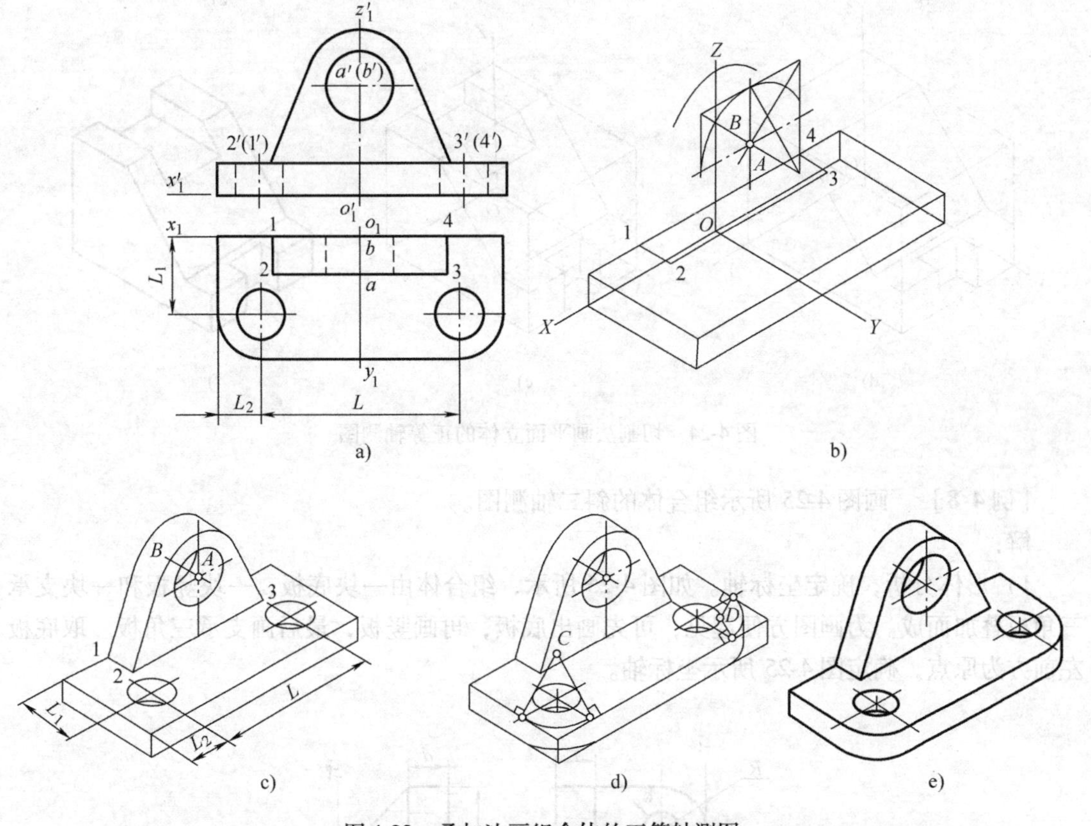

图 4-23　叠加法画组合体的正等轴测图

a）根据两视图定坐标系　b）画底板，并定出竖板圆心　c）画出各椭圆，并完成竖板
d）画底板左右圆角　e）擦去作图线，描深

[**例 4-7**]　画出图 4-24a 所示带缺口的平面立体的正等轴测图。

解：

1）如图 4-24a 所示，选定坐标原点和坐标轴，原点取在平面立体的右后下角。

2）如图 4-24b 所示，作轴测轴 OX、OY、OZ，并画出平面立体的正等轴测图。

3）如图 4-24c 所示，根据主视图切去左面一角。

4）如图 4-24d 所示，根据俯视图在左面开槽。

5）如图 4-24e 所示，在平面立体右上部开槽，此时切勿在斜线上量取槽深尺寸。

6）如图 4-24f 所示，擦去作图线及被遮挡的线，加深可见轮廓线，完成全图。

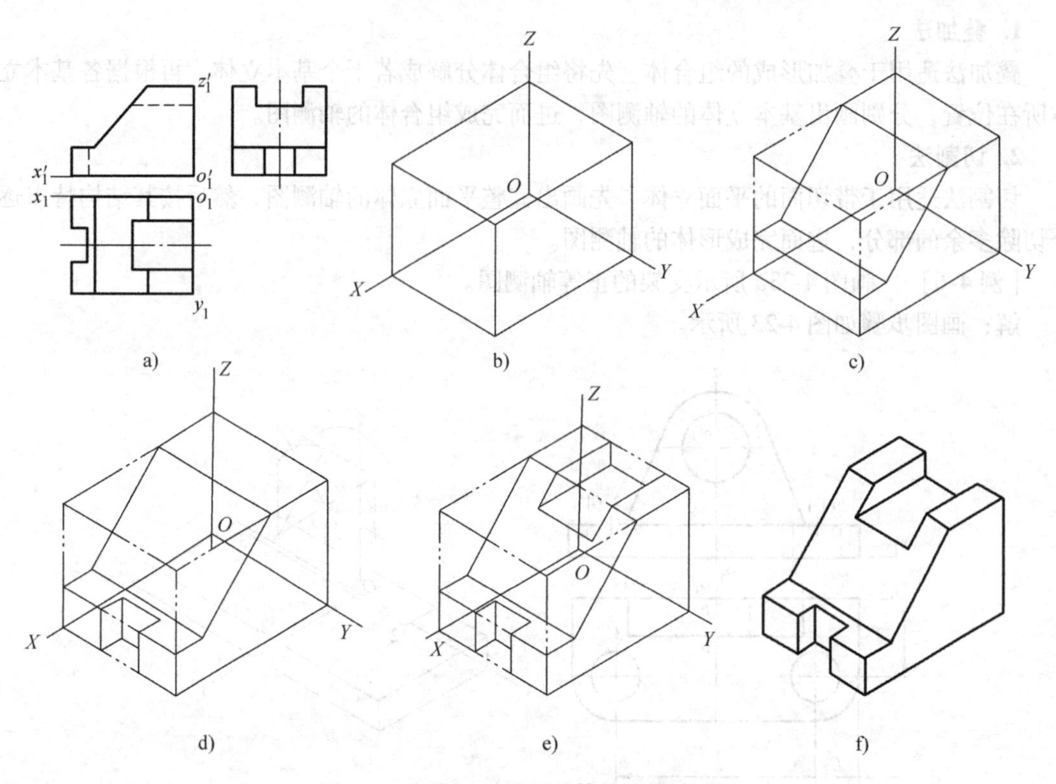

图 4-24　切割法画平面立体的正等轴测图

[例 4-8]　画图 4-25 所示组合体的斜二轴测图。

解：

1）形体分析，确定坐标轴。如图 4-25 所示，组合体由一块底板，一块竖板和一块支承三角板叠加而成。为画图方便起见，可先画出底板，再画竖板，最后画支承三角板。取底板左前方为原点，确定图 4-25 所示坐标轴。

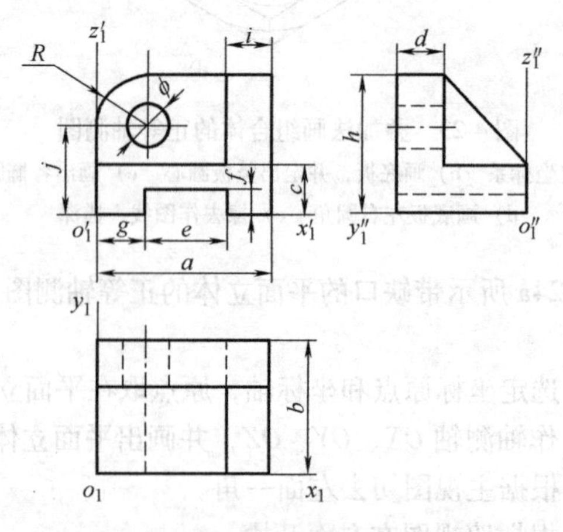

图 4-25　组合体的三视图

2）画图过程如图 4-26 所示。

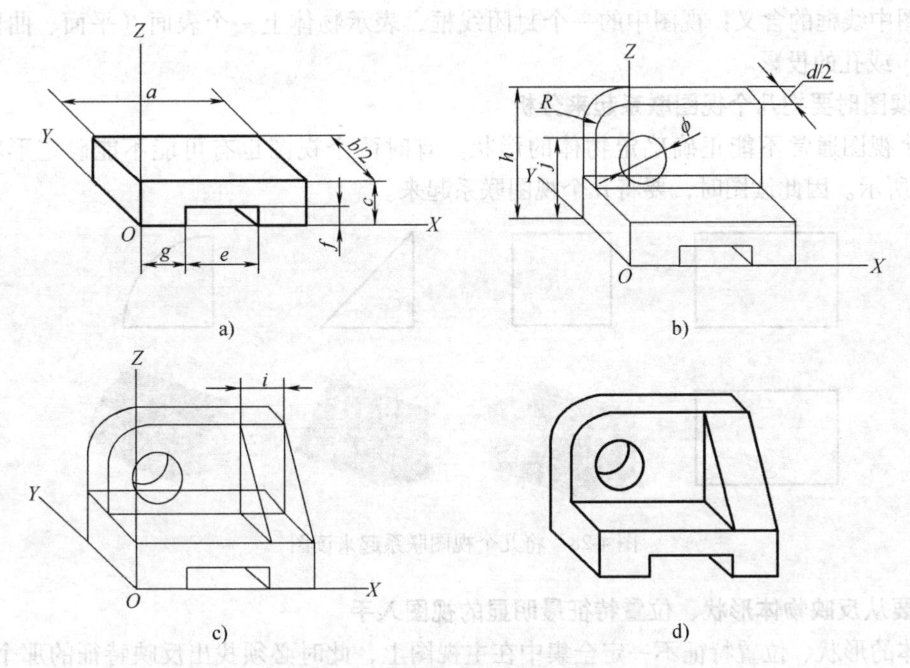

图 4-26　画组合体的斜二轴测图

a）按三视图作轴测轴，由三视图中所标注的尺寸 a、b、c 画出底板，由尺寸 e、f、g 画出底部的通槽
b）由尺寸 d、h 和 R、j 在底板的后方画出竖板，由尺寸 ϕ 画出竖板上的圆柱通孔
c）由尺寸 i 在竖板和底板的右端画出支承三角板　d）擦去作图线及不可见线，加深轮廓线

4.4　读图的基本知识

读图是画图的逆过程，是根据组合体的视图想象它的空间形状。

1. 理解图线及线框的含义

如图 4-27 所示，视图中图线的含义：

1）面的积聚投影。

2）表面交线的投影。

3）曲面转向轮廓线的投影。

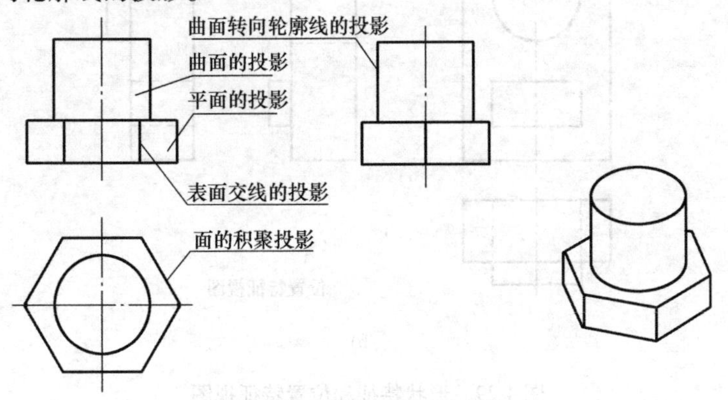

图 4-27　图线和线框的含义

视图中线框的含义：视图中的一个封闭线框，表示物体上一个表面（平面、曲面或其组合面）或孔的投影。

2. 读图时要把几个视图联系起来分析

一个视图通常不能正确确定物体的形状。有时两个视图也有可能不能确定形状，如图 4-28 所示。因此读图时，要将几个视图联系起来。

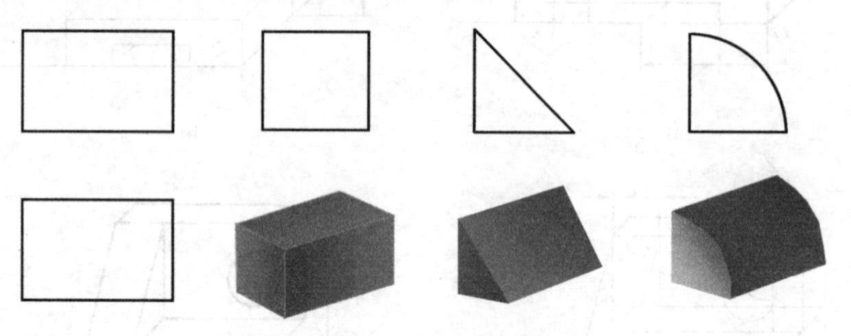

图 4-28　将几个视图联系起来读图

3. 要从反映物体形状、位置特征最明显的视图入手

物体的形状、位置特征不一定全集中在主视图上，此时必须找出反映特征的那个视图，再联系其相应投影，想象物体的形状。图 4-29a 所示的物体，其形状特征在左视图中反映得最明显，读图时应从左视图入手。图 4-29b 所示的物体，其位置特征在左视图中反映得最明显，读图时应从左视图入手。

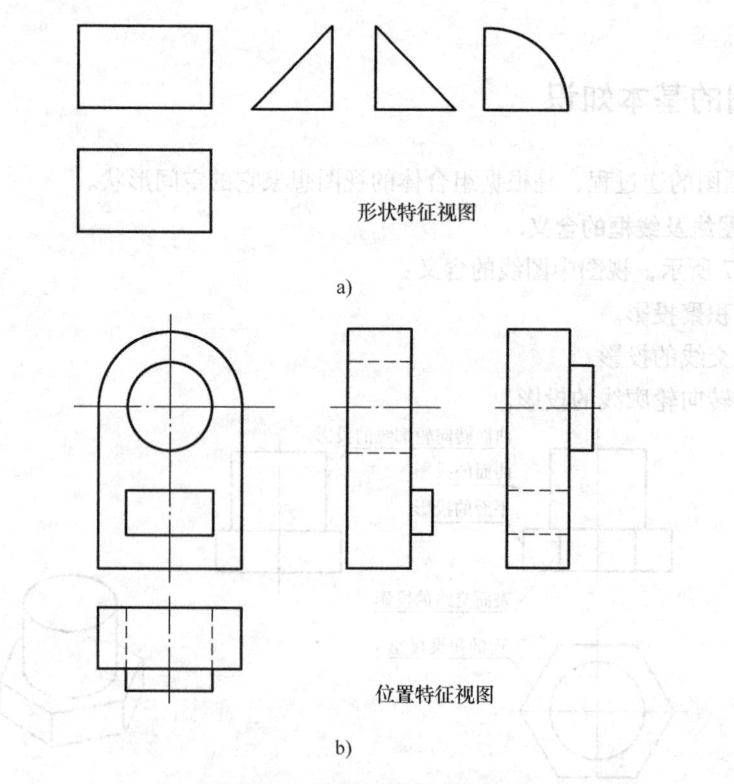

图 4-29　形状特征和位置特征视图

4.5 读组合体视图

4.5.1 读叠加式组合体视图

叠加式组合体的视图主要采用形体分析法，先分别读懂组合体的各组成形体，再综合各组成形体间的相对位置和表面连接关系，想象出组合体的整体形状。

以图 4-30 所示的轴承座为例，说明此类组合体视图阅读的方法和步骤。

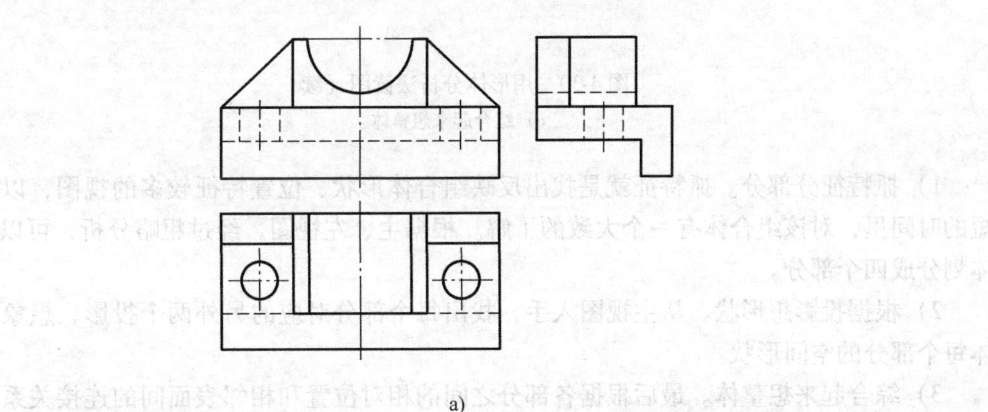

a)

b)

图 4-30 用形体分析法读图

a）已知组合体的三视图 b）根据投影想形状

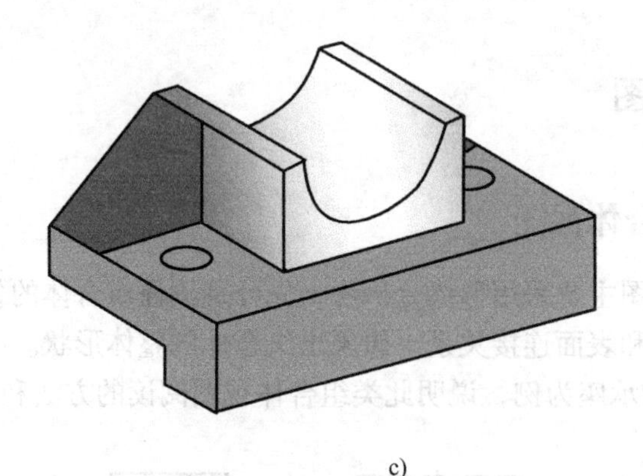

c)

图 4-30 用形体分析法读图（续）
c）综合起来想整体

1）抓特征分部分。抓特征就是找出反映组合体形状、位置特征较多的视图，以便在较短的时间里，对该组合体有一个大致的了解。根据主、左视图，经过粗略分析，可以把组合体划分成四个部分。

2）根据投影想形状。从主视图入手，找出每个部分对应的另外两个投影，想象出组合体每个部分的空间形状。

3）综合起来想整体。最后根据各部分之间的相对位置和相邻表面间的连接关系，想象出组合体的整体形状。

4.5.2 读挖切式组合体视图

挖切式组合体视图的阅读主要采用线面分析法，就是根据视图中的图线和线框，分析相邻表面的相对位置、表面形状及面与面的交线特征，从而确定组合体的空间形状。

运用线面分析法读图时，一般可采用以下步骤。

1）恢复缺口想原形。将视图中残缺的部分想象地补齐，从而分析未切前组合体的形状。

2）抓住切口想切面。抓住视图中表示切口的较长斜线，它们一般为与投影面垂直的切平面的投影，从这些斜线入手，可以比较快地分析出切平面的位置及方向。

3）综合起来想整体。从整体上切去多余部分，就可以得到挖切后组合体的整体形状，如图 4-31 所示。

[例 4-9] 读懂图 4-32a 所示的三视图。

解：本题应从左视图入手。因为该组合体的形状和位置特征在左视图上反映得较明显。它主要是由三块板所组成的，在主、左视图上找出对应的投影后，主要形状就清楚了，如图 4-32b 所示。至于开槽部分，应从俯视图入手；立板中间的圆孔，应从主视图入手。组合体的整体形状如图 4-32c 所示。

[例 4-10] 由图 4-33a 所示的两视图，补画左视图。

解：要正确地补画第三视图，首先应根据已知的两个视图，用前述的读图方法将图读懂并想象出组合体的形状，然后按画三视图的方法画出第三视图。

根据给出的两视图，可以看出该组合体是由底板、前半圆板和后立板叠加起来后，又切去一个通槽、钻一个通孔而形成的。具体画图步骤，如图 4-33b ~ f 所示。

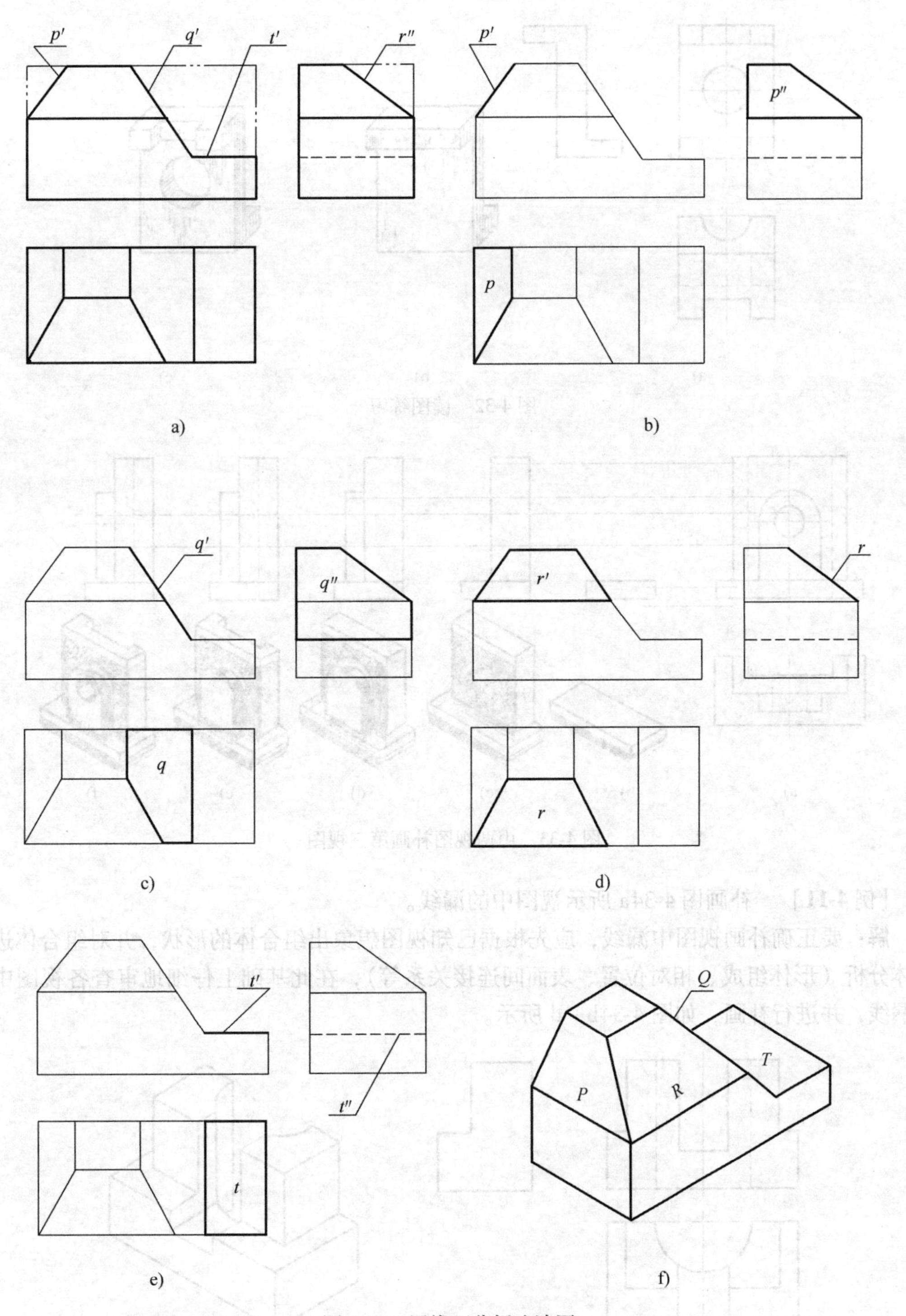

图 4-31　用线面分析法读图

a）分析组合体的三视图可知，该形体是在完整的长方体上，用正垂面 P、Q，侧垂面 R，水平面 T 切割而成的

b）分析正垂面 P 的投影　c）分析正垂面 Q 的投影　d）分析侧垂面 R 的投影

e）分析水平面 T 的投影　f）想象出组合体的空间形状

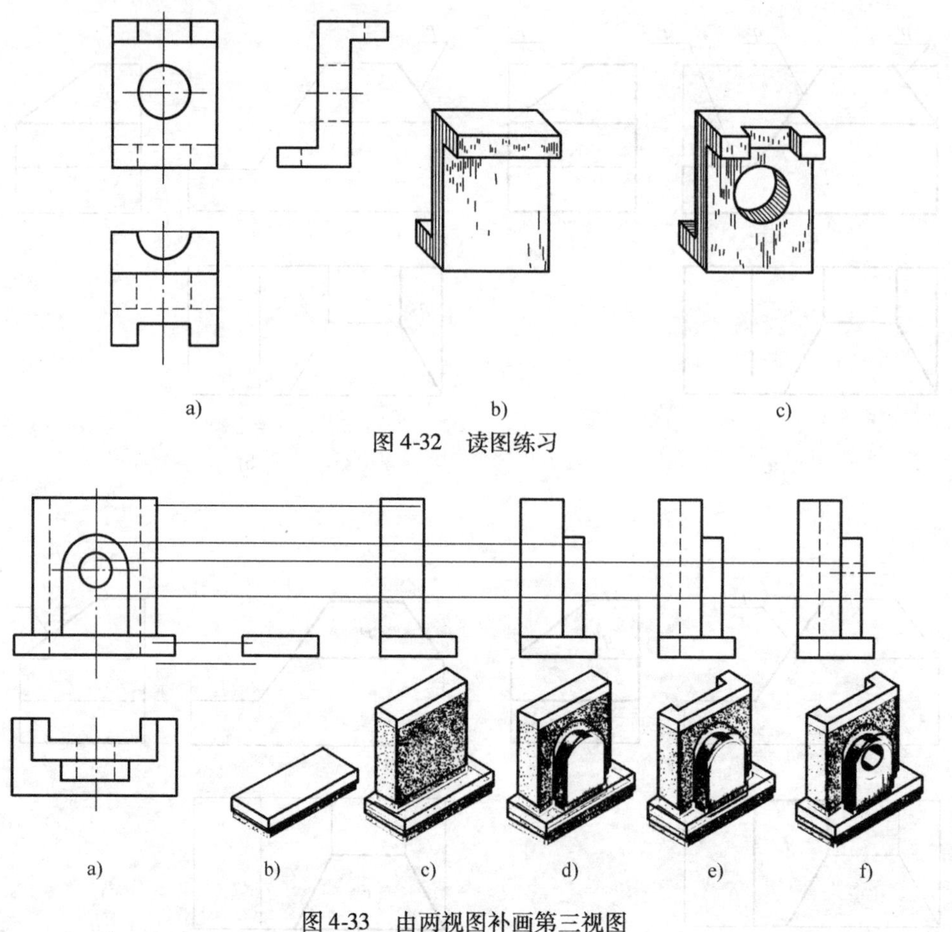

图 4-32　读图练习

图 4-33　由两视图补画第三视图

[例 4-11]　补画图 4-34a 所示视图中的漏线。

解： 要正确补画视图中漏线，应先根据已知视图想象出组合体的形状，并对组合体进行形体分析（形体组成、相对位置、表面间连接关系等），在此基础上仔细地审查各视图中是否漏线，并进行补画，如图 4-34b ~ d 所示。

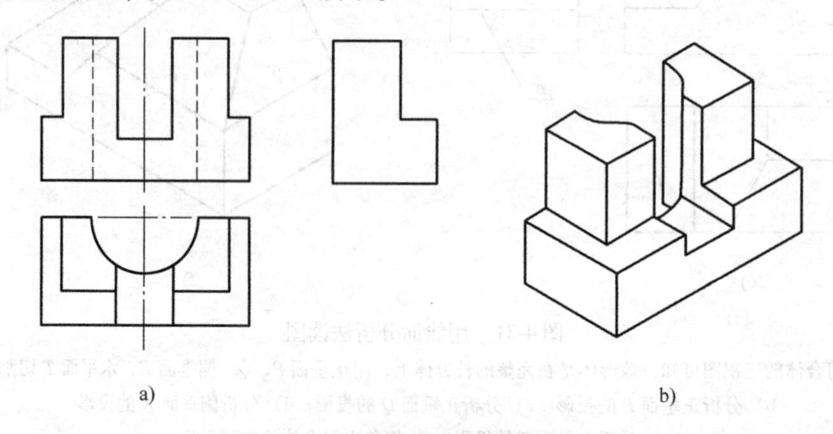

图 4-34　补画视图中的漏线

a）题目　b）分析、构思组合体形状

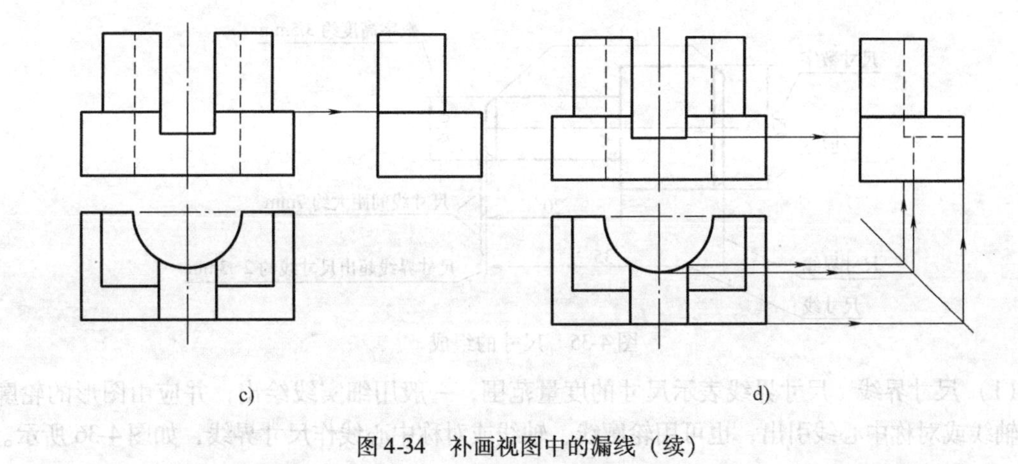

图 4-34 补画视图中的漏线（续）

c）补画上下两棱柱在主、左视图中的分界线 d）补画半圆孔、矩形槽在左视图中的投影

4.6 国家标准关于尺寸标注的相关规定

在图样上，图形只表示物体的形状，至于物体各部分的大小及相互位置关系，须用标注的尺寸来确定。GB/T 4458.4—2003《机械制图 尺寸注法》规定了图样中标注尺寸规则和方法。

4.6.1 标注尺寸的基本规则

1）机件的真实大小应以图样上所注的尺寸数值为依据，与图形的大小及绘制的准确度无关。

2）图样中的尺寸，以 mm 为单位时，不需标注单位符号（或名称），如采用其他单位，则必须注明相应的单位符号。

3）图样中所标注的尺寸，为该图样所示机件的最后完工尺寸，否则应另加说明。

4）机件的每一尺寸，一般只标注一次，并应标注在反映该结构最清晰的图形上。

5）标注尺寸时，应尽可能使用符号和缩写词。常用符号和缩写词见表 4-1。

表 4-1 常用符号和缩写词

名 称	符号或缩写词	名 称	符号或缩写词
直径	ϕ	45°倒角	C
半径	R	深度	↧
球直径	$S\phi$	沉孔或锪平	⌴
球半径	SR	埋头孔	⌵90°
厚度	t	均布	EQS
正方形	□	斜度	∠
锥度	◺		

4.6.2 尺寸的组成

一个完整的尺寸是由尺寸界线、尺寸线和尺寸数字组成的，如图 4-35 所示。

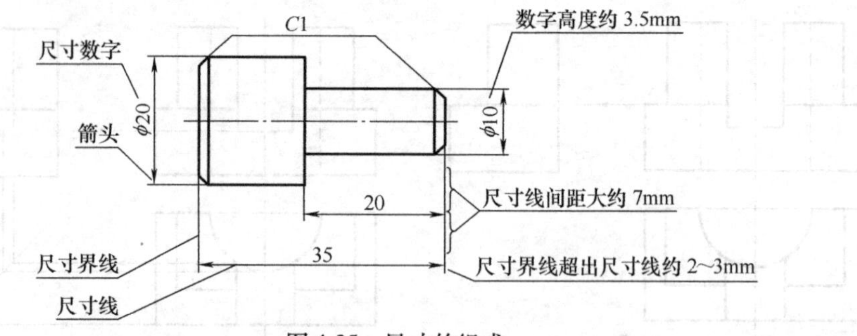

图 4-35 尺寸的组成

(1) 尺寸界线　尺寸界线表示尺寸的度量范围，一般用细实线绘出，并应由图形的轮廓线、轴线或对称中心线引出，也可用轮廓线、轴线或对称中心线作尺寸界线，如图 4-36 所示。

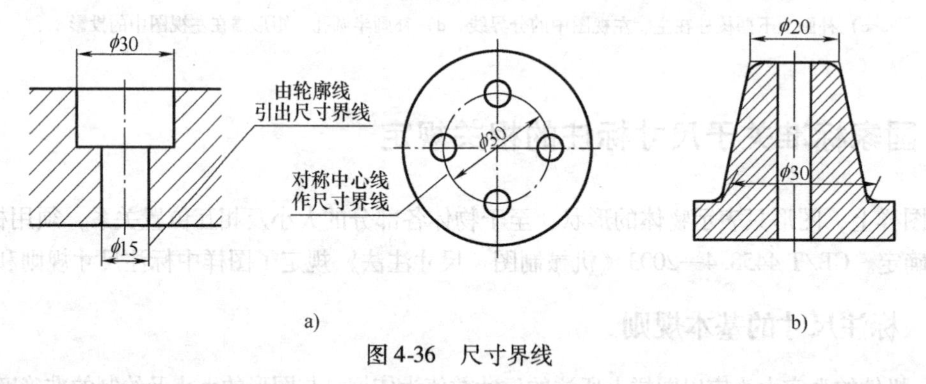

图 4-36 尺寸界线

尺寸界线一般应与尺寸线垂直，并超过尺寸线 2 ~ 3mm，必要时允许倾斜，但两尺寸界线必须互相平行，如图 4-36 所示。

(2) 尺寸线　尺寸线表示所注尺寸的度量方向和长度，用细实线单独绘出，不能用其他线代替或与其他线重合，也不能画在其他线的延长线上。标注线性尺寸时，尺寸线应与所注尺寸部位的轮廓线（或尺寸方向）平行，且尺寸线之间不应相交。尺寸线与轮廓线相距 5 ~ 10mm。尺寸线间距大约 7mm。互相平行的尺寸线，小尺寸在里，大尺寸在外，依次排列整齐。尺寸线的正误对比，如图 4-37 所示。

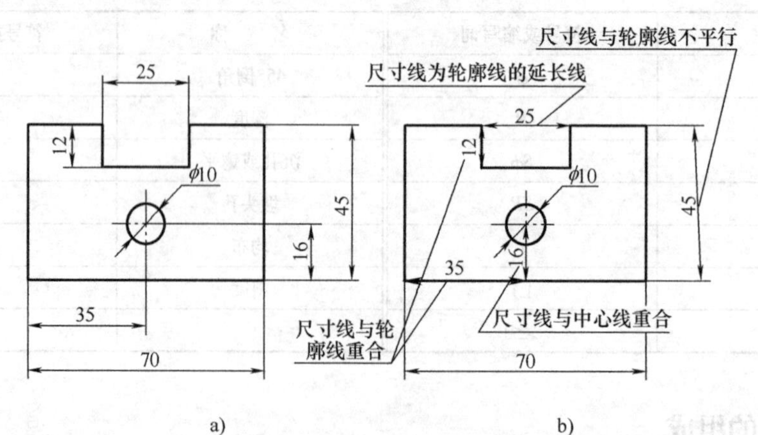

图 4-37 尺寸线的正误对比

a) 正确　b) 错误

尺寸线终端有两种形式。

1）箭头。箭头的形式如图 4-38a 所示，适用于各种类型的图样。当尺寸线太短没有足够的位置画箭头时，允许将箭头画在尺寸线外边；尺寸线终端采用箭头形式时，标注连续的小尺寸时可用圆点代替箭头。

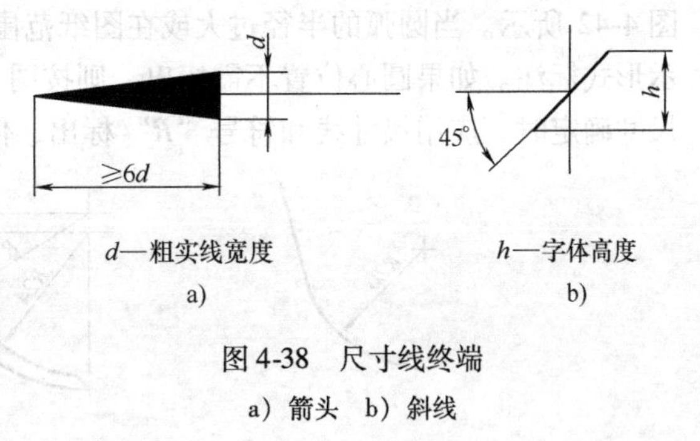

图 4-38　尺寸线终端

a）箭头　b）斜线

2）斜线。斜线用细实线绘制，其画法如图 4-38b 所示。当尺寸线终端采用斜线形式时，尺寸线与尺寸界线必须相互垂直。

同一张图样上尺寸线终端形式应一致，机械图样中一般采用箭头作为尺寸线的终端。

(3) 尺寸数字　尺寸数字表示尺寸的大小。线性尺寸数字一般应注写在尺寸线的上方，也允许注写在尺寸线的中断处。尺寸数字不能被任何图线通过；当不可避免时，必须将图线断开，如图 4-39c 所示。

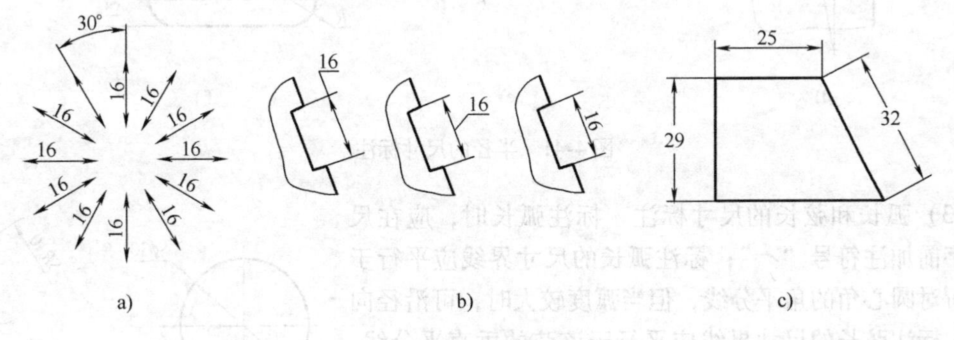

图 4-39　尺寸数字

线性尺寸数字一般应按图 4-39a 所示的方向注写，并尽可能避免在图示 30°范围内标注尺寸，当无法避免时，可按图 4-39b 所示的形式标注。

4.6.3　常见尺寸的注法

(1) 直径的尺寸标注　标注圆的直径或大于半圆的圆弧直径时，应在尺寸数字前加注符号“ϕ”，表示这个尺寸值是直径值，并按图 4-40 所示方法标出。标注球面的直径时，应在符号“ϕ”前加注符号“S”，如图 4-42 所示。

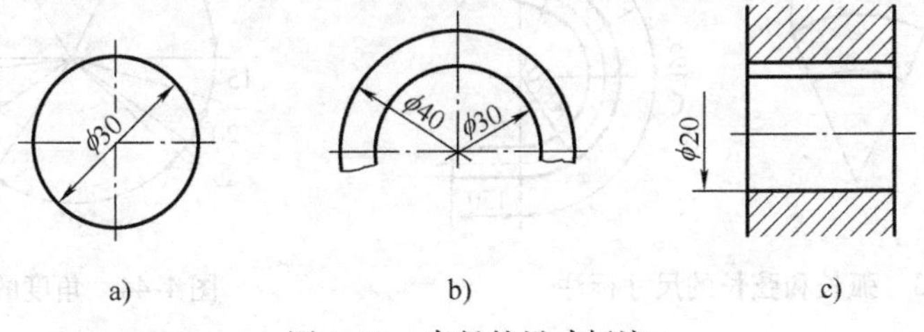

图 4-40　直径的尺寸标注

(2) 半径的尺寸标注　标注圆弧的半径时，应在尺寸数字前加注符号“R”，并按

图 4-41a ~ c所示方法标出。标注球面的半径时，应在符号“*R*”前加注符号“*S*”，如图 4-42 所示。当圆弧的半径过大或在图纸范围内无法标注出圆心位置时，可按图 4-41d 所示形式标注。如果圆心位置不需标出，则按图 4-41e 所示形式标注。如果半径尺寸是由其他尺寸确定时，应用尺寸线和符号“*R*”标出，但不要注写尺寸数字，如图 4-41f 所示。

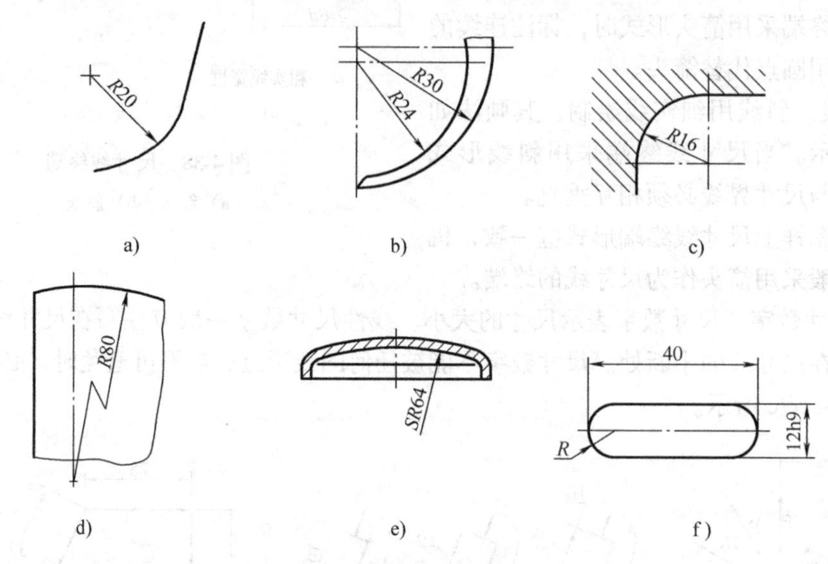

图 4-41　半径的尺寸标注

(3) 弧长和弦长的尺寸标注　标注弧长时，应在尺寸数字前加注符号“⌒”；标注弧长的尺寸界线应平行于该弧所对圆心角的角平分线，但当弧度较大时，可沿径向引出；标注弦长的尺寸界线应平行于该弦的垂直平分线，如图 4-43 所示。

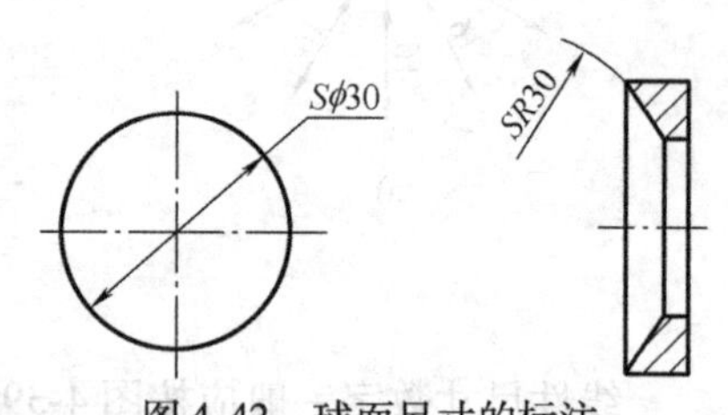

图 4-42　球面尺寸的标注

(4) 角度的尺寸标注　标注角度的尺寸界线应沿径向引出。尺寸线是以角度顶点为圆心的圆弧线。角度的数字一律写成水平方向，一般写在尺寸线的中断处。必要时允许写在外面或引出标注，如图 4-44 所示。

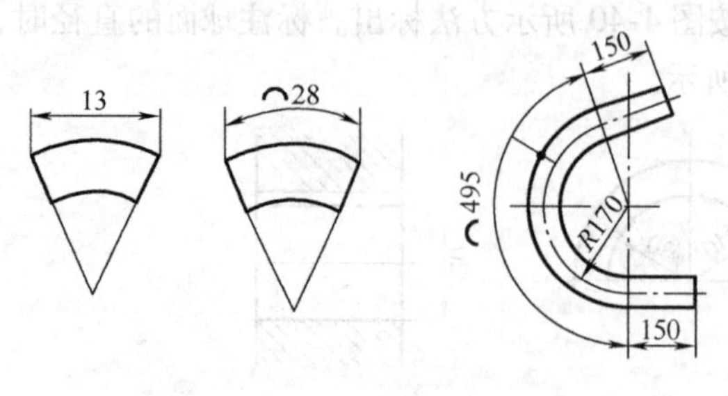

图 4-43　弧长和弦长的尺寸标注

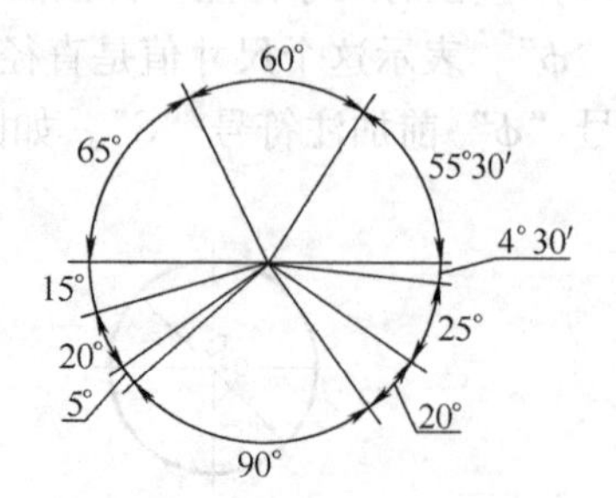

图 4-44　角度的尺寸标注

(5) 小尺寸的尺寸标注　在进行尺寸标注时，如没有足够的位置画箭头或注写数字时，可按图 4-45 所示的形式标注。此时，允许用圆点或斜线代替箭头。

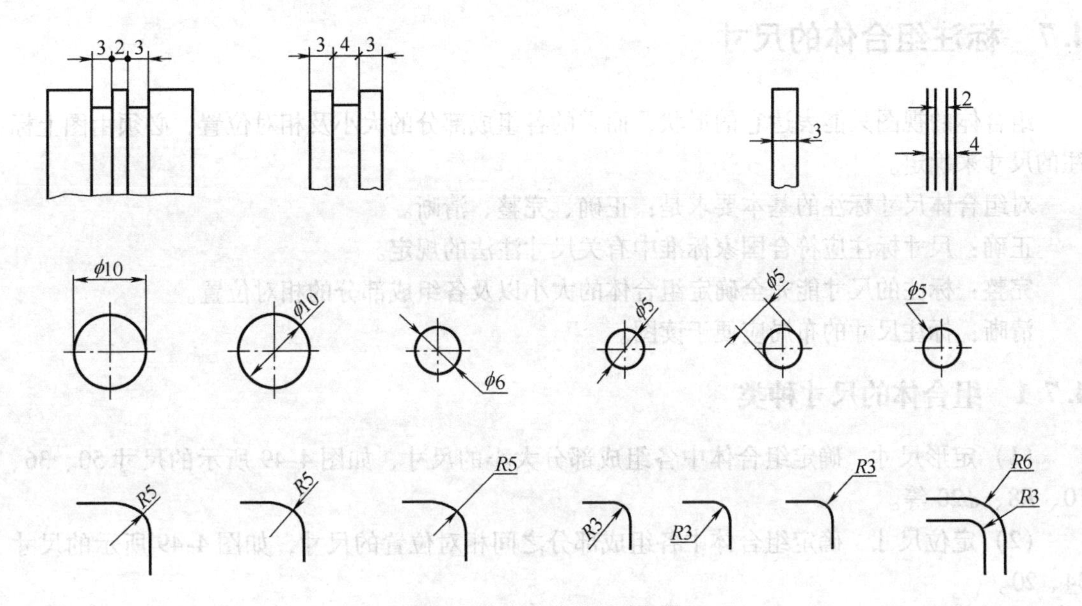

图 4-45　小尺寸的尺寸标注

（6）对称图形的尺寸标注　对称图形如只画出一半或大于一半时，尺寸线应略超过对称中心线或断裂处的边界线，此时仅在尺寸线的一端画出箭头，如图 4-46 所示。

（7）光滑过渡处的尺寸标注　在光滑过渡处标注尺寸时，必须用细实线将轮廓线延长，从它们的交点处引出尺寸界线，如图 4-47 所示。

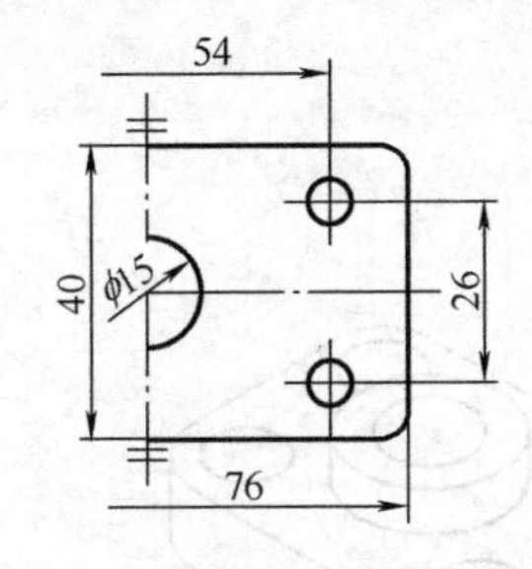

图 4-46　对称图形的尺寸标注

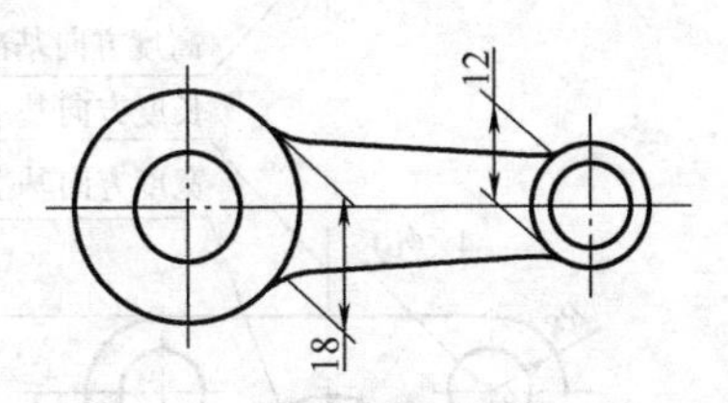

图 4-47　光滑过渡处的尺寸标注

（8）正方形结构的尺寸标注　标注时，在尺寸数字前加注符号“□”或用 $B \times B$ 注出，如图 4-48 所示。

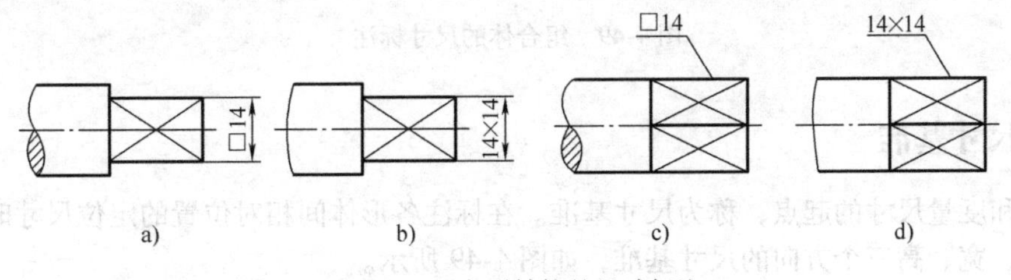

图 4-48　正方形结构的尺寸标注

4.7 标注组合体的尺寸

组合体的视图只能表达它的形状，而它的各组成部分的大小及相对位置，必须由图上标注的尺寸来确定。

对组合体尺寸标注的基本要求是：正确、完整、清晰。

正确：尺寸标注应符合国家标准中有关尺寸注法的规定。

完整：标注的尺寸能完全确定组合体的大小以及各组成部分的相对位置。

清晰：标注尺寸的布局应便于读图。

4.7.1 组合体的尺寸种类

（1）定形尺寸　确定组合体中各组成部分大小的尺寸，如图 4-49 所示的尺寸 50、36、10、*R*8、ϕ20 等。

（2）定位尺寸　确定组合体中各组成部分之间相对位置的尺寸，如图 4-49 所示的尺寸 34、20。

（3）总体尺寸　确定组合体总长、总宽、总高的尺寸，如图 4-49 所示的尺寸 50、36、16。有时总体尺寸就是某个基本形体的定形尺寸，如图 4-49 中尺寸 50 和 36 既是底板的长和宽，又是组合体的总长和总宽。

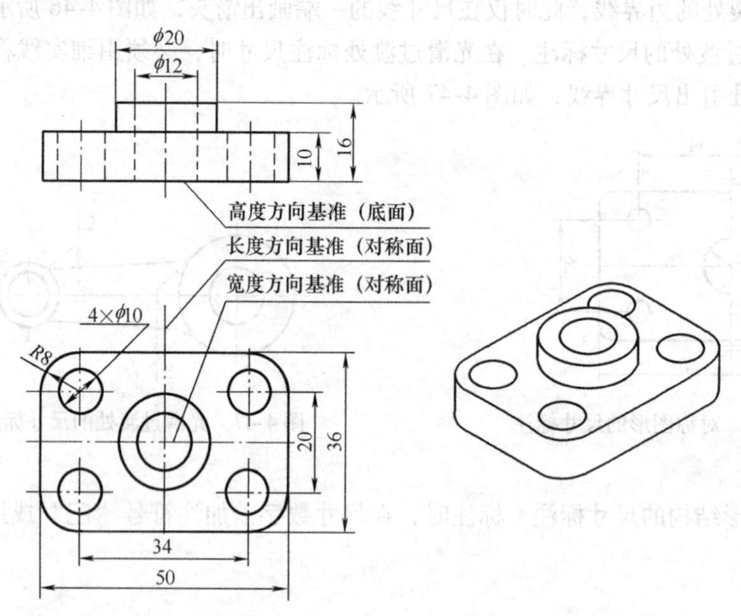

图 4-49　组合体的尺寸标注

4.7.2 尺寸基准

标注和度量尺寸的起点，称为尺寸基准。在标注各形体间相对位置的定位尺寸时，必须先确定长、宽、高三个方向的尺寸基准，如图 4-49 所示。

尺寸基准可以是组合体的对称平面、底面、重要端面、回转体的轴线。

以对称面为基准标注对称尺寸时，应标注对称总尺寸。

4.7.3　组合体尺寸标注的步骤

现以图4-50所示组合体为例，说明组合体尺寸标注的步骤。

1）分析形体。该组合体由底板和立板两个形体叠加而成，如图4-50所示。

2）选尺寸基准。字母 *L*、*B*、*H* 分别表示长、宽、高三个方向的尺寸基准，如图4-51a所示。

3）逐个形体标注其定形尺寸、定位尺寸以及组合体的总体尺寸，如图4-51a～c所示。

4）检查、调整。按形体逐个检查它们的定位尺寸、定形尺寸及总体尺寸，补上遗漏，除去重复，并对不合理尺寸进行修改和调整，如图4-51d所示。

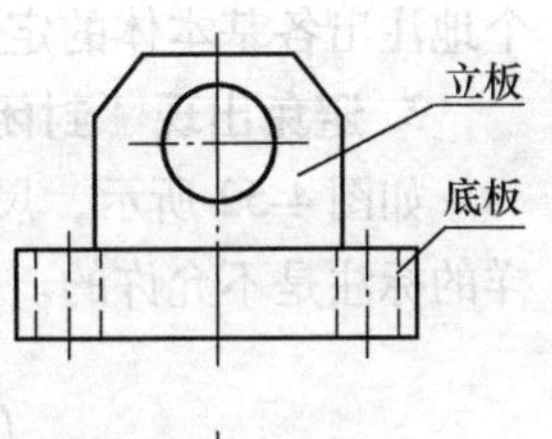

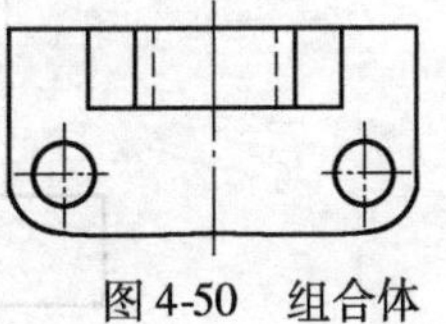

图4-50　组合体

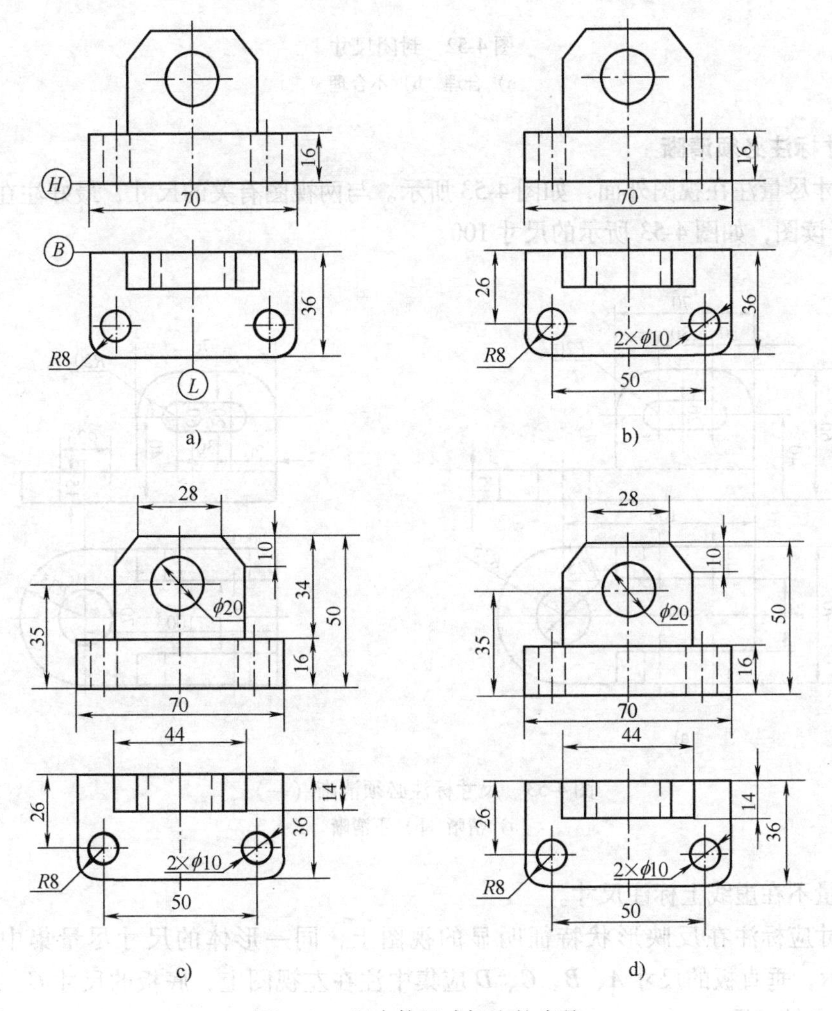

图4-51　组合体尺寸标注的步骤

4.7.4 组合体尺寸标注中应注意的问题

1. 尺寸标注必须完整

尺寸完整才能完全确定组合体大小以及各组成部分的相对位置。只要通过形体分析，逐个地注出各基本体的定形尺寸、定位尺寸及总体尺寸，即能达到完整的要求。

2. 避免出现“封闭尺寸”

如图4-52所示，尺寸16、36、52若同时标出，则形成“封闭尺寸”。一般情况下，这样的标注是不允许的。

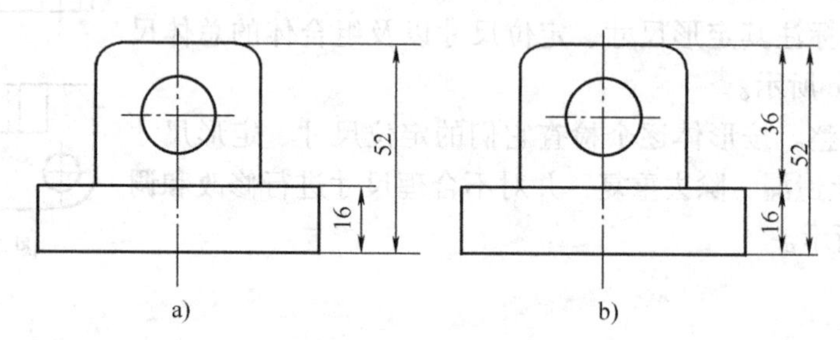

图4-52 封闭尺寸

a）合理 b）不合理

3. 尺寸标注必须清晰

1）尺寸尽量注在视图外面，如图4-53所示。与两视图有关的尺寸，最好注在两视图之间，以便于读图，如图4-53所示的尺寸100。

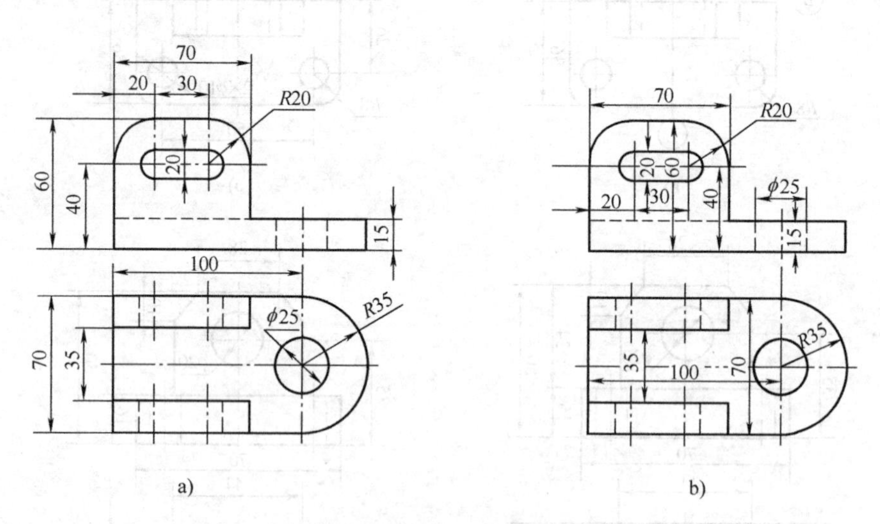

图4-53 尺寸标注必须清晰（一）

a）清晰 b）不清晰

2）尽量不在虚线上标注尺寸。

3）尺寸应标注在反映形状特征明显的视图上，同一形体的尺寸尽量集中标注。如图4-54所示，垂直板的尺寸*A*、*B*、*C*、*D*应集中注在左视图上，底板的尺寸*G*、*H*、*J*、*K*、*R*应集中注在俯视图上。

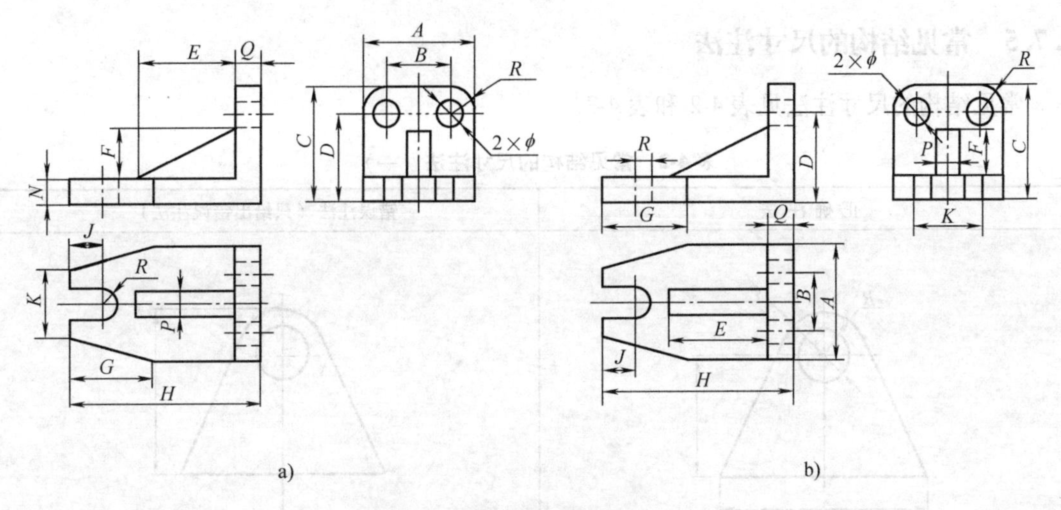

图 4-54　尺寸标注必须清晰（二）

a）清晰　b）不清晰

4）同心圆柱的直径尺寸，最好注在非圆视图上（图 4-55）。

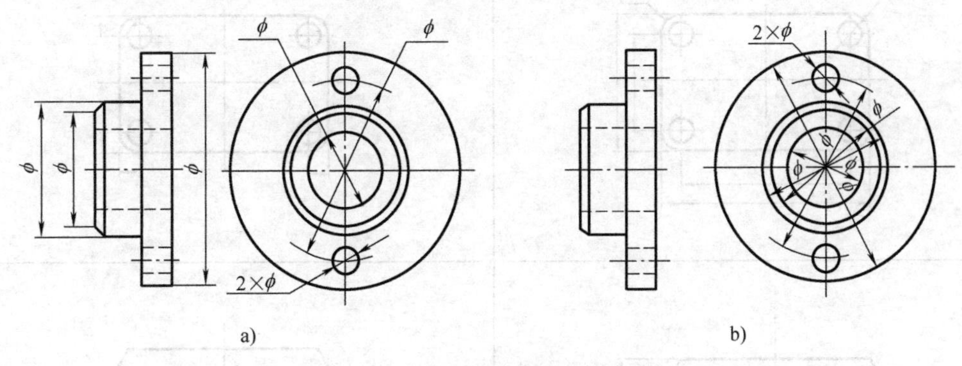

图 4-55　尺寸标注必须清晰（三）

a）清晰　b）不清晰

5）当组合体的外端为回转体或部分回转体时，一般不以轮廓线为界直接标注其总体尺寸，如图 4-56 所示总高尺寸由中心高尺寸 30 和半径尺寸 $R15$ 间接确定。

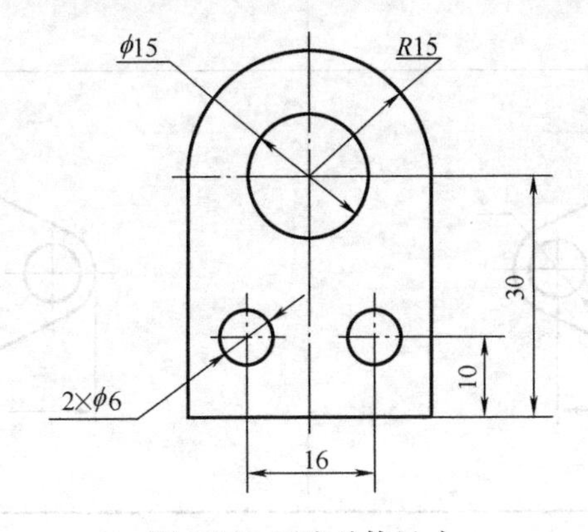

图 4-56　不注总体尺寸

4.7.5 常见结构的尺寸注法

常见结构的尺寸注法见表 4-2 和表 4-3。

表 4-2 常见结构的尺寸注法（一）

正 确 注 法	错误注法（只给出错误注法）
R　ϕ	
$4\times\phi$　R	
ϕ	
R　$2\times\phi$　ϕ	R

表 4-3 常见结构的尺寸注法（二）

简化注法	一般注法
ϕ $4\times\phi$ ϕ ϕ	$4\times\phi$ ϕ ϕ ϕ
ϕ $3\times\phi$ R	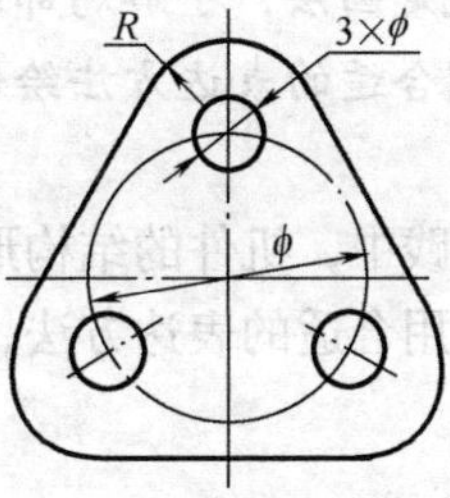 R $3\times\phi$ ϕ

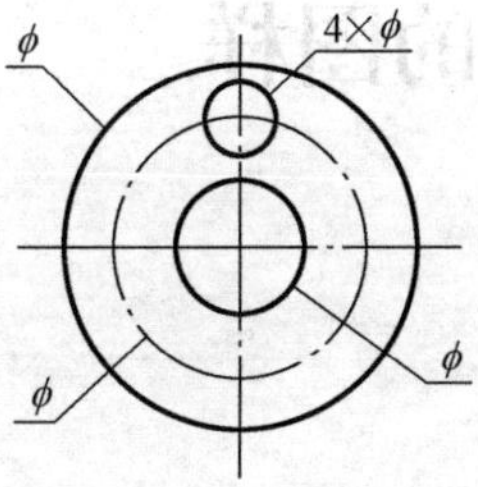

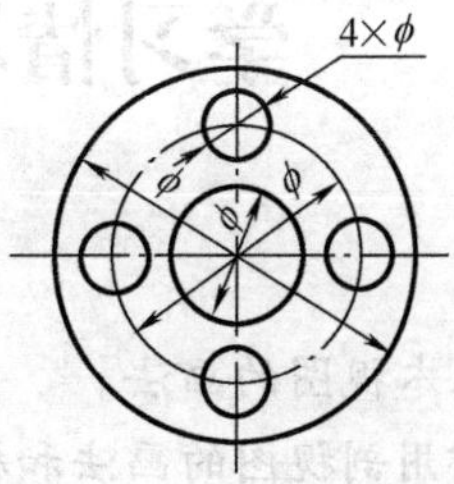

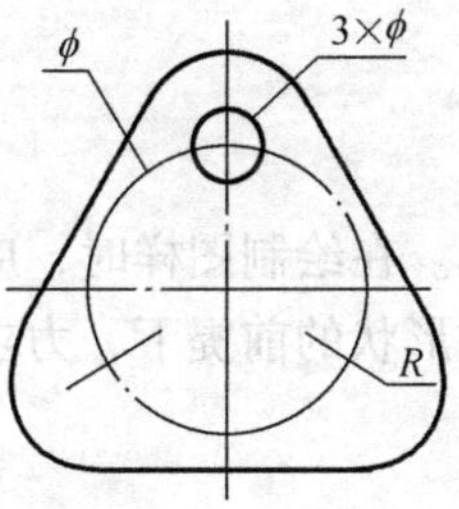

学习情境5　绘制机件的图样

学习目标

1. 掌握基本视图的画法。
2. 掌握常用剖视图的画法和标注。
3. 掌握断面图的画法和标注。
4. 掌握规定画法，了解局部放大图和简化画法。
5. 学习用合适的表达方法绘制机件的图样。

在工程实践中，机件的结构形状及使用场合和要求不同。在绘制图样时，应根据机件的结构特点，选用合适的表达方法，在完整、清晰地表达机体形状的前提下，力求制图简便。

5.1　视图

视图主要用来表达机件的外部结构形状。一般只画出机件的可见部分，必要时用虚线画出不可见部分。

视图分为基本视图、向视图、局部视图和斜视图。

5.1.1　基本视图

机件向基本投影面投射所得到的视图，称为基本视图。国家标准中规定正六面体的六个面为基本投影面。将机件放在六面体中，然后向各基本投影面进行投射，即可得到六个基本视图。基本视图包括主视图、俯视图、左视图、右视图、仰视图、后视图。

基本投影面的展开方法：如图5-1a所示，V面不动，其他各基本投影面按图中箭头所指方向转至与V面共面位置。

在同一张图纸内，这六个基本视图按图5-1b所示配置时，可不标注视图的名称。

六个视图投影关系仍符合“长对正、高平齐、宽相等”，即主视图、俯视图和仰视图长对正，主视图、左视图、右视图和后视图高平齐，左视图、右视图、俯视图和仰视图宽相等。

在表达机件的形状时，不是任何机件都需要画出六个基本视图，应根据机件的结构特点，按需要画出其中几个视图。

5.1.2　向视图

可以自由配置的基本视图称为向视图。

为了便于读图，应在向视图的上方标出视图的名称“×”（“×”一般为大写拉丁字母）；在相应视图附近用箭头指明投射方向，并注上同样字母，如图5-2所示。

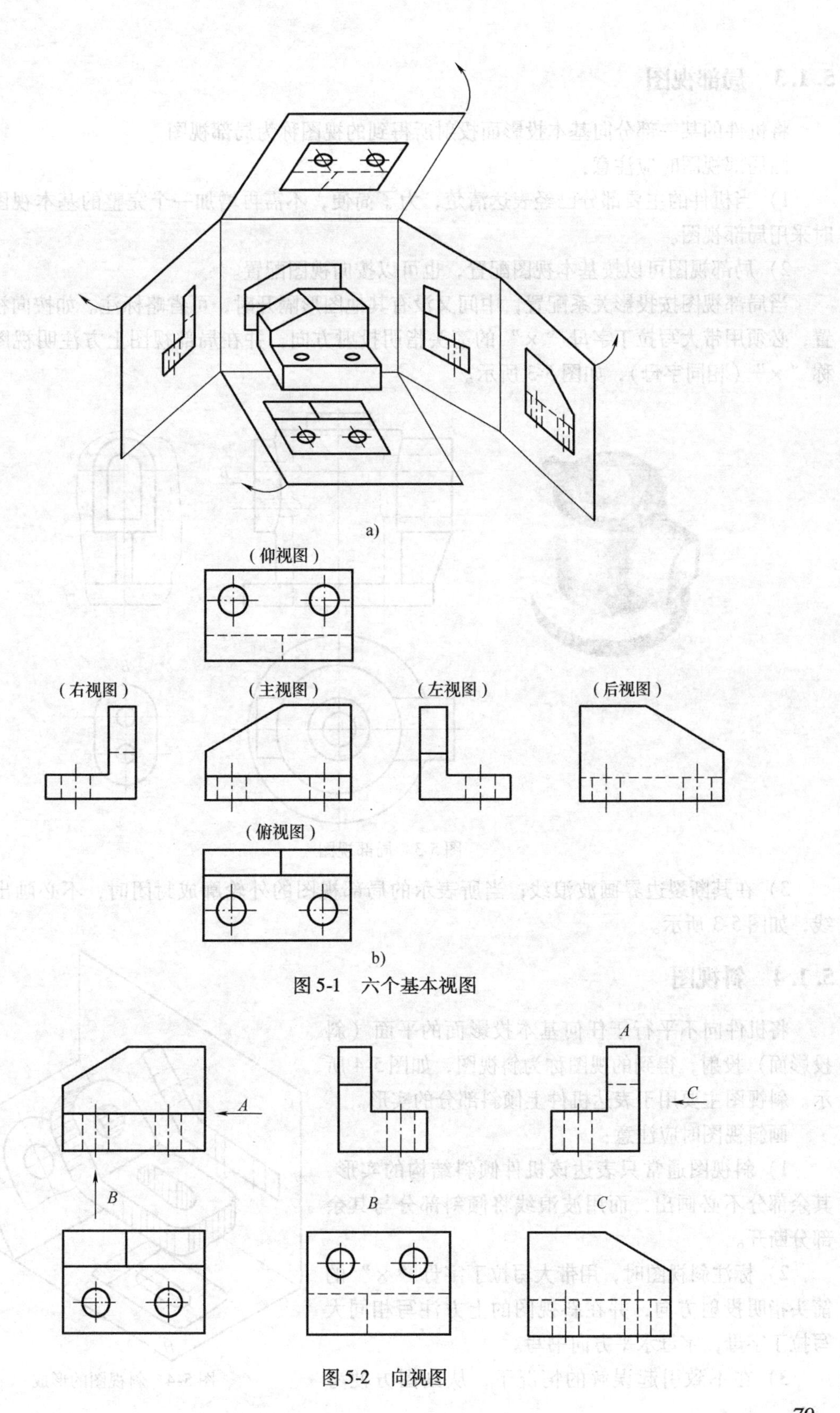

图 5-1　六个基本视图

图 5-2　向视图

5.1.3 局部视图

将机件的某一部分向基本投影面投射所得到的视图称为局部视图。

画局部视图时应注意：

1）当机件的主要部分已经表达清楚，为了简便，不需再增加一个完整的基本视图，这时采用局部视图。

2）局部视图可以按基本视图配置，也可以按向视图配置。

当局部视图按投影关系配置，中间又没有其他图形隔开时，可省略标注。如按向视图配置，必须用带大写拉丁字母“×”的箭头指明投射方向，并在局部视图上方注明视图的名称“×”（相同字母），如图 5-3 所示。

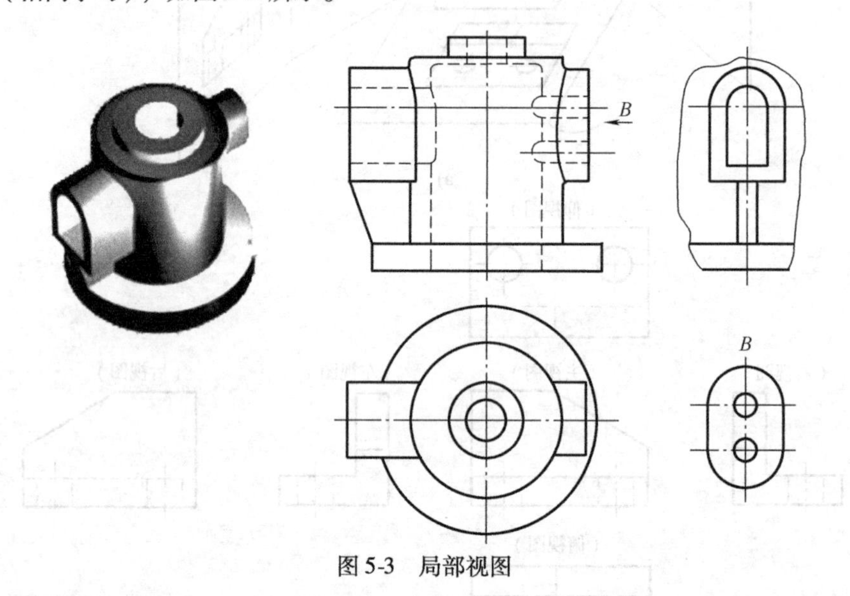

图 5-3　局部视图

3）在其断裂边界画波浪线；当所表示的局部视图的外轮廓成封闭时，不必画出波浪线，如图 5-3 所示。

5.1.4 斜视图

将机件向不平行于任何基本投影面的平面（斜投影面）投射，得到的视图称为斜视图，如图 5-4 所示。斜视图主要用于表达机件上倾斜部分的实形。

画斜视图时应注意：

1）斜视图通常只表达该机件倾斜结构的实形，其余部分不必画出，而用波浪线将倾斜部分与其余部分断开。

2）标注斜视图时，用带大写拉丁字母“×”的箭头指明投射方向，并在斜视图的上方注写相同大写拉丁字母，字母水平方向书写。

3）在不致引起误解的情况下，从画图方便考

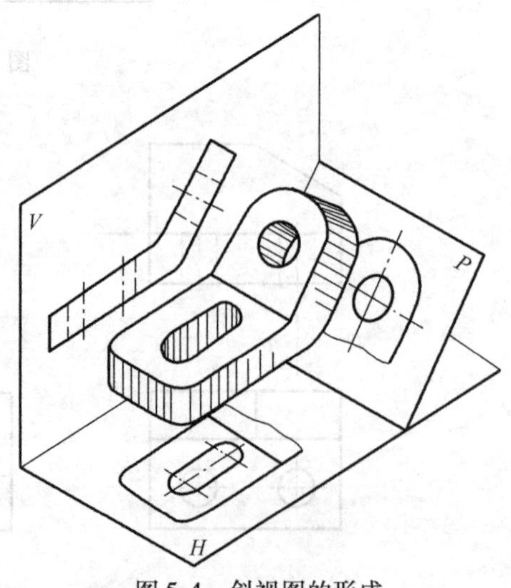

图 5-4　斜视图的形成

虑，允许将图形旋转，这时斜视图应加注旋转符号。旋转符号为半圆形，半径等于字体高度，线宽为字体高度的1/10～1/14。必须注意，表示视图名称的大写拉丁字母应靠近旋转符号的箭头端，允许将旋转角度标注在字母之后，如图5-5所示。

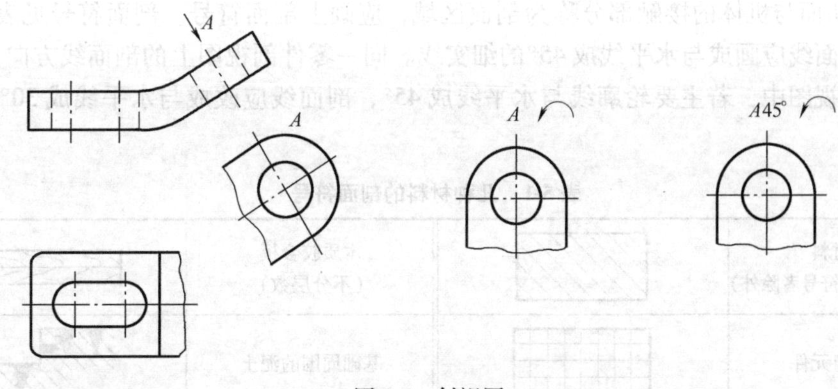

图5-5　斜视图

5.2　剖视图

当机件的内部结构较复杂时，在视图中会存在很多虚线或出现虚线与实线的重叠，这样既不便于画图及读图，又不利于尺寸标注。国家标准中规定了用“剖视”的方法来解决内部结构的表达问题。

5.2.1　剖视图的基本概念

1. 剖视图

假想用剖切面把机件剖开，移去观察者和剖切面之间的部分，将余下部分向投影面投射，所得到的图形称为剖视图。剖切面与机件接触的部分称为剖面。剖视图主要用来表达机件的内部结构形状，如图5-6所示。

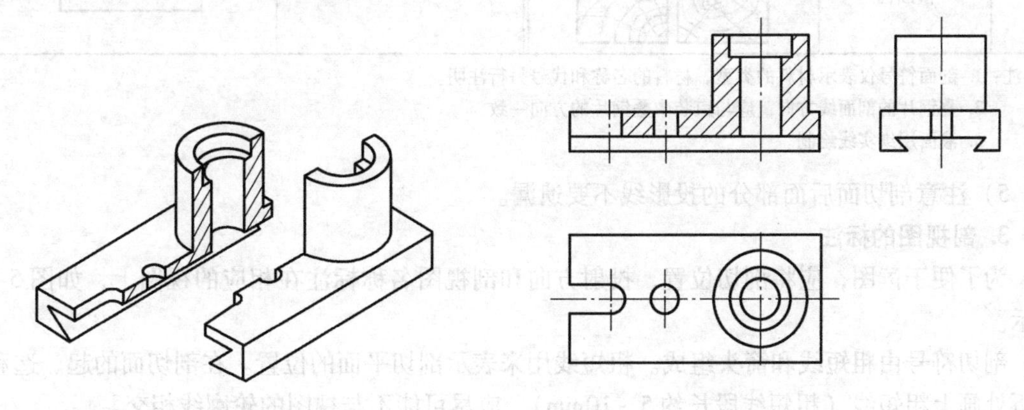

图5-6　剖视图

2. 画剖视图的注意事项

1）剖视只是假想把机件切开，因此，当一个视图取剖视后，其他视图仍应完整画出。

2）剖视图上已表达清楚的结构形状，在其他视图上，此部分结构的投影为虚线时，一般不应画出。

3）剖切面一般应通过机件的对称面或轴线，并要平行或垂直于某一投影面。

4）剖切面与机体的接触部分称为剖面区域，应画上剖面符号。剖面符号见表5-1。金属材料的剖面线应画成与水平线成45°的细实线。同一零件剖视图上的剖面线方向、间隔应一致。在剖视图中，若主要轮廓线与水平线成45°，剖面线应改成与水平线成30°或60°的斜线。

表5-1　几种材料的剖面符号

材料	剖面符号	材料	剖面符号
金属材料（已有规定剖面符号者除外）		木质胶合板（不分层数）	
线圈绕组元件		基础周围的泥土	
转子、电枢、变压器和电抗器等的叠钢片		混凝土	
非金属材料（已有规定剖面符号者除外）		钢筋混凝土	
型砂、填砂、粉末冶金、砂轮、陶瓷刀片、硬质合金刀片等		砖	
玻璃及供观察用的其他透明材料		格网（筛网、过滤网等）	
木材　纵断面		液体	
木材　横断面			

注：1. 剖面符号仅表示材料的类型，材料的名称和代号另行注明。
2. 叠钢片的剖面线方向，应与束装中叠钢片的方向一致。
3. 液面用细实线绘制。

5）注意剖切面后面部分的投影线不要遗漏。

3. 剖视图的标注

为了便于读图，应将剖切位置、投射方向和剖视图名称标注在相应的视图上，如图5-7所示。

剖切符号由粗短线和箭头组成。粗短线用来表示剖切平面的位置。在剖切面的起、迄和转折处画上粗短线（粗短线段长约5～10mm），应尽可能不与视图的轮廓线相交。

箭头表示剖切后的投射方向，与起、迄处粗短线垂直。

在剖视图的上方中间位置用大写拉丁字母标注出剖视图的名称“×—×”，并在剖切起、迄处注上同样字母。

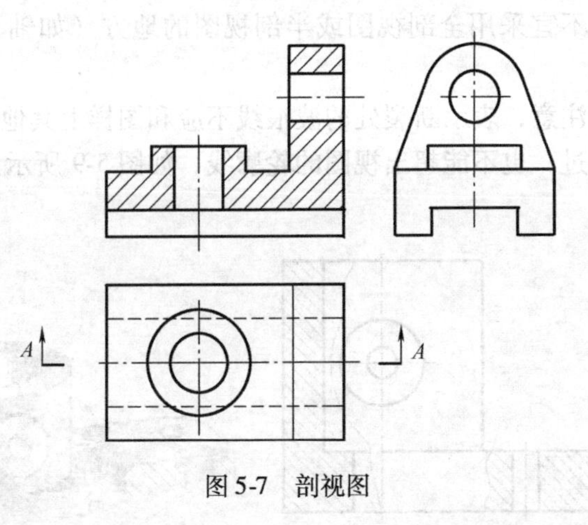

图 5-7　剖视图

5.2.2　剖视图的种类

按照剖切范围来分，剖视图分为全剖视图、半剖视图和局部剖视图三种。

1）全剖视图是用剖切面把机件完全剖开后所得到的剖视图，如图 5-7 所示。全剖视图主要用于表达内部形状复杂的不对称机件或外形简单的对称机件。

2）半剖视图是指当机件具有对称平面时，在垂直于对称平面的投影面上的投影，以对称中心线为界，一半画成剖视图，另一半画成视图，如图 5-8 所示。

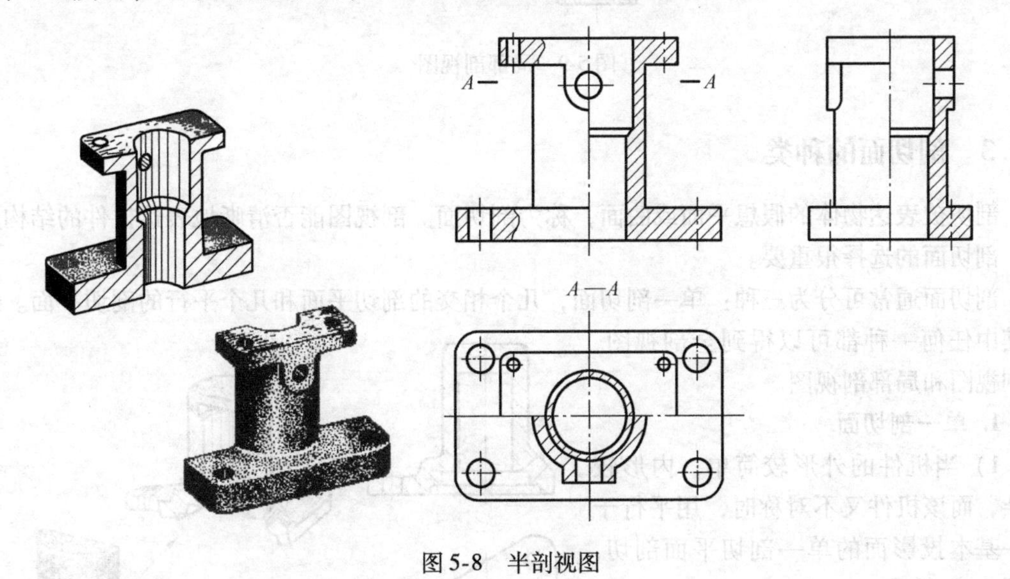

图 5-8　半剖视图

半剖视图主要用于内外结构形状都需要表达的对称机件。它的优点在于能在一个图形中同时表达机件的内形和外形。由于机件是对称的，所以据此很容易想象出整个机件的全貌。当机件的形状接近于对称，且不对称部分已另有图形表达清楚时，也可以采用半剖视图。

画半剖视图时应注意，半个视图和半个剖视图的分界线是细点画线。因为图形对称，内腔的结构形状已在半个剖视图中表达清楚，在半个视图中省略虚线。

3）局部剖视图是用剖切面局部地剖开所得到的视图。局部剖视图主要用于表达机件的局部内部形状结构，或不宜采用全剖视图或半剖视图的地方（如轴、连杆、螺钉等实心零件上的某些孔或槽等）。

画局部剖视图时应注意，表示断裂处的波浪线不应和图样上其他图线重合；如遇槽、孔等，波浪线不应穿空而过，也不能超出视图的轮廓线，如图 5-9 所示。对于剖切明显的局部剖视图一般不加标注。

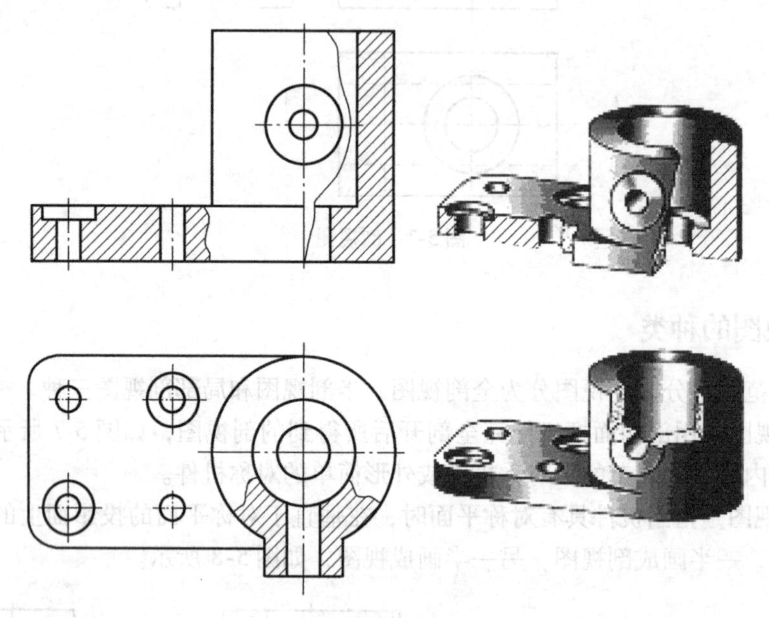

图 5-9　局部剖视图

5.2.3　剖切面的种类

剖切被表达物体的假想平面或曲面，称为剖切面。剖视图能否清晰地表达机件的结构形状，剖切面的选择很重要。

剖切面通常可分为三种：单一剖切面，几个相交的剖切平面和几个平行的剖切平面。运用其中任何一种都可以得到全剖视图、半剖视图和局部剖视图。

1. 单一剖切面

1）当机件的外形较简单，内形较复杂，而该机件又不对称时，用平行于某一基本投影面的单一剖切平面剖切，如图 5-10 所示。

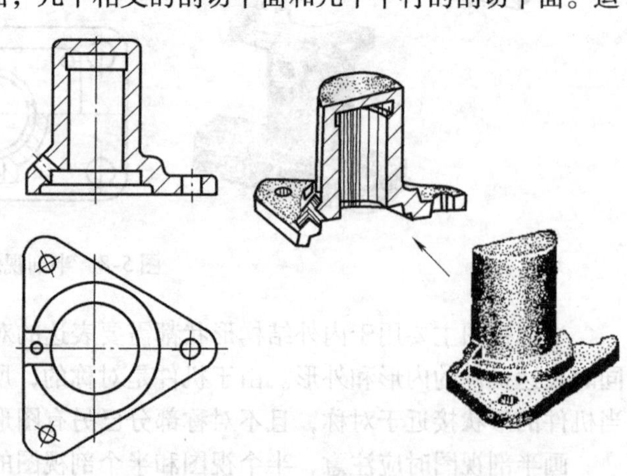

图 5-10　全剖视图

2）用不平行于任何基本投影面的单一剖切平面剖切，称为斜剖。当机件上倾斜部分的内形和外形，在基本视图上不能反映其实形时，用平行于倾斜部分且垂直于某一基本投影面的平面剖切，剖切后再投射到与剖切平面平行的辅助投影面上，以表达其内形和外形。斜剖必须标注剖切符号和字母，并在剖视图的上方用字母标注剖视图的名称“ ×—×”，如图 5-11 所示。

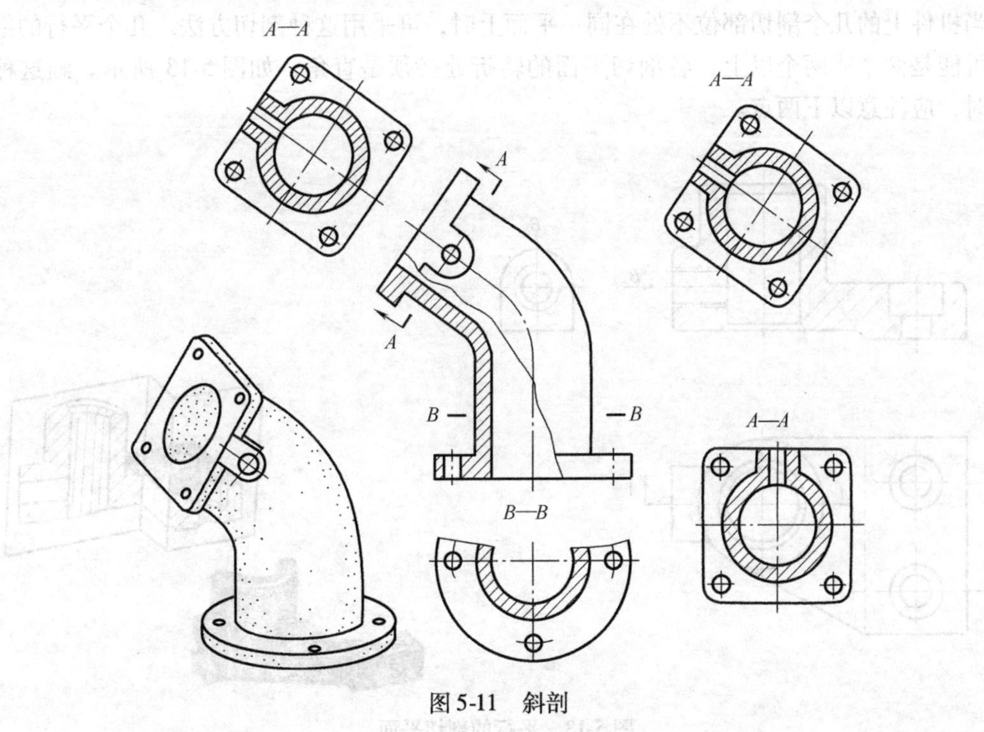

图 5-11　斜剖

2. 几个相交的剖切平面

当机件的内部结构形状用一个剖切平面不能表达完全，而且这个机件又具有回转轴时，常采用几个相交的剖切平面来剖切，如图 5-12 所示。

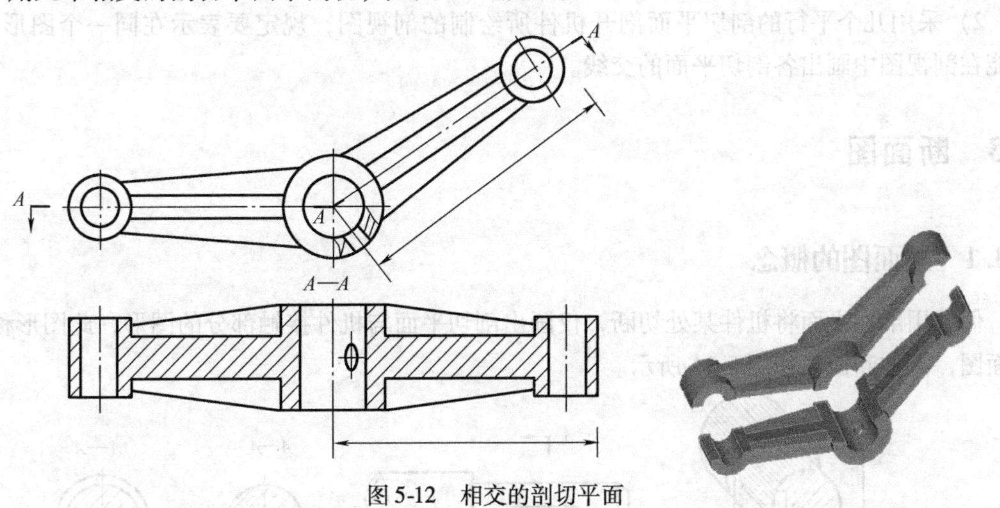

图 5-12　相交的剖切平面

画这种剖视图时，先假想按剖切位置剖开机件，然后将被倾斜剖切平面剖开的结构及其有关部分旋转到与选定的投影面平行后再进行投射。画图时应注意：在剖切平面后的其他结构，应按原来的位置投射。在剖切平面的起、迄、转折和终止处，要用带大写拉丁字母的剖切符号标注，一般应画上箭头表明其投射方向，并在剖视图的上方用相同字母标出剖视图的名称“×—×”。

3. 几个平行的剖切平面

当机件上的几个剖切部位不处在同一平面上时，可采用这种剖切方法。几个平行的剖切平面可能是两个或两个以上，各剖切平面的转折处必须是直角，如图 5-13 所示。画这种剖视图时，应注意以下两点。

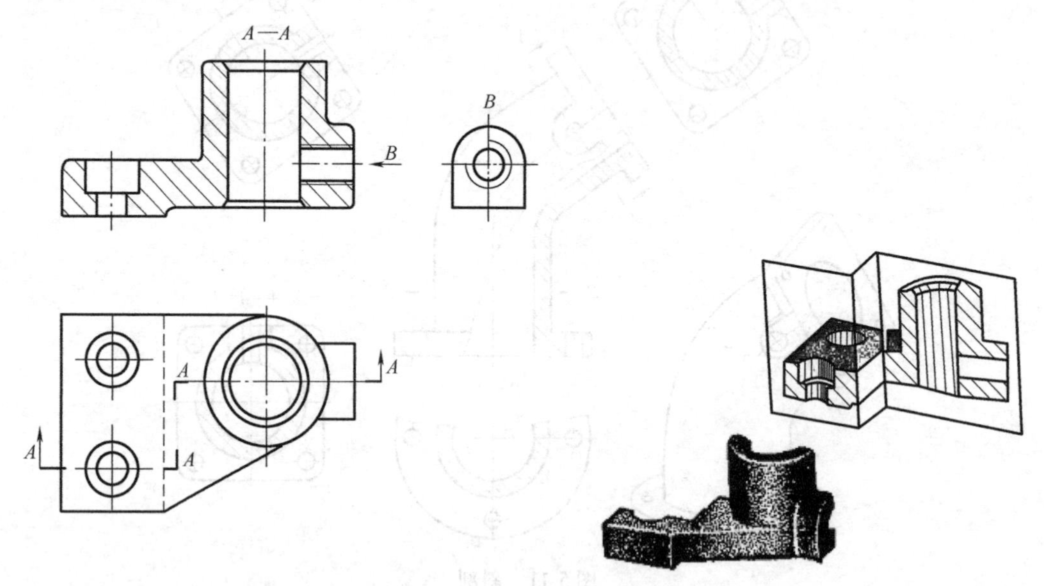

图 5-13　平行的剖切平面

1）图形内不应出现不完整要素。若在图形内出现不完整要素时，应适当改变剖切平面的位置。

2）采用几个平行的剖切平面剖开机件所绘制的剖视图，规定要表示在同一个图形上，不能在剖视图中画出各剖切平面的交线。

5.3　断面图

5.3.1　断面图的概念

假想用剖切平面将机件某处切断，仅画出剖切平面与机件接触部分的图形，此图形称为断面图，简称断面，如图 5-14 所示。

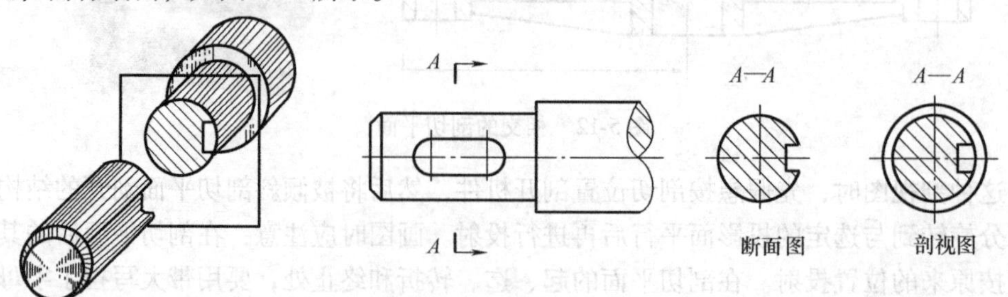

图 5-14　断面图和剖视图

断面图只画机件被剖切后的断面形状，而剖视图除画出断面形状之外，还必须画出机件上位于剖切平面后的形状，如图 5-14 所示。

5.3.2 断面图的种类

根据断面图配置的位置，断面图分为移出断面图和重合断面图。

1. 移出断面图

画在视图轮廓线之外的断面图，称为移出断面图。移出断面图的轮廓线用粗实线绘制，并尽量配置在剖切符号或剖平面迹线的延长线上，如图 5-15 所示。

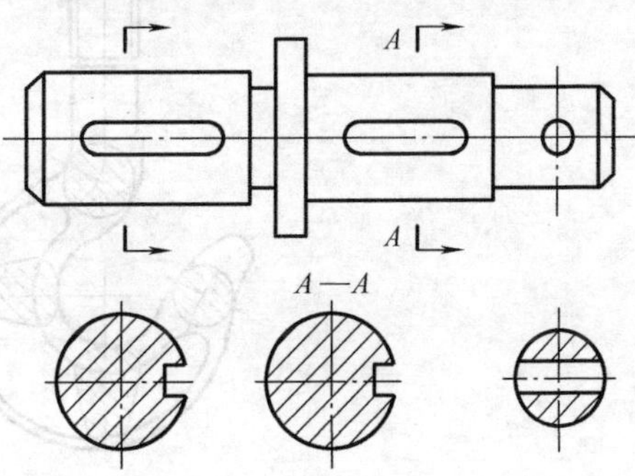

图 5-15 移出断面图（一）

移出断面图一般应用剖切符号表示剖切位置和投射方向，并注上大写拉丁字母。在移出断面图上方应当用同样的大写拉丁字母标出相应的名称，如“*A*—*A*”。配置在剖切符号延长线上的不对称移出断面图，可省略字母。不配置在剖切符号延长线上的对称移出断面图，以及按投影关系配置的不对称移出断面图，均可省略箭头。当移出断面图对称，同时又画在剖切平面迹线的延长线上时，则可不加任何标注。

对称形状的断面图允许配置在视图的中断处，断面图的对称平面迹线即表示剖切平面位置，如图 5-16 所示。

用两相交剖切平面剖切得到的断面图要断开，剖切平面一定要垂直于机件的边界，如图 5-17 所示。

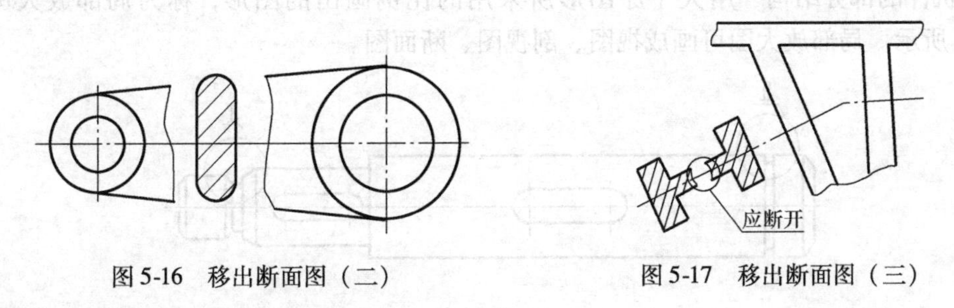

图 5-16 移出断面图（二） 图 5-17 移出断面图（三）

画移出断面图时应注意以下两点。

1）当剖切平面通过回转面形成的孔、凹坑的轴线时，这些结构按剖视图绘制，如图 5-18 所示。

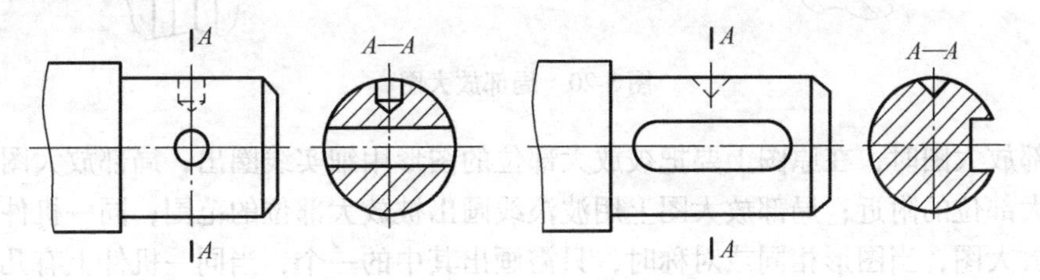

图 5-18 带有孔、凹坑的断面图

2）当剖切平面剖切机件的非回转体结构，出现断面区域分离情况时，这些结构应按剖视图绘制。

2. 重合断面图

画在视图内的断面图称为重合断面图，如图 5-19 所示。重合断面图的轮廓线用细实线绘制。当视图中的轮廓线与重合断面图重合时，视图中的轮廓线不得中断，必须完整画出。

配置在剖切符号上的不对称重合断面图，不必标注字母。

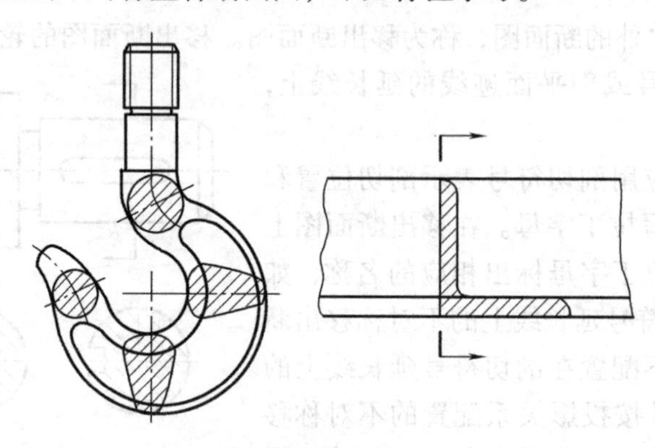

图 5-19　重合断面图

5.4　其他表达方法

5.4.1　局部放大图

将机件的部分结构，用大于原图形所采用的比例画出的图形，称为局部放大图，如图 5-20 所示。局部放大图可画成视图、剖视图、断面图。

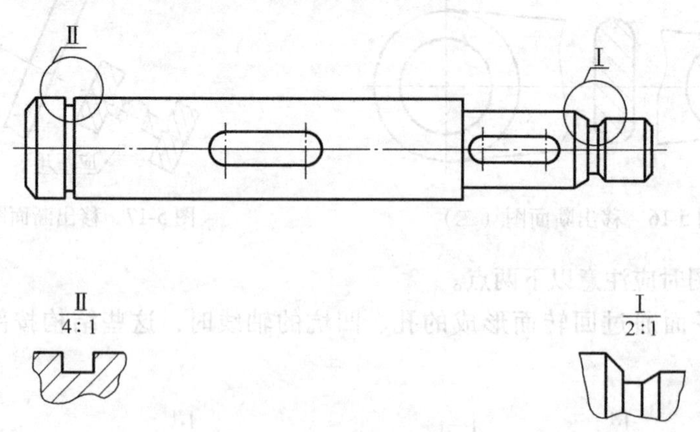

图 5-20　局部放大图

画局部放大图时，在原图上要把被放大部位的图形用细实线圈出；局部放大图应尽量配置在被放大部位的附近；局部放大图上用波浪线画出被放大部位的范围；同一机件上不同部位的局部放大图，当图形相同或对称时，只需画出其中的一个，当同一机件上有几处被放大部位时，必须用罗马数字依次标明被放大部位，并在局部放大图上方标出相应的罗马数字和所采用的比例，罗马数字与比例之间的横线用细实线画出；当机件上只有一处被放大部位时，只需在局部放大图上方注明所采用的比例。

5.4.2 规定画法

1）机件上的肋板或薄壁等结构纵向剖切时，这些结构都不画剖面线，而用粗实线将它们与邻接部分分开；横向剖切时，仍要画出剖面线，如图5-21所示。

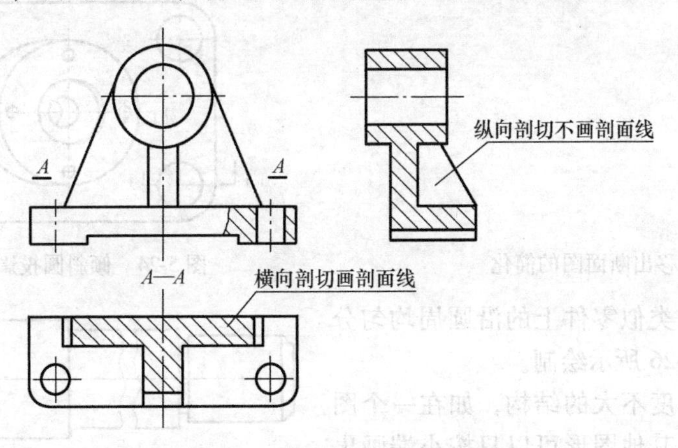

图5-21 肋板的剖视图规定画法

2）当剖切平面不通过机件回转体上均匀分布的肋板、孔、轮辐等结构时，可以将这些结构旋转到剖切平面的位置，再按剖开后的形状画出，如图5-22所示。

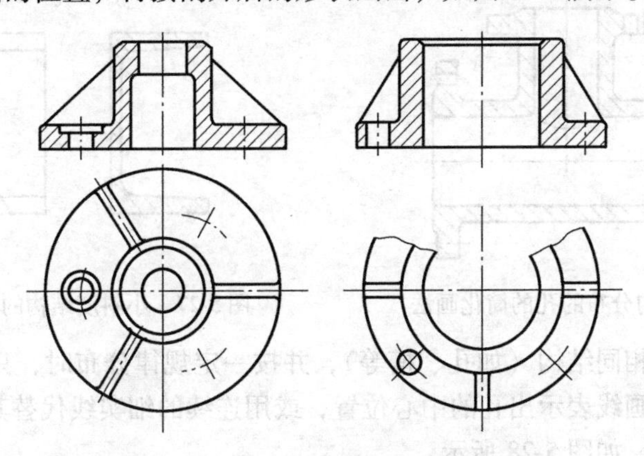

图5-22 均匀分布的肋板与孔的剖视图画法

5.4.3 简化画法

在不致引起误解的情况下，零件图中的移出断面图，允许省略剖面符号，但剖切位置和断面图的标注必须遵照原来的规定，如图5-23所示。

与投影面倾斜角度小于或等于30°的圆或圆弧，其投影可用圆或圆弧代替，如图5-24所示。

较长的机件（轴、杆、型材等）沿长度方向的形状一致或按一定规律变化时，可断开后缩短绘制，如图5-25所示。

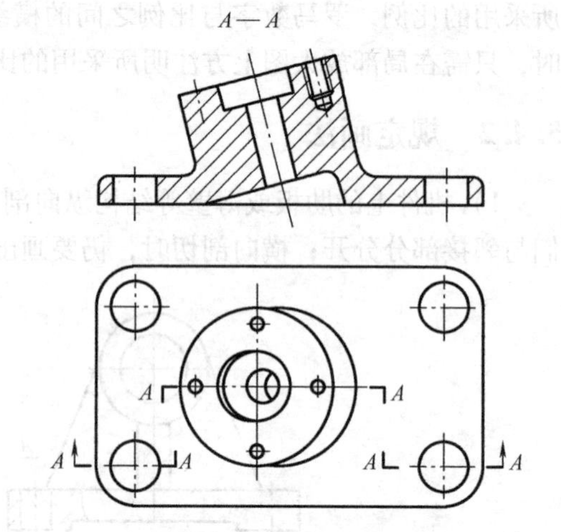

图 5-23　移出断面图的简化

图 5-24　倾斜圆投影的简化画法

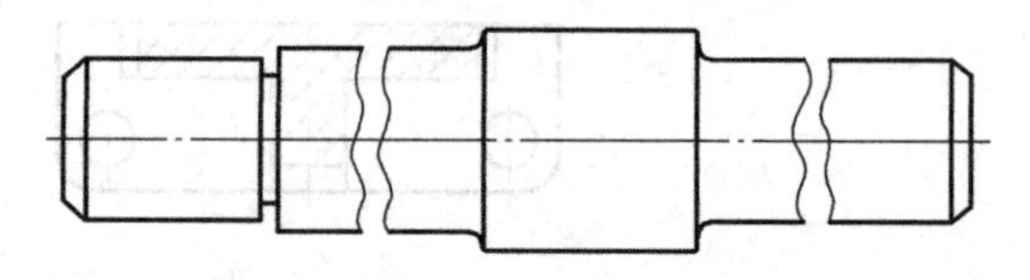

图 5-25　较长机件的断开缩短画法

圆柱形法兰和类似零件上的沿圆周均匀分布的孔，可按图 5-26 所示绘制。

对于机件上斜度不大的结构，如在一个图形中已表示清楚，其他图形可以只按小端画出即可，如图 5-27 所示。

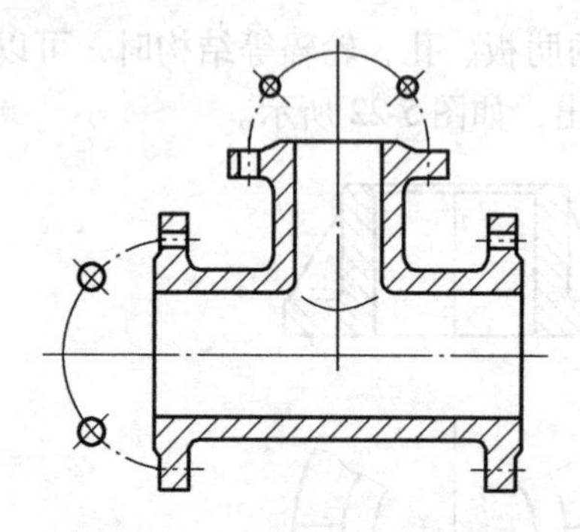

图 5-26　均匀分布的孔的简化画法

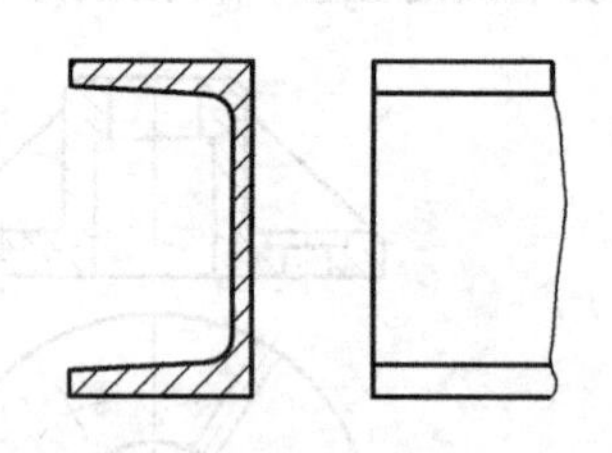

图 5-27　小斜度结构的简化画法

当机件具有若干相同结构（如孔、槽等），并按一定规律分布时，只需画出几个完整的结构，其余只需用点画线表示出孔的中心位置，或用连续的细实线代替其外形轮廓，但必须注明相同结构的总数，如图 5-28 所示。

当图形不能充分表达平面时，可用平面符号（相交的两细实线）表达，如图 5-29 所示。

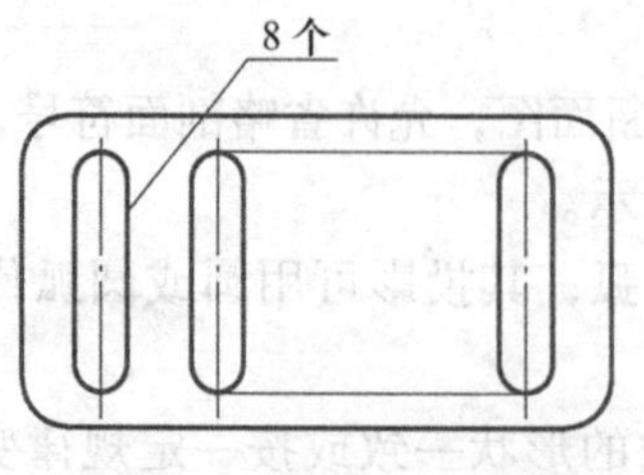

图 5-28　相同结构的简化画法

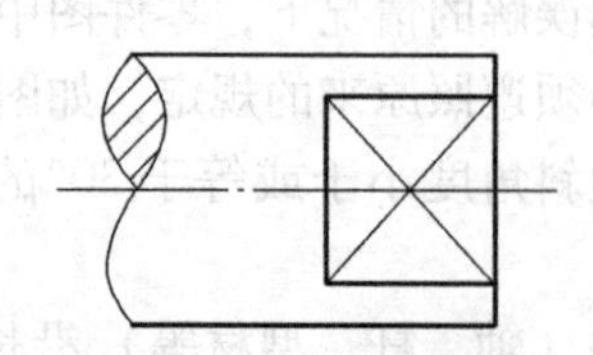

图 5-29　平面符号表达平面

5.5　运用合适的表达方案绘制机件

5.5.1　表达方案的选择原则

绘制机件的关键在于表达方案的选择，其内容包括主视图的选择、视图数量和表达方法的选择。

在对机件进行分析的基础上，先确定主视图，再采用逐个增加的方法选择其他视图。每个视图部分都应有其特定的表达意义，既要突出各自的表达重点，又要兼顾视图间相互配合彼此互补的关系；既要防止视图数量过多、表达松散，又要避免将表达方法过多地集中在一个视图上，一味地追求视图数量越少越好，致使读图困难。只有经过反复推敲、认真比较，才能筛选出一组“表达完整、搭配适当、图形清晰、利于读图”的表达方案。

5.5.2　综合应用举例

［**例 5-1**］　确定图 5-30 所示支架的表达方案。

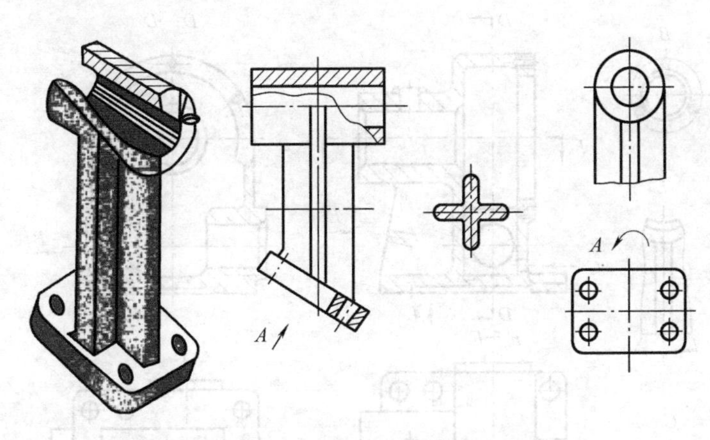

图 5-30　支架及支架的表达方案

分析及说明（图 5-30）：

主视图反映出支架在机器中的安装位置，采用了局部剖视，以表达孔；斜底板采用局部剖视图，表达其通孔。

左视图采用了局部视图，表达圆筒与十字形肋板的连接关系和相对位置。

移出断面图表达十字形肋板的断面实形。

A 向斜视图表达倾斜底板的实形以及其上孔的分布位置及数量。

［**例 5-2**］　图 5-31 所示为减速箱箱体，确定它的表达方案。

分析及说明（图 5-32）：

该机件的主体部分为中空的拱形柱体，并有加油孔、圆柱孔、螺钉孔等，其总体结构为前后对称。

主视图采用全剖视图，为了表达拱形柱体、右端圆柱筒以及加油孔的内部结构形状；剖切平面通过了该机件的对称平面，故省略了标注。

左视图为了表达蜗杆孔的内部结构采用了局部剖视图。剖切位置不明显，用剖切符号标注出剖切位置，并在左视图上注出剖视图的名称“*D—D*”。

俯视图采用了半剖视，是为了表达底板形状及其上的孔和加油孔的位置，蜗轮孔的内部结构及它与大圆柱的相对位置关系等，剖切符号标注出剖切位置。

仰视图是为了表达底板下部的方形槽的形状，由于图形对称，所以只画出一半。箭头标出了该视图投射方向，并在图形的上方注出其名称“*A*”。

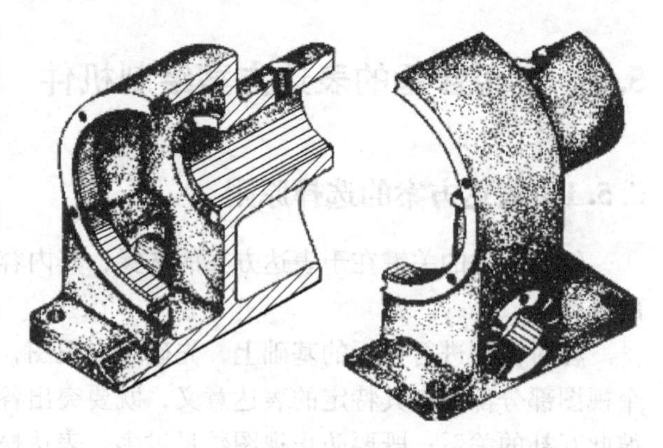

图 5-31　减速箱

同时，为了表达蜗杆孔前后凸缘的外形及其上三个小孔的分布情况、加强肋与圆柱筒的连接关系、底部出油孔的位置，又分别采用了三个局部视图“*B*”、“*E*”、“*C*”。采用重合断面图表达肋板。

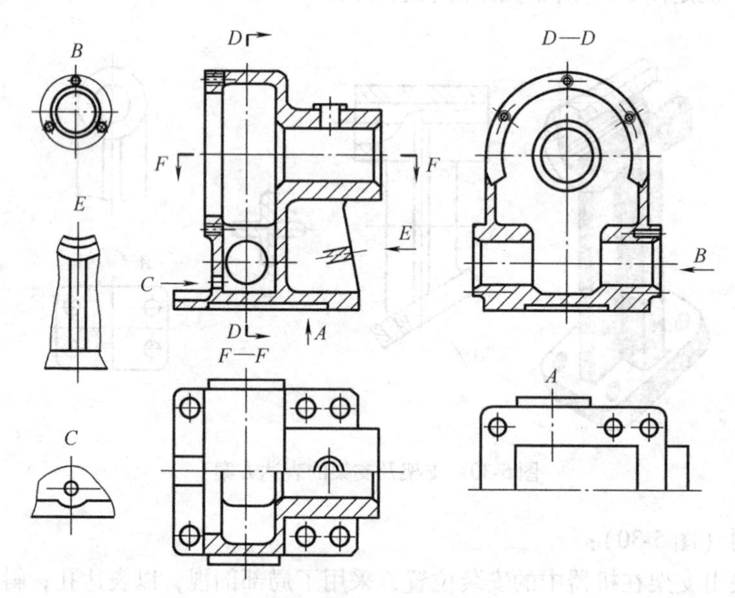

图 5-32　减速箱的表达方案

5.6　第三角画法

根据国家标准规定，我国工程图样按正投影绘制，并优先采用第一角投影，而美国、英国、日本、加拿大等国则采用第三角投影。为了便于国际间的技术交流，下面对第三角画法进行简要介绍。

三个互相垂直的投影面，将空间分为八个角，分别称为第一角、第二角……第八角，如图 5-33 所示。按照我国国家标准规定的第一角画法，是将所画机件（物）置于观察者（人）和投影面（面）之间，保持“人—物—面”的相互位置关系来画图。

第三角画法即假设投影面是透明的，投影面处在观察者（人）与所画机件（物）之间，保持“人—面—物”的相互位置关系来画图，如图 5-34 所示。

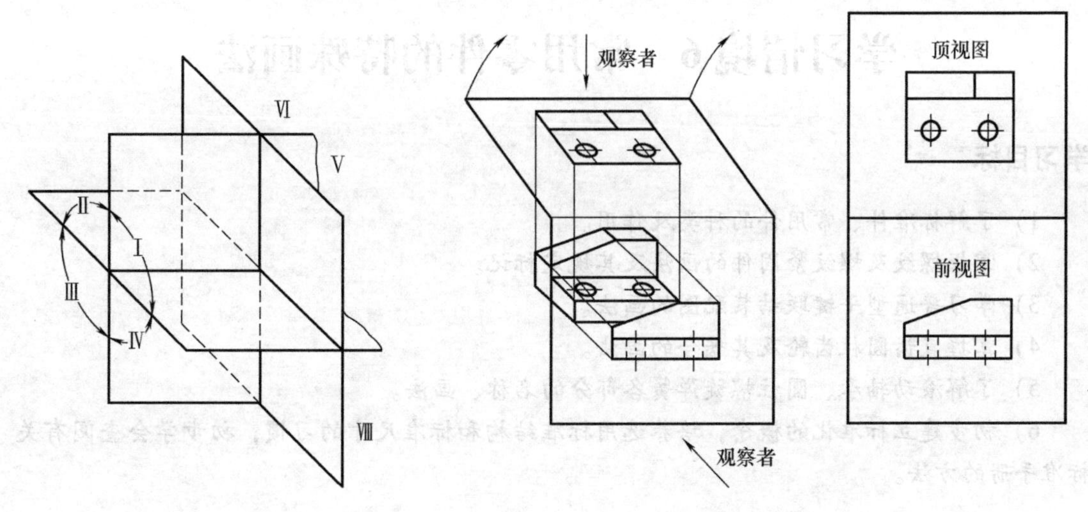

图 5-33　八个角　　　　图 5-34　第三角画法

第三角画法基本投影面的展开方法如图 5-35a 所示。视图也符合“长对正、高平齐、宽相等”的投影关系，如图 5-35b 所示。此时，名称、位置关系发生了变化。

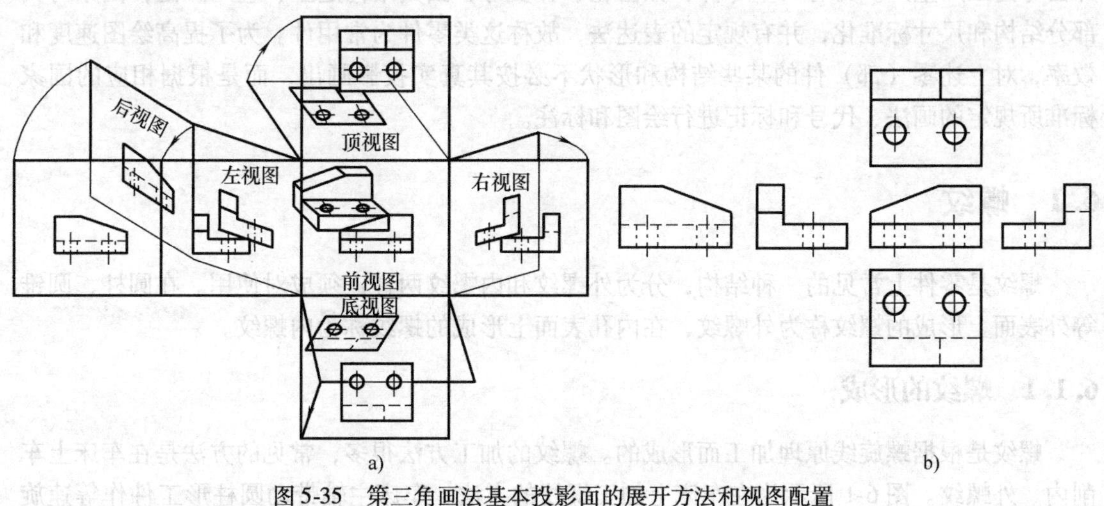

图 5-35　第三角画法基本投影面的展开方法和视图配置

国际标准（ISO）中规定，当采用第一角画法或第三角画法时，必须在标题栏中专设的格内画出相应的识别符号（见图 5-36）。由于我国仍采用第一角画法，所以无须画出识别符号。当采用第三角画法时，则必须画出识别符号。

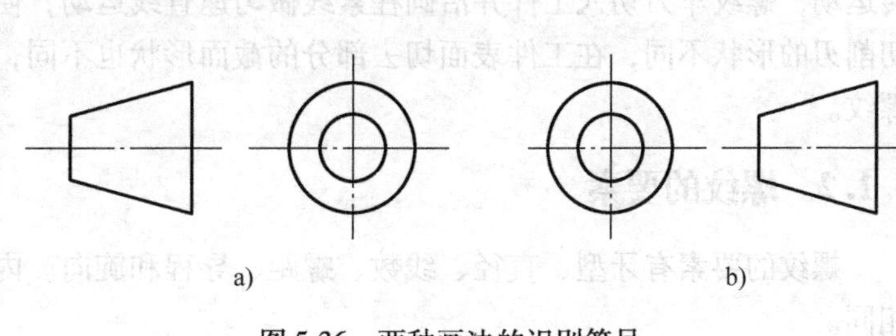

图 5-36　两种画法的识别符号

a）第一角画法　b）第三角画法

学习情境 6　常用零件的特殊画法

学习目标

1）了解标准件、常用件的种类及作用。

2）掌握螺纹及螺纹紧固件的画法及其规定标记。

3）学习普通型平键联结装配图的画法。

4）掌握直齿圆柱齿轮及其啮合的画法。

5）了解滚动轴承、圆柱螺旋弹簧各部分的名称、画法。

6）初步建立标准化的概念，培养选用标准结构和标准尺寸的习惯，初步学会查阅有关标准手册的方法。

特殊零件包括标准件和常用件。标准件是指其结构形式、尺寸大小、表面质量、表达方法都已标准化了的零（部）件，如螺纹紧固件、键、销、滚动轴承等。标准件使用广泛，并由专门工厂生产。另有一些零件，如齿轮、弹簧等，因其结构定型、应用广泛，国家对其部分结构和尺寸标准化，并有规定的表达法，故称这类零件为常用件。为了提高绘图速度和效率，对上述零（部）件的某些结构和形状不必按其真实投影画出，而是根据相应的国家标准所规定的画法、代号和标记进行绘图和标注。

6.1　螺纹

螺纹是零件上常见的一种结构，分为外螺纹和内螺纹两种，须成对使用。在圆柱、圆锥等外表面上形成的螺纹称为外螺纹，在内孔表面上形成的螺纹称为内螺纹。

6.1.1　螺纹的形成

螺纹是根据螺旋线原理加工而形成的。螺纹的加工方法很多，常见的方法是在车床上车削内、外螺纹。图 6-1 所示为在车床上加工螺纹的方法。车床主轴带动圆柱形工件作等速旋转运动，螺纹车刀切入工件并沿圆柱素线做匀速直线运动，便可在工件上加工出螺纹。由于切削刃的形状不同，在工件表面切去部分的截面形状也不同，所以可加工出各种不同牙型的螺纹。

6.1.2　螺纹的要素

螺纹的要素有牙型、直径、线数、螺距、导程和旋向。内外螺纹联接时，上述要素必须相同。

（1）牙型　在通过螺纹轴线的断面上，螺纹的轮廓形状，称为螺纹牙型。常见的牙型有三角形、梯形、锯齿形和矩形等，如图 6-2 所示。不同的螺纹牙型，有不同的用途。

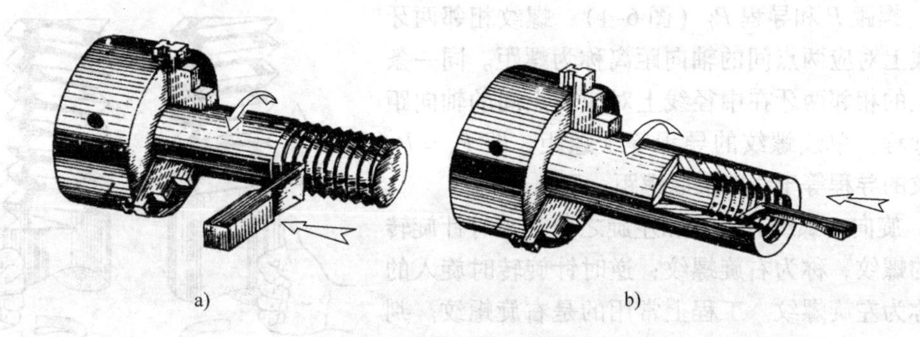

图 6-1　在车床上加工螺纹的方法

a）车削外螺纹　b）车削内螺纹

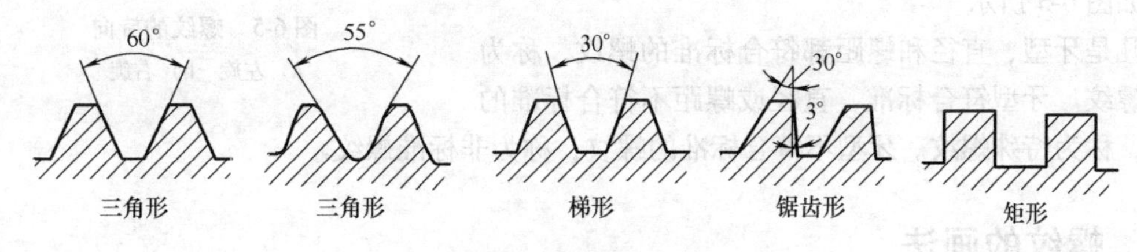

图 6-2　螺纹的牙型

（2）直径　螺纹的直径有大径、中径和小径之分，如图 6-3 所示。

螺纹大径（公称直径）是指与外螺纹牙顶或内螺纹牙底相切的假想圆柱面的直径，用 d（外螺纹）或 D（内螺纹）表示；螺纹小径是指与外螺纹牙底或内螺纹牙顶相切的假想圆柱的直径，用 d_1（外螺纹）或 D_1（内螺纹）表示；螺纹中径是指在螺纹大径和小径之间有一假想圆柱面，该圆柱面的直径称为螺纹中径，用 d_2（外螺纹）或 D_2（内螺纹）表示。

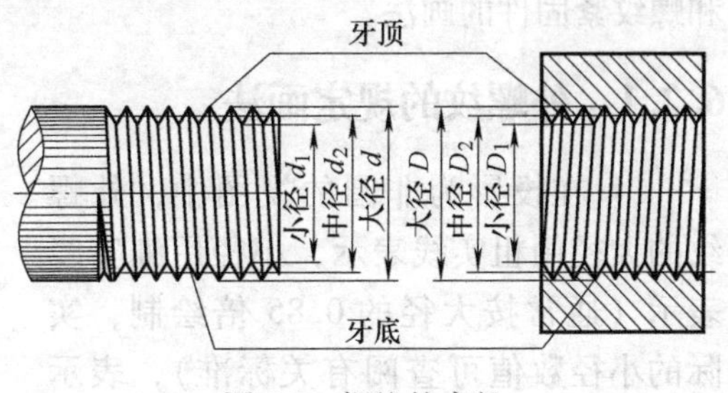

图 6-3　螺纹的直径

外螺纹的大径和内螺纹的小径又称为顶径，外螺纹的小径和内螺纹的大径又称为底径。

（3）线数　螺纹有单线和多线之分。沿一条螺旋线形成的螺纹称为单线螺纹（图 6-4a）；沿轴向等距分布的两条或两条以上的螺旋线形成的螺纹称为多线螺纹（图 6-4b）常用字母 n 表示线数。

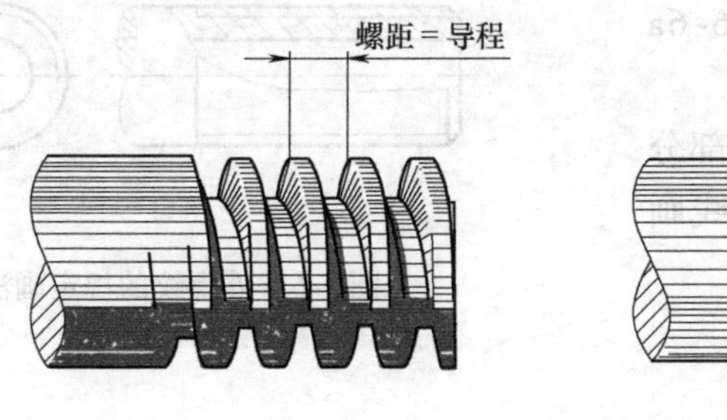

图 6-4　单线、双线螺纹

a）单线　b）双线

（4）螺距 P 和导程 P_h（图 6-4）　螺纹相邻两牙在中径线上对应两点间的轴向距离称为螺距。同一条螺旋线上的相邻两牙在中径线上对应两点间的轴向距离称为导程。单线螺纹的导程等于螺距，即 $P_h=P$；多线螺纹的导程等于线数乘以螺距，$P_h=nP$。

（5）旋向　螺纹有右旋和左旋之分。顺时针旋转时旋入的螺纹，称为右旋螺纹；逆时针旋转时旋入的螺纹，称为左旋螺纹。工程上常用的是右旋螺纹。判定螺纹的旋向时，将外螺纹轴线垂直放置，螺纹的可见部分右高左低者为右旋螺纹，左高右低者为左旋螺纹，如图 6-5 所示。

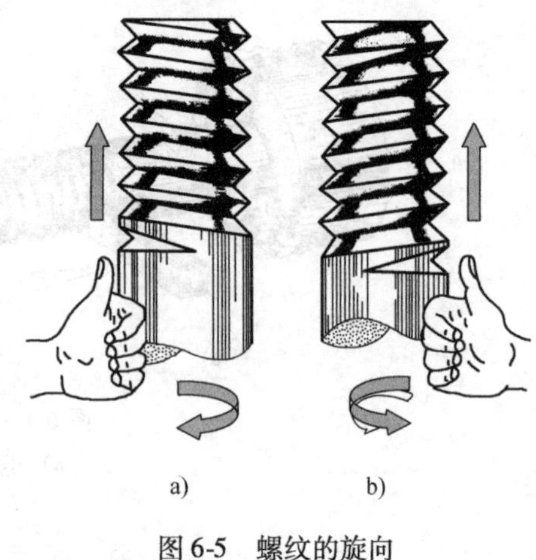

图 6-5　螺纹的旋向
a）左旋　b）右旋

凡是牙型、直径和螺距都符合标准的螺纹，称为标准螺纹。牙型符合标准，直径或螺距不符合标准的螺纹，称为特殊螺纹。牙型不符合标准的螺纹，称为非标准螺纹。

6.2　螺纹的画法

GB/T 4459.1—1995《机械制图　螺纹及螺纹紧固件表示法》规定了在机械图样中螺纹和螺纹紧固件的画法。

6.2.1　外螺纹的规定画法

1）在投影为非圆的视图中，外螺纹的大径用粗实线表示，小径用细实线表示（通常按大径的 0.85 倍绘制，实际的小径数值可查阅有关标准），表示螺纹小径的细实线要画入倒角或倒圆部分；在投影为圆的视图中，表示大径的圆画粗实线，表示小径的细实线圆只画约 3/4 圈（空出约 1/4 圈的位置不作规定），而表示轴上倒角的圆则省略不画。螺纹终止线用粗实线表示，如图 6-6a 所示。

2）当采用剖视图绘制时，剖切部分的螺纹终止线只画到小径处，剖面线画到粗实线处，如图 6-6b 所示。

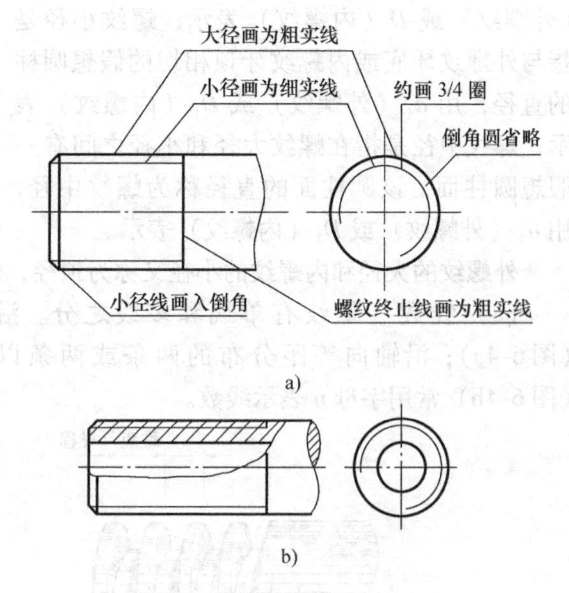

图 6-6　外螺纹的规定画法

6.2.2　内螺纹的规定画法

内螺纹一般画成剖视图。在剖视图中内螺纹小径用粗实线表示，大径用细实线表示，螺纹终止线用粗实线表示，剖面线应画到表示小径的粗实线处，在投影为圆的视图上，表示小径的圆画粗实线，表示大径的细实线圆只画 3/4 圈，倒角圆也省略不画，如图 6-7 所示。当内螺纹为不可见时，所有图线均按虚线绘制，如图 6-8 所示。

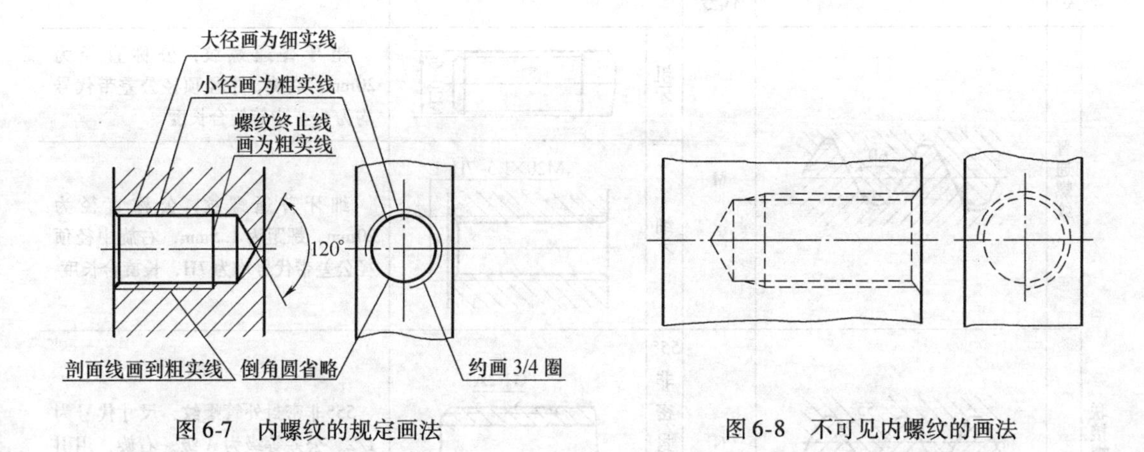

图 6-7　内螺纹的规定画法　　　　图 6-8　不可见内螺纹的画法

6.2.3　螺纹联接的规定画法

要素相同的内、外螺纹旋合在一起时，称为螺纹联接。螺纹联接通常采用剖视图表示。内、外螺纹旋合部分按外螺纹的画法绘制，其余部分仍按各自的画法绘制，如图 6-9 所示。

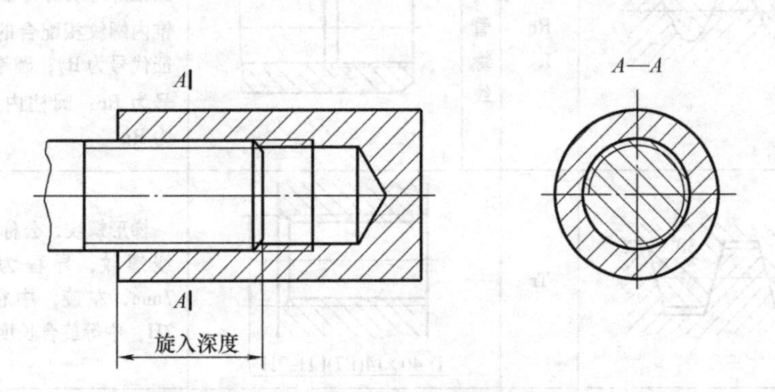

图 6-9　螺纹联接的规定画法

6.3　螺纹的种类和标注

6.3.1　螺纹的种类

螺纹按其要素是否符合国家标准分为三类，即标准螺纹、特殊螺纹和非标准螺纹。在生产中如果没有特殊要求，都应采用标准螺纹。

常用的标准螺纹按用途分为联接螺纹和传动螺纹两种，前者起联接作用，后者用于传递动力和运动（见表 6-1）。

表 6-1　螺纹的牙型、代号和标注示例

螺纹种类		牙型放大图	特征代号	标注示例		说　明
联接螺纹	普通螺纹	60°	M	粗牙	M20−6g	粗牙普通螺纹，公称直径为20mm，右旋，中径顶径公差带代号均为6g。中等旋合长度
				细牙	M20×1.5−7H−L	细牙普通螺纹，公称直径为20mm，螺距为1.5mm，右旋中径顶径公差带代号均为7H，长旋合长度
	管螺纹	55°	G	55°非密封管螺纹	G1/2A	55°非密封外管螺纹，尺寸代号为1/2，公差等级为A级，右旋，用引出标注
		55°	Rp R_1 Rc R_2	55°密封管螺纹	$Rc1^1/_2$	55°密封的、与圆锥外螺纹旋合的圆锥内螺纹，尺寸代号为$1^1/_2$，用引出标注。与圆柱内螺纹相配合的圆锥外螺纹的特征代号为R_1；与圆锥内螺纹相配合的圆锥外螺纹的特征代号为R_2；圆锥内螺纹的特征代号为Rc；圆柱内螺纹的特征代号为Rp
传动螺纹	梯形螺纹	30°	Tr		Tr 40×14(P7)LH−7H	梯形螺纹，公称直径为40mm，双线螺纹，导程为14mm，螺距为7mm，左旋，中径公差带代号为7H，中等旋合长度
	锯齿形螺纹	30° 3°	B		B32×6−7e	锯齿形螺纹，公称直径为32mm，单线螺纹，螺距为6mm，右旋，中径公差带代号为7e，中等旋合长度

6.3.2　螺纹的标记与标注

由于各种螺纹的画法都是相同的，无法表示出螺纹的种类和要素，因此画图时，需要按照国家标准所规定的格式和代号进行标注，以区别不同种类的螺纹（各种常见螺纹的标注方法见表6-1）。

（1）普通螺纹的标记与标注　普通螺纹的完整标记由螺纹特征代号、尺寸代号、公差带代号、旋合长度代号和旋向代号所组成。尺寸代号、公差带代号、旋合长度代号和旋向代号之间，分别用“-”分开。螺纹的标注方法是将规定标记注写在尺寸线或尺寸线的延长线上，尺寸线的箭头指向螺纹的大径，如图 6-10 所示。

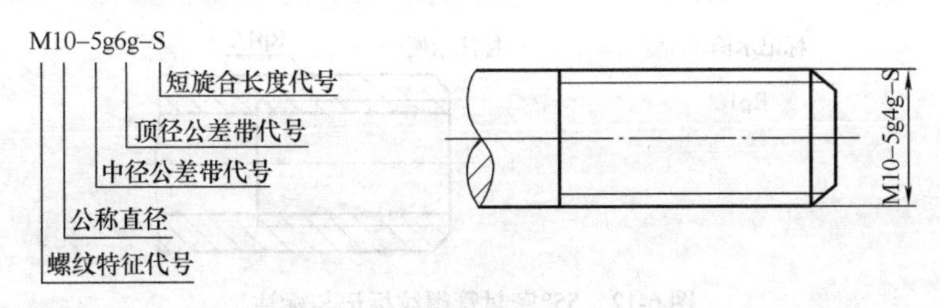

图 6-10　普通螺纹的标记与标注

粗牙普通螺纹的螺纹特征代号用字母“M”表示，尺寸代号为“公称直径”；细牙普通螺纹的尺寸代号为“公称直径 × 螺距”。

螺纹公差带代号包括中径公差带代号和顶径公差带代号。小写字母指外螺纹，大写字母指内螺纹。如果中径公差带代号与顶径公差带代号相同，则只标注一个代号，如“M10-7H”表示中径和顶径公差带代号均为 7H。

短（S）、中（N）、长（L）三组旋合长度给出了精密、中等、粗糙三种精度，可按 GB/T 197—2003 选用。在一般情况下，不标注旋合长度，其螺纹公差带按中等旋合长度（N）确定，必要时加注旋合长度代号 S 或 L，如“M10-5g6g-S”表示短旋合长度，如图 6-10 所示。

对左旋螺纹，应在旋合长度代号之后标注“LH”代号。右旋螺纹不标注旋向代号。

（2）管螺纹的标记与标注　管螺纹是用于管子联接的螺纹，有非密封管螺纹和密封管螺纹两种。非密封管螺纹联接由圆柱外螺纹和圆柱内螺纹旋合获得；密封管螺纹联接则由圆锥外螺纹和圆锥内螺纹或圆柱内螺纹旋合获得。

管螺纹的标记由特征代号、尺寸代号组成。螺纹的标注方法是将规定的标记注写在自大径引出的引出线上，如图 6-11 所示。

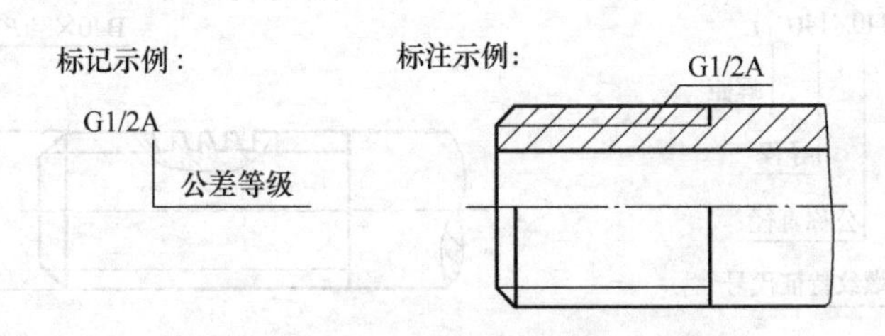

图 6-11　55°非密封管螺纹的标记与标注

55°非密封管螺纹的内、外螺纹的特征代号都是 G。55°密封管螺纹的特征代号分别是：圆柱内螺纹 Rp；圆锥内螺纹 Rc；与圆柱内螺纹相配合的圆锥外螺纹 R_1；与圆锥内螺纹相配合的圆锥外螺纹 R_2。

尺寸代号用阿拉伯数字表示，单位是 in。当螺纹为左旋时，在尺寸代号后需注明旋向代号 LH。由于 55°非密封管螺纹的外螺纹的公差等级有 A 级和 B 级，所以标记时需在尺寸代号之后或尺寸代号与旋向代号 LH 之间，加注公差等级 A 或 B。

55°非密封管螺纹的标记与标注如图6-11所示，G1/2A表示尺寸代号为1/2、A级的圆柱外管螺纹。55°密封管螺纹的标记与标注如图6-12所示，Rp1/2表示尺寸代号为1/2，右旋的圆柱内螺纹。

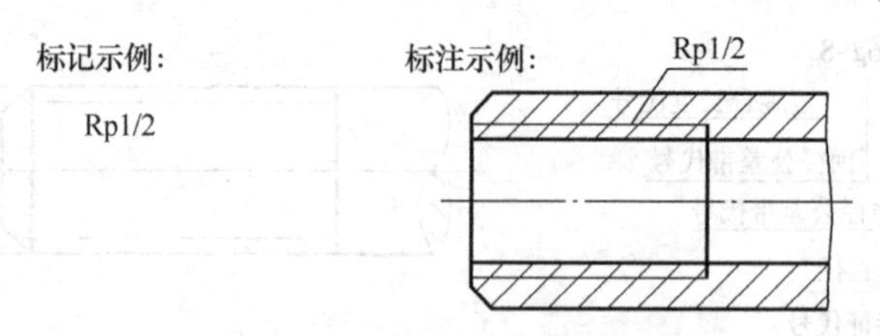

图6-12　55°密封管螺纹标记与标注

（3）梯形螺纹和锯齿形螺纹的标记与标注　梯形螺纹用来传递双向动力，如机床的丝杠。锯齿形螺纹用来传递单向动力，如千斤顶中的螺杆。

梯形螺纹和锯齿形螺纹的标记内容相同，其完整标记由螺纹特征代号、尺寸代号、旋向代号、公差带代号、旋合长度代号组成。同普通螺纹一样，尺寸代号、公差带代号、旋合长度代号三者之间，分别用“-”隔开。

梯形螺纹的特征代号为“Tr”，锯齿形螺纹的特征代号为“B”。单线螺纹的尺寸代号用“公称直径×螺距”表示；多线螺纹的尺寸代号用“公称直径×导程（P螺距）”表示。当螺纹为左旋时，需在尺寸代号之后加注“LH”，右旋则不加标注。

螺纹公差带代号只标注中径公差带代号。

螺纹按公称直径和螺距的大小将旋合长度分为中等旋合长度（N）和长旋合长度（L）两组。当旋合长度为N时，不标注旋合长度代号；当旋合长度为L时，需加注旋合长度代号L。

例如：“Tr40×14（*P*7）LH-8e-L”表示公称直径为40mm、导程为14mm、螺距为7mm、中径公差带代号为8e、长旋合长度的双线、左旋梯形螺纹（外螺纹）；“B40×7-7e”表示公称直径为40mm，螺距为7mm，中径公差带代号为7e，中等旋合长度的单线、右旋锯齿形螺纹（外螺纹）。锯齿形螺纹的标记与标注如图6-13所示。

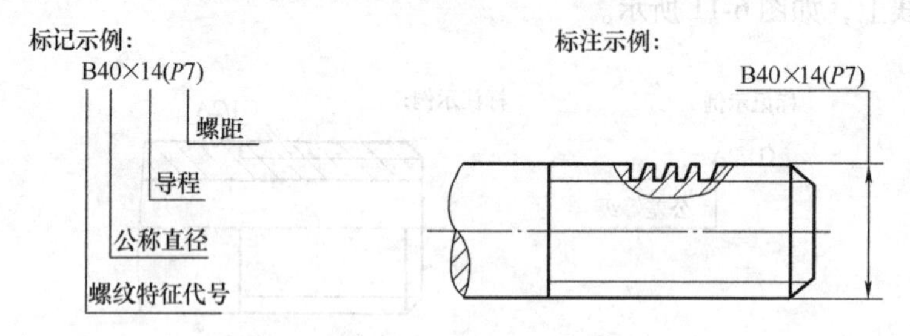

图6-13　锯齿形螺纹的标记与标注

6.4　螺纹紧固件

6.4.1　常用螺纹紧固件的种类和标记

螺纹紧固件是利用一对内、外螺纹的联接作用来进行联接和紧固的一些零部件的总称。

使用螺纹紧固件联接机件是工程上应用最广泛的一种可拆联接形式。

螺纹紧固件的种类很多，常用的螺纹紧固件有螺栓、双头螺柱、螺钉、螺母、垫圈等，如图 6-14 所示。这类零件的结构形式和尺寸均已标准化，一般由标准件厂大量生产，故不需画其零件图，只需按规定进行标记。

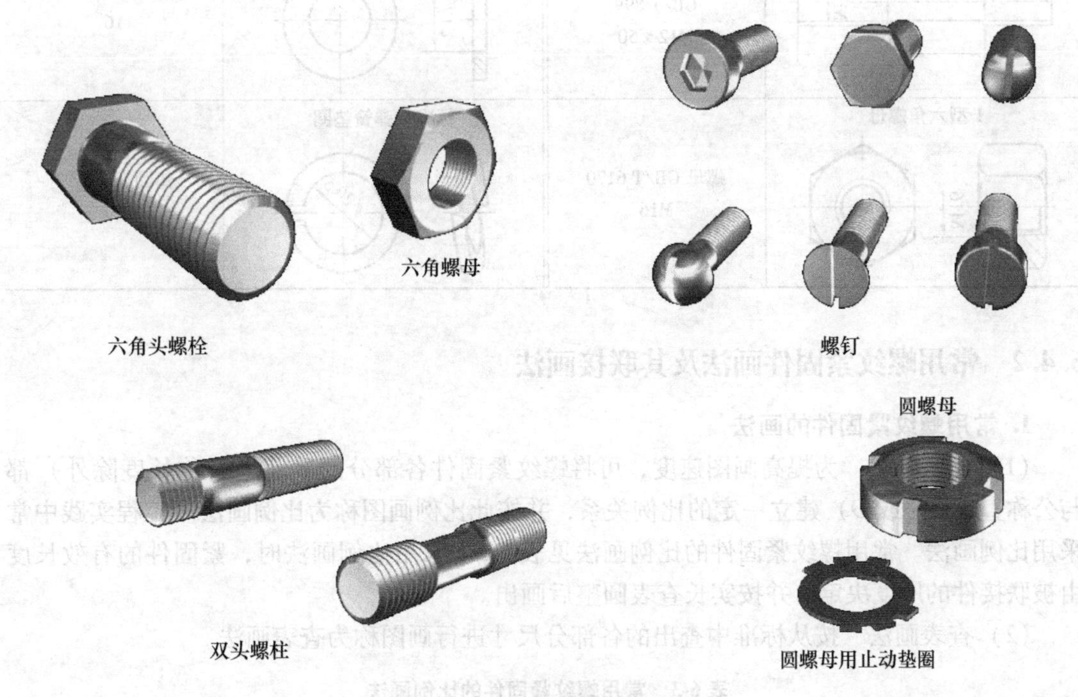

图 6-14　常用的螺纹紧固件

各种标准件都有规定标记，应用时可根据其标记从相应的国家标准中查出它们的结构形式、尺寸及技术要求等内容。完整标记由名称、标准编号、螺纹规格或公称尺寸、公称长度（必要时）、性能等级或材料硬度、表面处理等组成。一般主要标注前四项。例如：“螺栓 GB/T 5782　M12 × 50 表示螺纹规格为 M12，公称长度为 50mm 的螺栓。表 6-2 中列出了一些常用的螺纹紧固件及其标记示例。

表 6-2　一些常用的螺纹紧固件及其标记示例

名称及视图	标 记 示 例	名称及视图	标 记 示 例
开槽盘头螺钉 M10 45	螺钉　GB/T 67 M10 × 45	开槽锥端紧定螺钉 M12 40	螺钉 GB/T 71 M12 × 40
内六角圆柱头螺钉 M16 40	螺钉 GB/T 70. 1 M16 × 40	六角头螺栓 M12 50	螺钉 GB/T5782 M12 × 50

（续）

名称及视图	标记示例	名称及视图	标记示例
双头螺柱 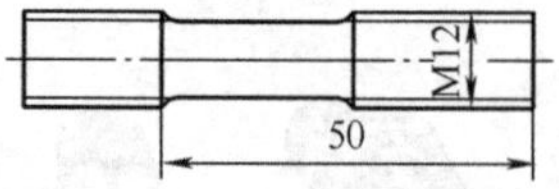 M12　50	螺柱 GB/T 899 M12×50	平垫圈　A级 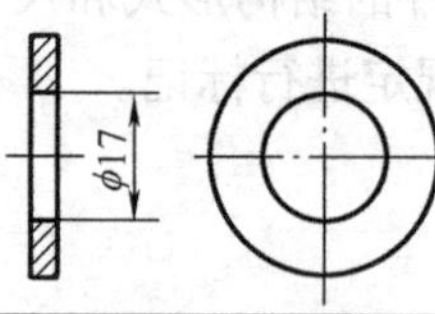 $\phi17$	垫圈 GB/T 97.1 16
1型六角螺母 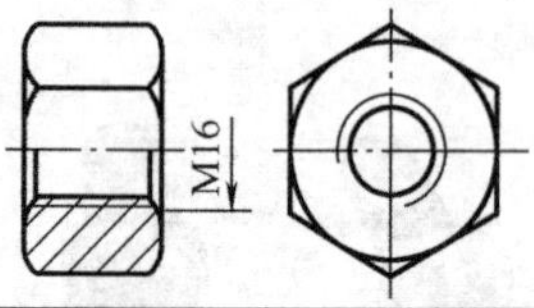 M16	螺母 GB/T 6170 M16	标准型弹簧垫圈 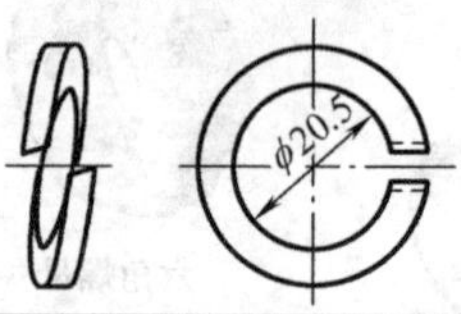 $\phi20.5$	垫圈 GB/T 93 20

6.4.2　常用螺纹紧固件画法及其联接画法

1. 常用螺纹紧固件的画法

（1）比例画法　为提高画图速度，可将螺纹紧固件各部分的尺寸（公称长度除外）都与公称直径 d（或 D）建立一定的比例关系，并按此比例画图称为比例画法。工程实践中常采用比例画法。常用螺纹紧固件的比例画法见表6-3。采用比例画法时，紧固件的有效长度由被联接件的厚度决定，并按实长查表圆整后画出。

（2）查表画法　按从标准中查出的各部分尺寸进行画图称为查表画法。

表 6-3　常用螺纹紧固件的比例画法

名　称	比例画法
双头螺柱、内六角圆柱头螺钉	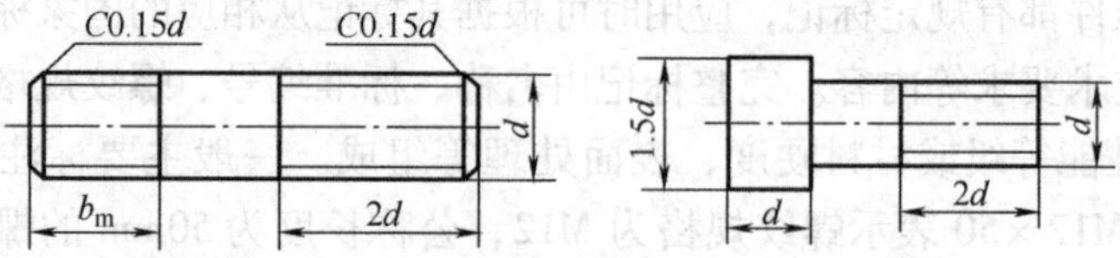 $C0.15d$　$C0.15d$　d　b_m　$2d$　$1.5d$　d　d　$2d$
开槽圆柱头螺钉、沉头螺钉	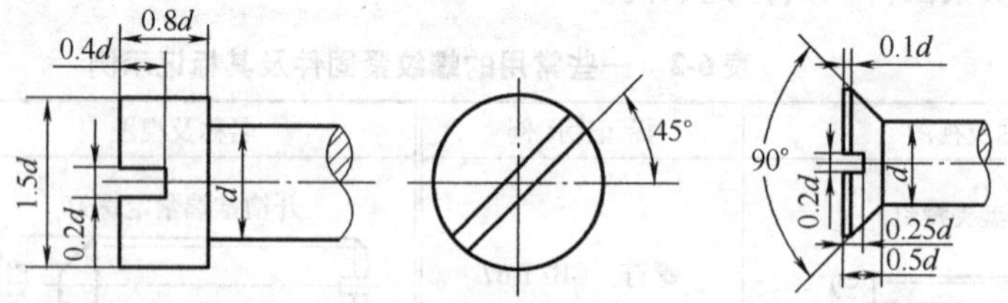 $0.8d$　$0.4d$　$1.5d$　$0.2d$　d　45°　$0.1d$　90°　$0.2d$　d　$0.25d$　$0.5d$
垫圈	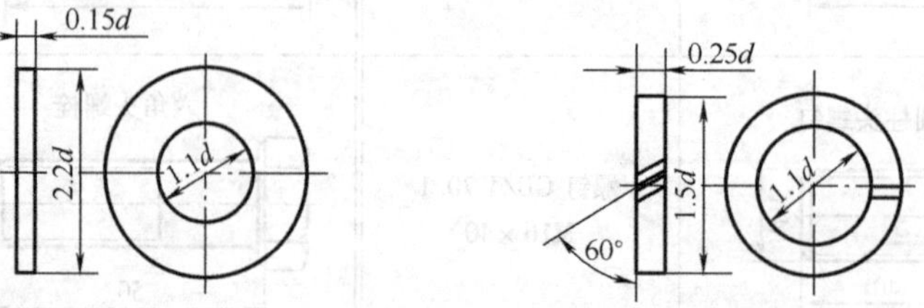 $0.15d$　$2.2d$　$1.1d$　$0.25d$　$1.5d$　60°　$1.1d$

2. 螺纹紧固件的联接画法

螺纹紧固件联接的基本形式有螺栓联接、双头螺柱联接和螺钉联接，如图 6-15 所示。具体采用哪种联接可根据需要选定。画螺纹紧固件装配图时，应遵守下列规定。

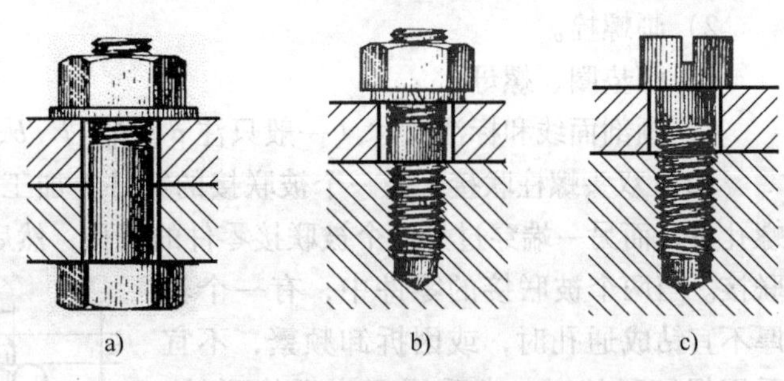

图 6-15　螺纹紧固件联接的基本形式

a）螺栓联接　b）双头螺柱联接　c）螺钉联接

1）两零件的接触面画一条线，不接触面画两条线。

2）在剖视图中，相邻的两零件的剖面线应不同（方向相反或间隔不等）。但同一零件各剖视图中的剖面线应相同（方向、间隔一致）。

3）在剖视图中，若剖切平面通过螺纹紧固件的轴线，则这些紧固件按不剖绘制。

（1）螺栓联接　在被联接的零件上加工出比螺栓大径稍大的通孔，将螺栓自下而上穿过通孔后套上垫圈，再用螺母拧紧即为螺栓联接。螺栓联接常用于被联接件都不太厚，能加工成通孔且要求联接力较大的情况。

画图时、需要知道螺栓的形式、公称直径和被联接件的厚度，从标准中查出螺栓、螺母和垫圈的有关尺寸（或采用按螺纹公称直径 d 成一定的比例定出紧固件的尺寸），再算出螺栓公称长度 l。

螺栓公称长度 $l=$ 被联接零件的总厚度$(\delta_1+\delta_2)$ + 垫圈厚度(h) + 螺母厚度(m) + 螺栓伸出螺母的长度(a)。

式中，$a=(0.3\sim0.4)d$。根据上式算出的螺栓公称长度后，需从螺栓的标准长度系列中选取与 l 最接近的标准值，如算出 $l=77\text{mm}$，可选 $l=80\text{mm}$。

六角头螺栓联接的比例画法，如图 6-16 所示。

螺栓联接的简化画法，如图 6-17 所示。

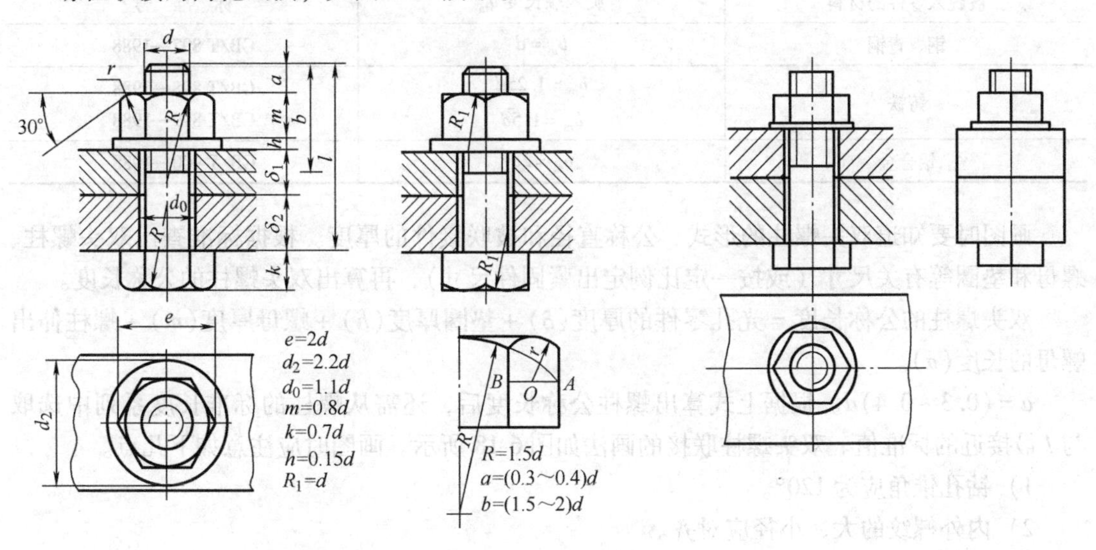

图 6-16　六角头螺栓联接的比例画法　　图 6-17　螺栓联接的简化画法

螺栓联接的画图步骤：

1）画被联接件。

2）画螺栓。

3）画垫圈、螺母。

4）画剖面线和标注尺寸（一般只注 d、d_0、l、b、δ_1、δ_2）。

（2）双头螺柱联接　在一个被联接的零件上加工出螺孔，双头螺柱的一端旋紧在这个螺孔里，而另一端穿过另一个被联接零件的通孔，然后套上垫圈再拧上螺母，即为双头螺柱联接。当两个被联接的零件中，有一个较厚不宜钻成通孔时，或因拆卸频繁，不宜采用螺钉联接时，常采用双头螺柱联接，如图 6-15b 所示。

双头螺柱两端都制有螺纹，一端用来旋入被联接零件的螺孔，称为旋入端，其长度为 b_m；另一端用来旋紧螺母，称为紧固端，其有效长度为 l，螺纹长度为 b，如图 6-18 所示。

螺孔深度 $H_1 = b_m + 0.5d$；钻孔深度 H_2 = 螺孔深度 $H_1 + (0.2 \sim 0.5)d$。弹簧垫圈开口槽方向与水平成 60°～80°，从左上向右下倾斜，与实际垫圈开口方向相同，如图 6-18 所示。

旋入端长度 b_m 由被旋入零件的材料决定，见表 6-4。

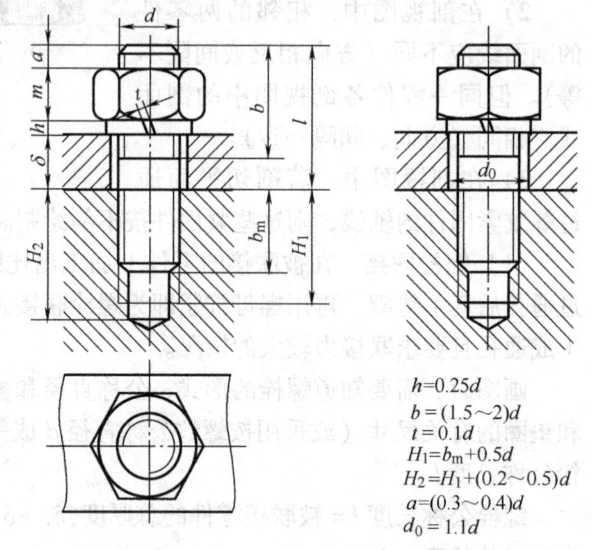

图 6-18　双头螺柱联接的画法

表 6-4　双头螺柱旋入端长度 b_m

被旋入零件的材料	旋入端长度 b_m	标　准　号
钢、青铜	$b_m = d$	GB/T 897—1988
铸铁	$b_m = 1.25d$ $b_m = 1.5d$	GB/T 898—1988 GB/T 899—1988
铝合金	$b_m = 2d$	GB/T 900—1988

画图时要知道双头螺柱的形式、公称直径和被联接件的厚度。根据标准查出双头螺柱、螺母和垫圈等有关尺寸（或按一定比例定出紧固件尺寸），再算出双头螺柱的公称长度。

双头螺柱的公称长度 = 光孔零件的厚度(δ) + 垫圈厚度(h) + 螺母厚度(m) + 螺柱伸出螺母的长度(a)。

$a = (0.3 \sim 0.4)d$。根据上式算出螺柱公称长度后，还需从螺柱的标准长度系列中选取与 l 最接近的标准值。双头螺柱联接的画法如图 6-18 所示。画图时应注意如下几点。

1）钻孔锥角应为 120°。

2）内外螺纹的大、小径应对齐。

3）被联接件的光孔直径 $d_0 = 1.1d$，此处应画两条粗实线。

4）旋入端的螺纹要拧到底，螺纹终止线与螺孔顶面对齐。

5）在联接图上应标注 d、d_0、b_m、l、δ 等尺寸。

（3）螺钉联接　螺钉按用途分为联接螺钉和紧定螺钉。

1）联接螺钉。联接螺钉用于联接不经常拆卸并且受力不大的零件。在较厚的零件上加工出螺孔，而在另一个零件上加工成通孔，然后把螺钉穿过通孔旋进螺孔即将两个零件连接起来，如图 6-19 所示。常用的联接螺钉有内六角头螺钉、开槽圆柱头螺钉、开槽沉头螺钉等，可根据不同的需要选用。螺钉联接的画法，如图 6-19 所示。

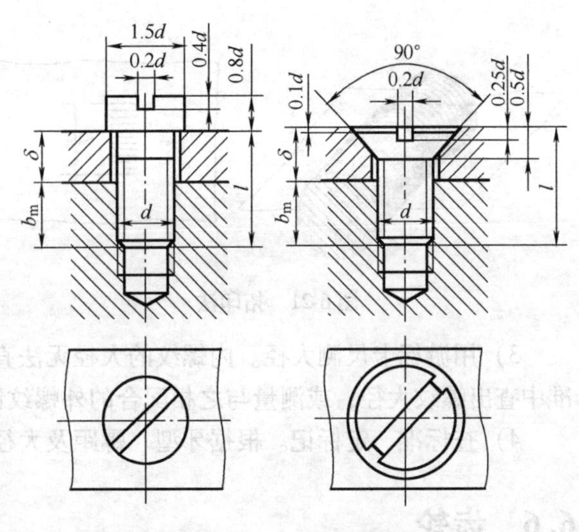

图 6-19　螺钉联接的画法

联接螺钉的联接部分的画法按内外螺纹联接画法绘制，螺钉的螺纹终止线不能与结合面平齐，而应画入光孔件范围内。螺钉头部的开槽在投射方向垂直于螺钉轴线的视图上，应按垂直于投影面的位置画出；在投影为圆的视图上，则应画成与中心线倾斜 45°。螺纹的旋入深度 b_m 与双头螺柱相同，可根据被旋入零件的材料决定。

螺钉公称长度 l = 螺纹旋入深度(b_m) + 光孔零件的厚度(δ)。根据上式算出螺钉公称长度后，还需从螺钉的标准长度系列中选取与 l 最接近的标准值。

2）紧定螺钉。紧定螺钉用来固定两零件的相对位置，使它们不产生相对运动。常用的紧定螺钉有开槽平端紧定螺钉、开槽锥端紧定螺钉、开槽长圆柱端紧定螺钉等，可根据需要选用。如图 6-20 所示的轴和齿轮（齿轮只画出轮毂部分），用一个开槽锥端紧定螺钉旋入轮毂的螺孔，使螺钉的 90°锥端与轴上的 90°锥坑压紧，从而固定了轴和齿轮的相对位置。紧定螺钉联接的画法，如图 6-20 所示。

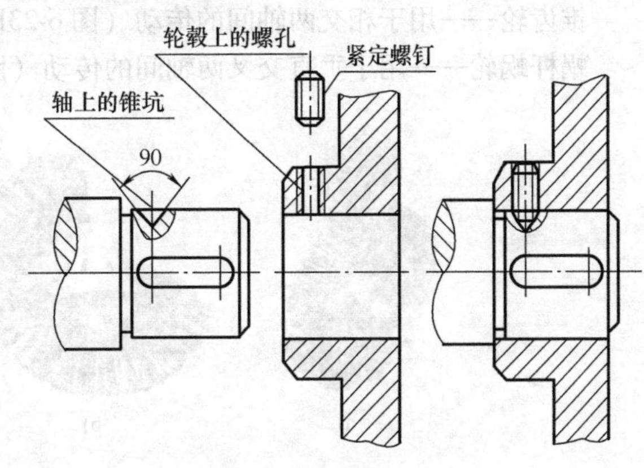

图 6-20　紧定螺钉联接的画法

6.5　测绘螺纹

测绘螺纹时，可采用如下步骤。

1）确定螺纹的线数和旋向。

2）测量螺距。可用拓印法，即将螺纹放在纸上压出痕迹，量出几个螺距的长度，如图 6-21 所示。然后按 $P = L/n$ 计算出螺距。若有螺纹规，可直接确定牙型及螺距，如图 6-22 所示。

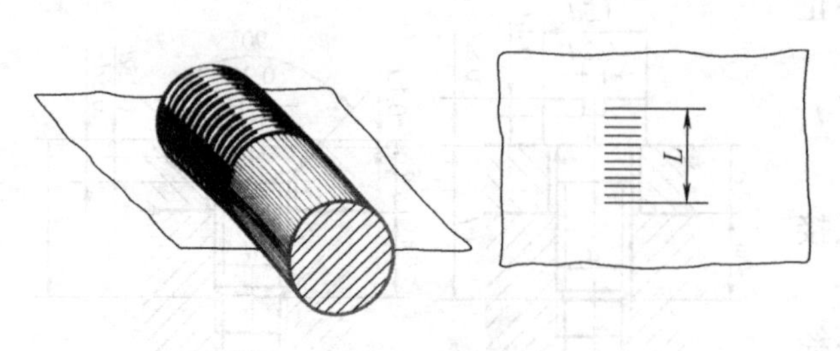

图 6-21 拓印法

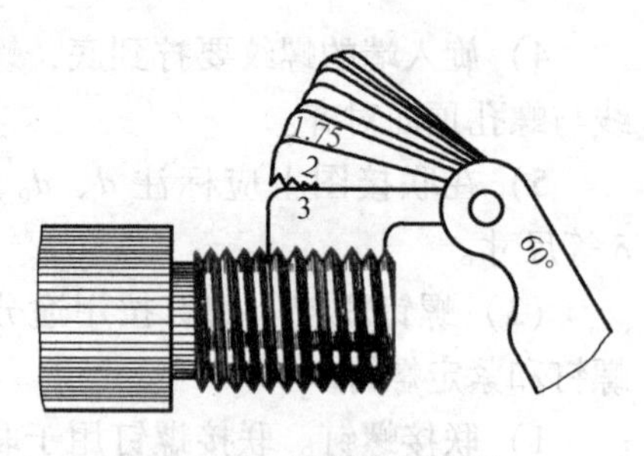

图 6-22 用螺纹规测量

3）用游标卡尺测大径。内螺纹的大径无法直接测出，可先测出小径，再据此由螺纹标准中查出螺纹大径；或测量与之相配合的外螺纹制件，再推算出内螺纹的大径。

4）查标准、定标记。根据牙型、螺距及大径，查有关标准，确定螺纹标记。

6.6 齿轮

齿轮是广泛用于机器或部件中的传动零件。齿轮的参数中只有模数、压力角已经标准化，因此，它属于常用件。

6.6.1 齿轮的种类及作用

齿轮的作用是将一根轴的转动传递给另一根轴，不仅可以用来传递动力，并且还能改变转速和运动方向。齿轮的种类很多，而常用的有如下三种。

圆柱齿轮——用于平行两轴间的传动（图 6-23a）。

锥齿轮——用于相交两轴间的传动（图 6-23b）。

蜗杆蜗轮——用于垂直交叉两轴间的传动（图 6-23c）。

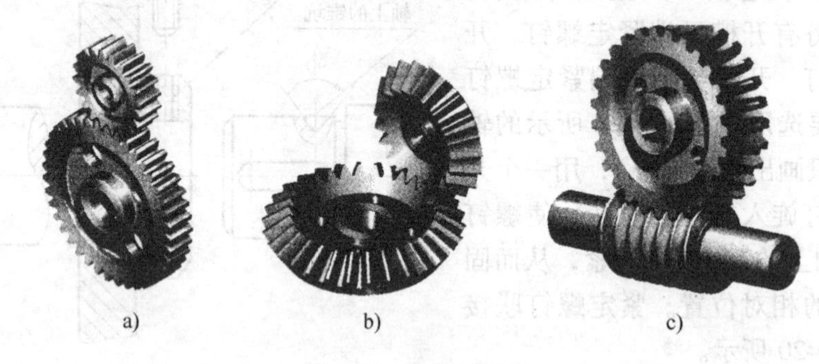

图 6-23 齿轮的种类
a）圆柱齿轮 b）锥齿轮 c）蜗杆蜗轮

在齿轮传动中，应用最广的是圆柱齿轮，其外形是圆柱形，由轮齿、齿盘、辐板（或辐条）、轮毂等组成。轮齿有直齿、斜齿、人字齿等，如图 6-24 所示。轮齿位于圆柱面上。

6.6.2 直齿圆柱齿轮各部分名称和尺寸关系

图 6-25 所示为直齿圆柱齿轮各部分名称和代号。

（1）齿顶圆 通过圆柱齿轮齿顶的圆，其直径用 d_a 表示。

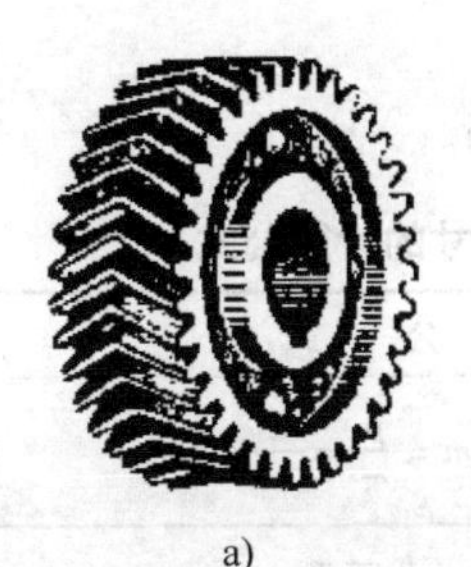

a)

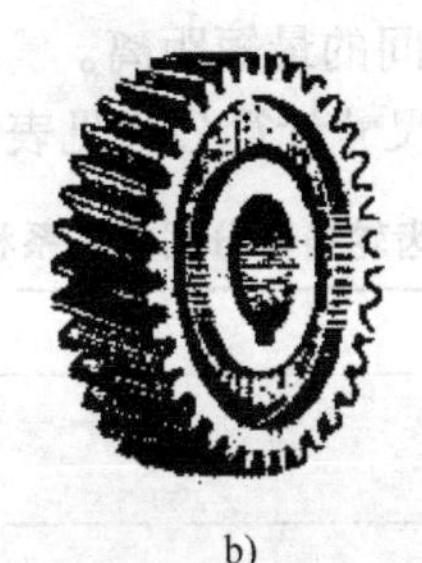

b)

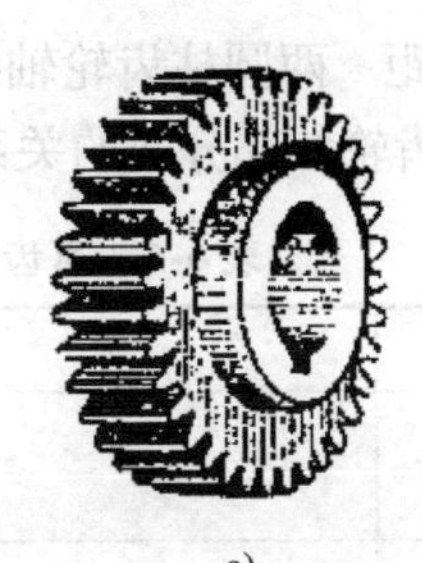

c)

图6-24　圆柱齿轮

a）人字齿轮　b）斜齿轮　c）直齿轮

（2）齿根圆　通过圆柱齿轮齿根的圆，其直径用 d_f 表示。

（3）分度圆　分度圆是指在齿顶圆和齿根圆之间其齿厚和齿槽宽相等的一个圆，是设计制造齿轮时进行各部分尺寸计算的基准圆，其直径用 d 表示。

（4）齿距　分度圆上相邻两齿对应点间的弧长称为齿距。对于标准齿轮，齿厚 s 和齿槽宽 e 均为齿距 p 的一半，即 $s=e=p/2$

（5）模数 m　如以 z 表示齿轮的齿数，则分度圆周长为 $\pi d=zp$，因此分度圆直径为 $d=zp/\pi$。式中 π 为无理数，为了计算和测量方便，令 $m=p/\pi$，m 称为模数。因为两啮合齿轮的齿距必须相等，所以它们的模数也必须相等。

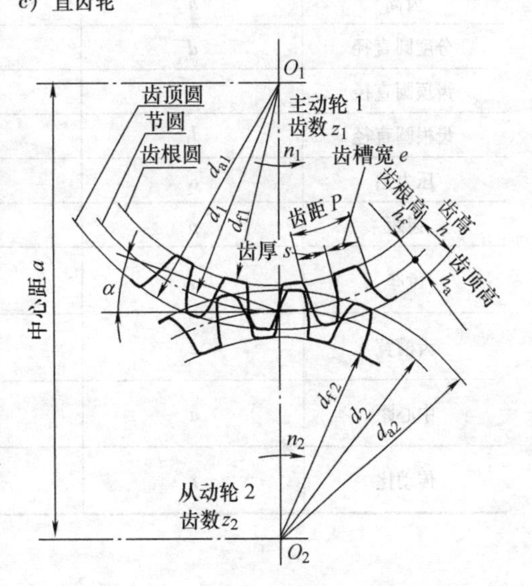

图6-25　直齿圆柱齿轮各部分名称及代号

模数 m 是设计、制造齿轮的重要参数。模数增大，则齿距 p 也增大，齿厚 s 也随之增大，因而齿轮的承载能力增大。不同模数的齿轮，要用不同模数的刀具来加工制造。为了便于设计和加工，渐开线圆柱齿轮应采用表6-5中的模数系列。

表6-5　标准模数系列（GB/T 1357—2008）　　（单位：mm）

第一系列	1，1.25，1.5，2，2.5，3，4，5，6，8，10，12，16，20，25，32，40，50
第二系列	1.125，1.375，1.75，2.25，2.75，3.5，4.5，5.5，（6.5），7，9，11，14，18，22，28，36，45

注：优先采用第一系列，避免采用第二系列中的模数6.5。

（6）齿高 h　齿顶圆与齿根圆之间的径向距离，$h=h_a+h_f$；齿顶高 h_a 是从齿顶圆到分度圆间的径向距离；齿根高 h_f 是从分度圆到齿根圆间的径向距离。

（7）压力角 α　两啮合的齿轮齿廓在接触点处的受力方向与该点瞬时运动方向间的夹角称为分度圆压力角，简称压力角。我国国家标准规定压力角为20°。

（8）传动比 i　主动齿轮转速 n_1（r/min）与从动齿轮转速 n_2（r/min）之比称为传动比，即 $i=n_1/n_2$。由于转速与齿数成反比，主、从动齿轮单位时间里转过的齿数相等，即 $n_1z_1=n_2z_2$，所以可得 $i=n_1/n_2=z_2/z_1$。

(9) 中心距　两圆柱齿轮轴线之间的最短距离。

直齿圆柱齿轮各部分间的关系和尺寸计算公式见表6-6。

表6-6　直齿圆柱齿轮各部分间的关系和尺寸的计算公式

名　称	符　号	公　式
模数	m	$m=\frac{p}{\pi}=\frac{d}{z}$
齿顶高	h_a	$h_a=m$
齿根高	h_f	$h_f=1.25m$
齿高	h	$h=h_a+h_f=2.25m$
分度圆直径	d	$d=mz$
齿顶圆直径	d_a	$d_a=m(z+2)$
齿根圆直径	d_f	$d_f=m(z-2.5)$
压力角	α	$\alpha=20°$
齿距	p	$p=\pi m$
齿厚	s	$s=\frac{p}{2}=\frac{\pi m}{2}$
齿槽宽	e	$e=\frac{p}{2}=\frac{\pi m}{2}$
中心距	a	$a=\frac{1}{2}(d_1+d_2)=\frac{m}{2}(z_1+z_2)$
传动比	i	$i=\frac{h_1}{h_2}=\frac{z_2}{z_1}$

6.7　齿轮的画法

6.7.1　圆柱齿轮的规定画法

单个圆柱齿轮的画法如图6-26所示。

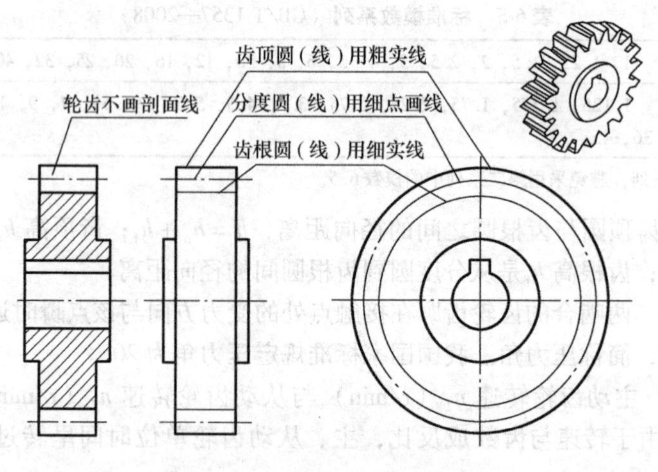

图6-26　单个圆柱齿轮的画法

1）在外形视图中，齿顶圆和齿顶线用粗实线绘制；分度圆和分度线用细点画线绘制，分度线应超出轮廓线约2~3mm；齿根圆和齿根线用细实线绘制（也可省略不画）。

2）在剖视图中，当剖切平面通过齿轮的轴线时，轮齿一律按不剖处理，齿根线用粗实线绘制。

3）对于斜齿与人字齿，可在非圆视图上用三条平行的细实线表示齿线方向。

6.7.2 圆柱齿轮的啮合画法

一对相互啮合的齿轮，它们的模数必须相等，两分度圆相切。

画图时分两部分，啮合区外按单个齿轮画法绘制，啮合区内则按下列规定绘制。

1）在垂直于圆柱齿轮轴线的投影面上的视图中，两个分度圆相切，齿顶圆均用粗实线绘制，如图6-27a所示；齿顶圆也可省略不画，如图6-27b所示。

2）在剖视图中，当剖切平面通过两啮合齿轮的轴线时，在啮合区内，两分度线重合画成细点画线，除一个齿轮的齿顶线被遮住用细虚线绘制，或省略不画外，其余齿根线、齿顶线一律规定用粗实线绘制，如图6-27b所示。

3）在平行于圆柱齿轮轴线的投影面上的外形视图中，啮合区的齿顶线和齿根线不需画出，节线用粗实线绘制，如图6-27c所示。

4）若为斜齿或人字齿啮合时，其投影为圆的视图画法与直齿轮啮合画法一样。非圆的外形视图画法，如图6-27d所示。

5）齿轮除轮齿部分外，其余结构均按其真实投影绘制。

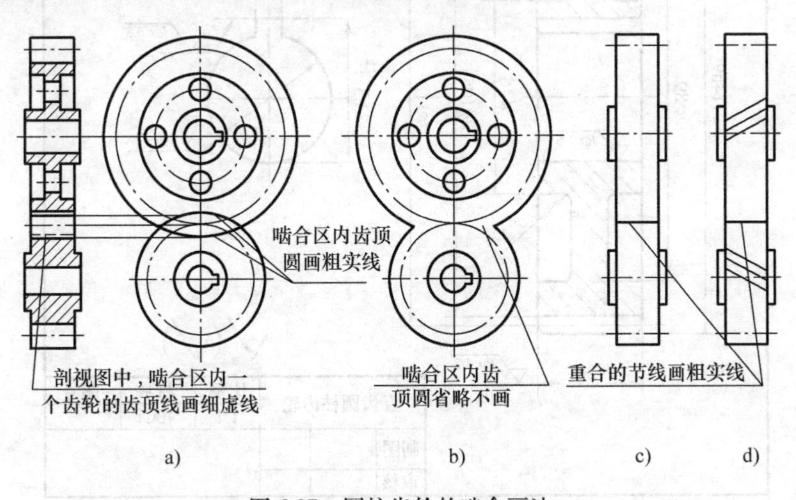

图6-27　圆柱齿轮的啮合画法

a）规定画法　b）省略画法　c）外形视图（直齿）　d）外形视图（斜齿）

6.8 测绘直齿圆柱齿轮

齿轮测绘是根据齿轮实物，通过测量和计算，以确定其主要参数并画出零件图的过程。步骤和方法如下。

1）压力角和齿数。标准齿轮 $\alpha=20°$，无需测量；齿数数出即可。

2）模数。可由 d_a 公式导出，即 $m = d_a/(z+2)$。在测量齿顶圆的直径 d_a 后，即可计算出模数。将计算得出的模数与标准模数对比，选取与其最接近的标准模数。

测量齿顶圆直径时，如齿数为偶数，可直接测出 d_a 值。如为奇数则需间接测量，其测量方法如图 6-28 所示。应先测量出 e，再测量出齿轮轴孔直径 D，则 $d_a = 2e + D$。

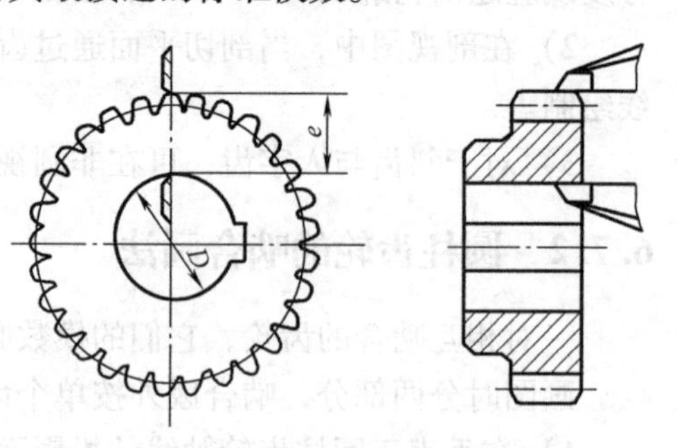

图 6-28　奇数齿的测量方法

3）根据标准模数，再计算出轮齿的各基本尺寸，并按实物测量齿轮其他部分尺寸。

4）整理绘制出零件图。图 6-29 所示为某一直齿圆柱齿轮零件图，齿轮的模数、齿数、压力角等参数，在图样的右上角列表给出。

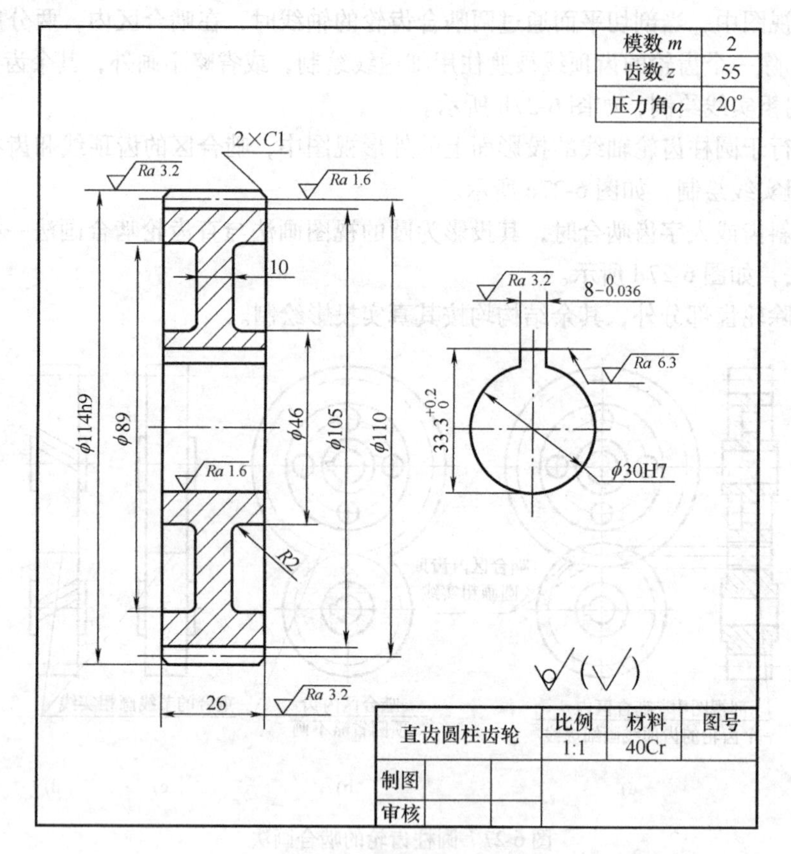

图 6-29　直齿圆柱齿轮零件图

6.9　键联结、销联接

6.9.1　键联结

为了使齿轮、带轮等零件和轴一起转动，通常在轮孔和轴上分别切制出键槽，用键将轴、轮联结起来进行传动，如图 6-30 所示。

1. 键的形式和标注

常用的键有普通平键、半圆键、钩头型楔键等，其中普通平键最为常见，可分为普通 A 型平键，普通 B 型平键和普通 C 型平键三种，如图 6-31 所示。

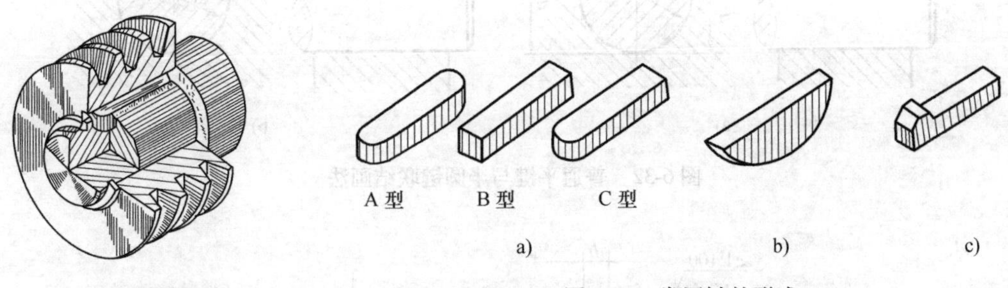

图 6-30　键联结

图 6-31　常用键的形式

a）普通平键　b）半圆键　c）钩头型楔键

键的大小由被联结的轴孔尺寸大小和所传递转矩大小决定。表 6-7 中列出了常用键的标准编号、画法及标记示例。

表 6-7　常用键的标准编号、画法和标记示例

名称及标准编号	画　　法	简 化 画 法	标 记 示 例
普通平键 GB/T 1096—2003	h　s　b　$b/2$　L A 型		$b=8\text{mm}$、$h=7\text{mm}$、$L=25\text{mm}$ 的普通 A 型平键： GB/T 1096　键 8 × 7 × 25
半圆键 GB/T 1099. 1—2003	D　h　b　s		$b=6\text{mm}$、$h=7\text{mm}$、$D=25\text{mm}$ 的半圆键： GB/T 1099. 1　键 6 × 7 × 25
钩头型楔键 GB/T 1565—2003	45°　h　1:100　C或r　h_1　b　L		$b=6\text{mm}$、$h=7\text{mm}$、$L=25\text{mm}$ 的钩头型楔键： GB/T 1565　键 6 × 7 × 25

2. 键联结的画法

普通平键联结与半圆键联结的画法类同（图 6-32）。这两种键的两侧面与轴上的键槽、轮毂上的键槽两侧面均接触，故画一条线；键的底面与轴上键槽的底面也接触，故画一条线；键的顶面与轮毂上键槽的顶面之间有间隙，故画两条线。在键联结图中，键的倒角或小圆角一般不画。

钩头型楔键的联结画法如图 6-33 所示。钩头型楔键的顶面有 1∶100 的斜度，装配后其顶面和底面分别与轮毂上键槽顶面及轴上键槽的底面接触，故画一条线；侧面应留有一定的间隙，故画两条线。

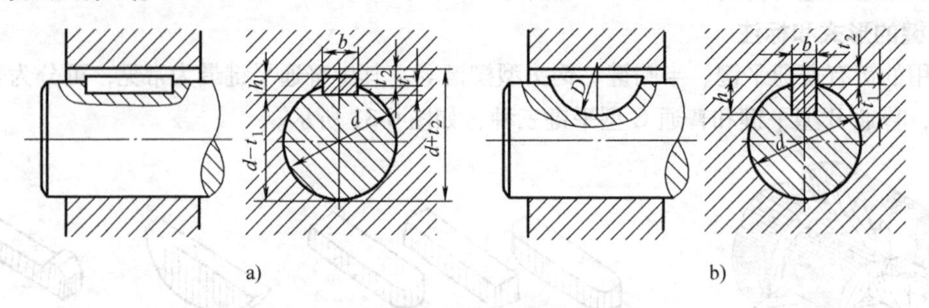

图 6-32　普通平键与半圆键联结画法

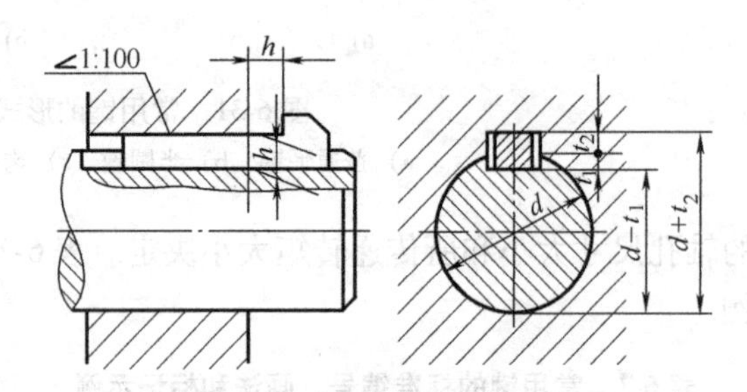

图 6-33　钩头型楔键的联结画法

当剖切平面按纵向剖切并通过键的对称面时，键按不剖绘制。

6.9.2　销联接

1. 销的种类和标记

常用的销有圆柱销、圆锥销和开口销等，如图 6-34 所示。圆柱销、圆锥销可用于联接零件和传递动力，也可在装配时作定位用。开口销常用在螺纹联接的锁紧装置中，以防止螺母松动。

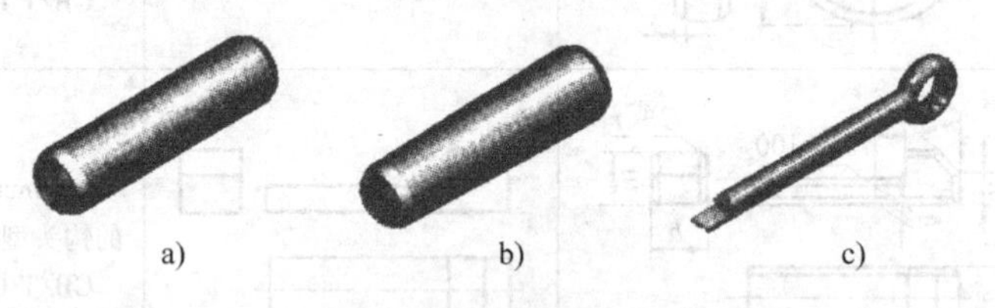

图 6-34　常用的销

a）圆柱销　b）圆锥销　c）开口销

表 6-8 中列出了常用销的标准编号、画法和标记示例。

表 6-8　常用销的标准编号、画法和标记示例

名称及标准编号	画　法	标 记 示 例
圆柱销 GB/T 119.2—2000	l　c　15°　d	公称直径 $d=6$mm、公差为 m6、公称长度 $l=30$mm、材料为钢、普通淬火（A 型）、表面氧化处理的圆柱销： 销　GB/T 119.2　6×30

（续）

名称及标准编号	画　法	标记示例
圆锥销 GB/T 117—2000	1:50　r_1　r_2　d　a　a　l	公称直径 $d=4$mm、公称长度 $l=10$mm、材料为 35 钢、热处理硬度 28～38HRC、表面氧化处理的 A 型圆锥销： 销　GB/T 117　4×10
开口销 GB/T 91—2000	b　l　a　c　d	公称规格为 5mm、公称长度 $l=50$mm、材料为 Q235、不经表面处理的开口销： 销　GB/T 91　5×50

2. 销联接的画法

当剖切平面通过销的轴线时，销按不剖绘制。在剖视图中，销与销孔的接触面画一条线。常用销的联接画法，如图 6-35 和图 6-36 所示。

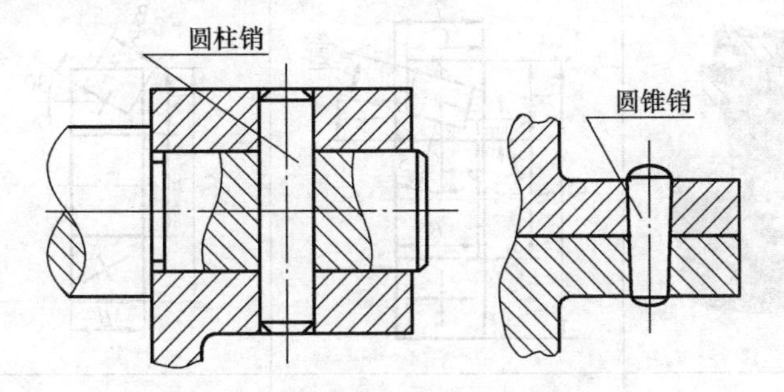

图 6-35　圆柱销和圆锥销的联接画法

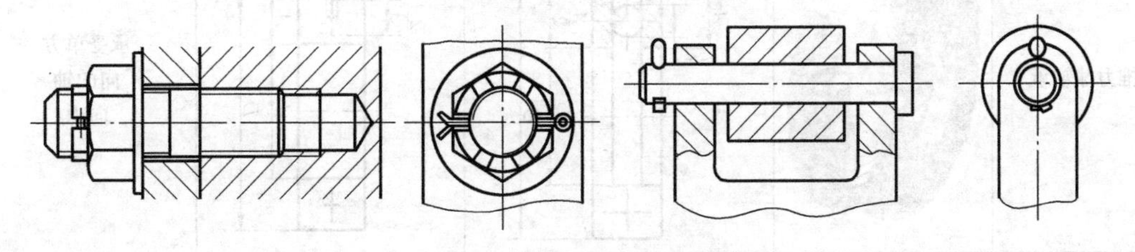

图 6-36　开口销的联接画法

6.10　滚动轴承

滚动轴承是支承旋转轴的标准组件。它具有结构紧凑、摩擦阻力小、维护简单等优点，被广泛地使用在机器或部件中。滚动轴承是标准件，由专门工厂生产，故可根据使用要求选用。

6.10.1　滚动轴承的结构及其画法（GB/T 4459.7—1998）

滚动轴承的类型很多，但其结构大体相同，一般由外（上）圈、内（下）圈、滚动体和保持架四部分组成。

滚动轴承可以用通用画法、特征画法和规定画法三种画法绘制。常用滚动轴承的结构、画法和应用见表6-9。

表 6-9　常用滚动轴承的结构、画法和应用

名　称	结　构	规定画法	特征画法	应　用
深沟球轴承		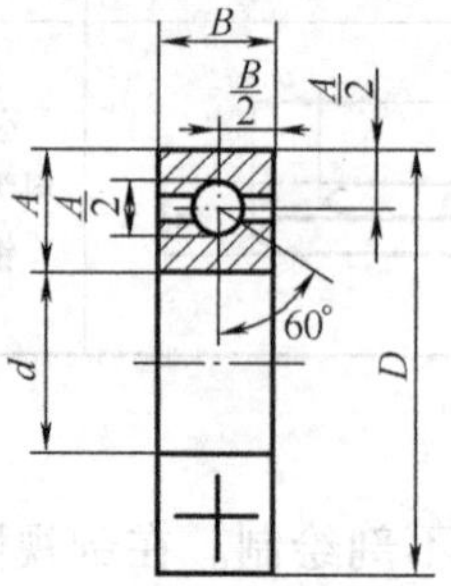	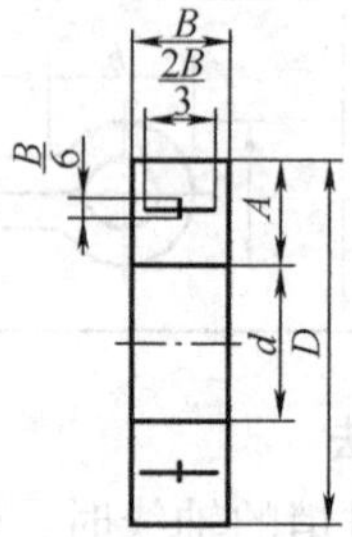	主要承受径向力
圆锥滚子轴承		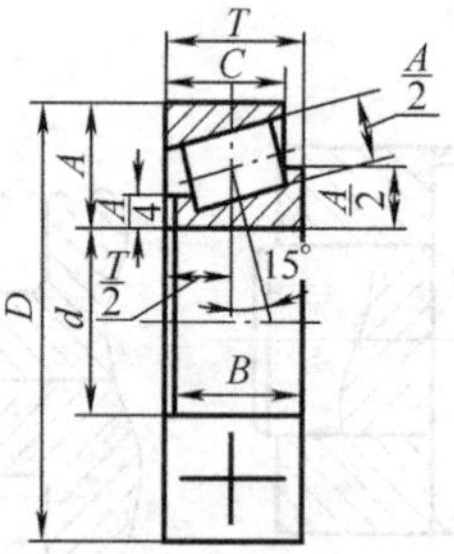	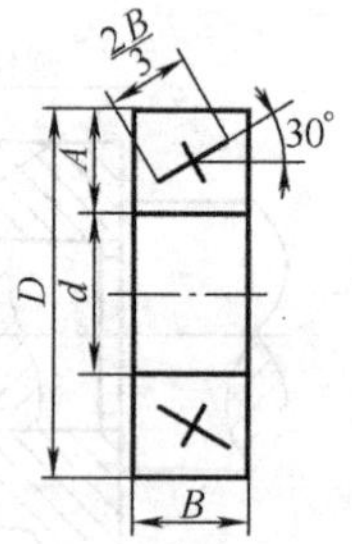	可同时承受径向力和轴向力
推力球轴承		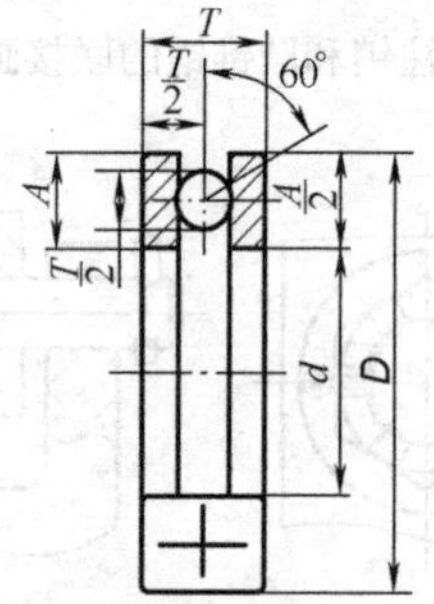	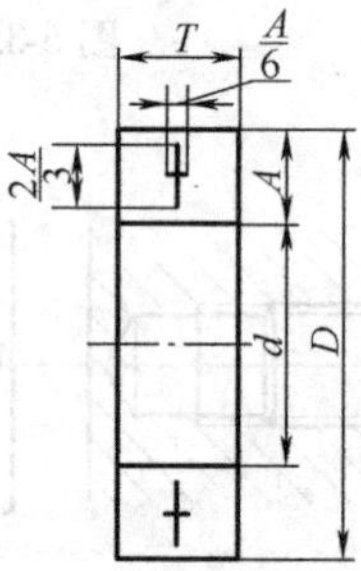	承受单方向的轴向力

6.10.2　滚动轴承的代号

滚动轴承的代号由基本代号、前置代号和后置代号组成。基本代号由类型代号、尺寸系列代号和内径代号组成。前置代号、后置代号是轴承在结构形状、尺寸、公差、技术要求等有改变时，在其基本代号左右添加的补充代号。如无特殊要求，则只标注基本代号。

基本代号一般由五位数字组成，从右边数起，其含义是：第一、二位数字表示轴承的内径（当 10mm≤内径 d≤480mm 时，代号数字 00、01、02、03 分别表示内径 d = 10mm、12mm、15mm、17mm；代号数字≥04，则代号数字乘以 5，即为轴承内径 d）；第三、四位数字表示轴承尺寸系列，其中第三位表示直径系列，第四位表示宽（高）度系列，即在内径相同时，有各种不同的外径和宽（高）度；第五位数字表示轴承的类型，如“6”表示深沟球轴承、“5”表示推力球轴承等。下面举例说明滚动轴承代号的含义。

3 03 07
- 表示内径：d=7×5mm=35mm
- 表示尺寸系列：“03”—03尺寸系列
- 表示类型：“3”—圆锥滚子轴承

当轴承在结构形状、尺寸、公差、技术要求等有改变时，可在基本代号前后添加补充代号。在基本代号前面添加的补充代号（字母）称为前置代号；在基本代号后面添加的补充代号（字母或字母加数字）称为后置代号。关于前置代号和后置代号的有关规定，可查阅有关手册。

6.11 弹簧

弹簧主要用于减振、夹紧、承受冲击、储存能量和测力等。

弹簧的种类很多，常用的弹簧有螺旋弹簧、板弹簧、平面涡卷弹簧和碟形弹簧等。应用最多的是螺旋弹簧。螺旋弹簧按其受力情况不同又可分为压缩弹簧、拉伸弹簧和扭转弹簧，如图 6-37 所示。

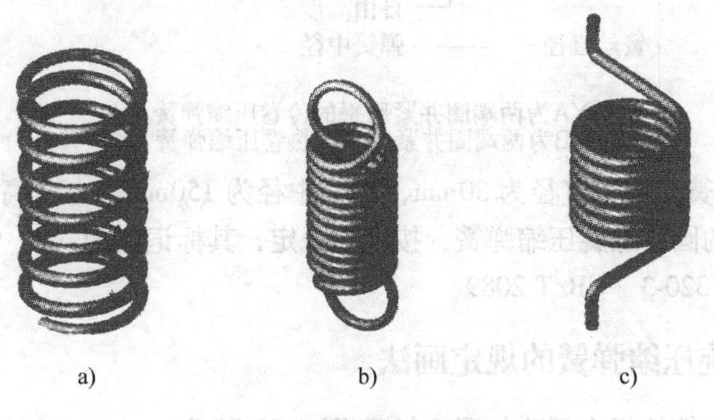

图 6-37 螺旋弹簧的种类

a）压缩弹簧 b）拉伸弹簧 c）扭转弹簧

6.11.1 圆柱螺旋压缩弹簧各部分的名称和尺寸关系

圆柱螺旋压缩弹簧各部分的名称代号如图 6-38 所示。

（1）簧丝直径（d） 绕制弹簧的钢丝直径。

（2）弹簧外径（D_2） 弹簧的最大直径。

（3）弹簧内径（D_1） 弹簧的最小直径。$D_1 = D_2 - 2d$。

（4）弹簧中径（D） 弹簧的平均直径。$D = (D_2 + D_1)/2 = D_2 - d$

（5）支承圈数（n_z）、有效圈数（n）和总圈数（n_1） 为使压缩弹簧工作平稳、受力

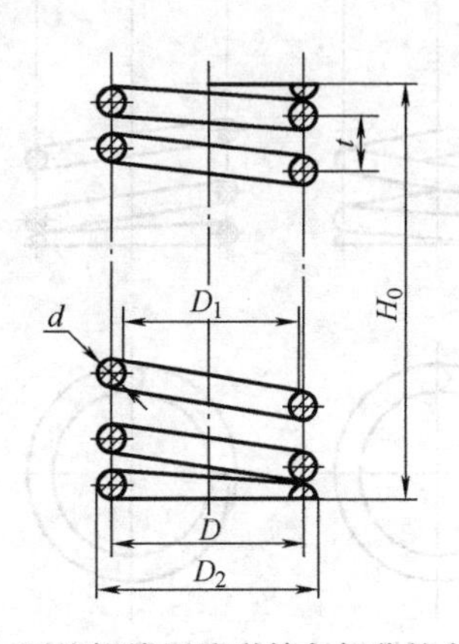

图 6-38 圆柱螺旋压缩弹簧各部分的名称代号

均匀，弹簧两端并紧磨平（或锻平）。并紧磨平的各圈仅起支承和定位作用，称为支承圈。支承圈有1.5圈、2圈和2.5圈三种，常见2.5圈。除支承圈外，中间各圈均参加受力变形，称为有效圈。有效圈之间保持相等的间隙。支承圈数与有效圈数的总和称为总圈数。

$$n_1 = n + n_z$$

（6）节距（t） 相邻两有效圈对应点之间的轴向距离。

（7）自由高度（H_0） 弹簧在不受外力作用时的高度（长度）。

$$H_0 = \begin{cases} n + d(n_z = 1.5) \\ n + 1.5d(n_z = 2) \\ n + 2d(n_z = 2.5) \end{cases}$$

（8）展开长度（L） 绕制该弹簧所需钢丝的长度。

6.11.2 圆柱螺旋压缩弹簧的标记

圆柱螺旋压缩弹簧标记的组成：

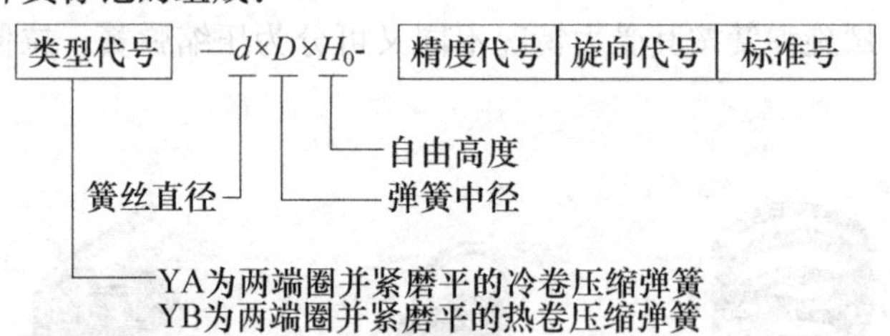

例如，YB型弹簧，簧丝直径为30mm，弹簧中径为150mm，自由高度为320mm，制造精度为3级，右旋的圆柱螺旋压缩弹簧，按上述规定，其标记应为：

YB　30×150×320-3　GB/T 2089

6.11.3 圆柱螺旋压缩弹簧的规定画法

圆柱螺旋压缩弹簧的规定画法如图6-39和图6-40所示。

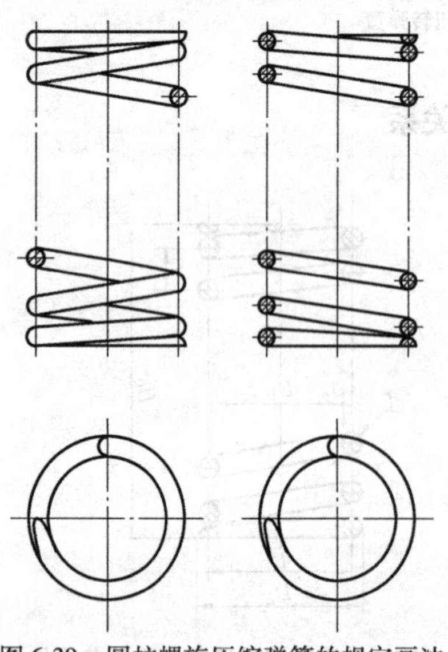

图6-39 圆柱螺旋压缩弹簧的规定画法

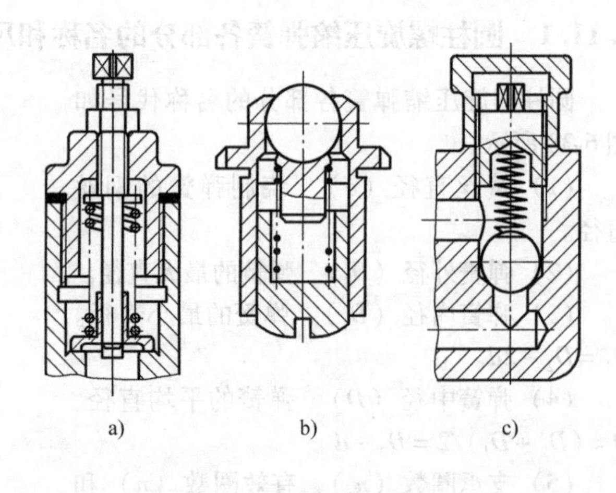

图6-40 圆柱螺旋压缩弹簧在装配图中的规定画法

1）在平行于圆柱螺旋弹簧轴线的投影面上的视图中，各圈的外形轮廓应画成直线，如图 6-39 所示。

2）有效圈数在 4 圈以上的弹簧，允许每端只画 1 ~ 2 圈（不包括支承圈），中间各圈可省略不画；当中间部分省略后，可适当地缩短图形的长度，如图 6-39 所示。

3）有支承圈时，无论支承圈数多少，均按 2.5 圈绘制。必要时也可按支承圈的实际结构绘制。

4）在图样上，螺旋弹簧均可画成右旋。但左旋弹簧不论画成左旋或右旋，一律要加注“左”字。

5）在装配图中，被弹簧挡住的结构一般不画出，可见部分应从弹簧的外轮廓线或从簧丝断面的中心线画起，如图 6-40a 所示。弹簧被剖切时，如簧丝断面的直径在图形上等于或小于 2mm 时，断面可以涂黑表示，如图 6-40b 所示；也可用示意画法，如图 6-40c 所示。

6.11.4　圆柱螺旋压缩弹簧的画图步骤

1. 计算

根据已知的簧丝直径 d、弹簧外径 D_z、节距 t、有效圈数 n、支承圈数 n_z、旋向等已知条件，计算出弹簧的中径 D 和自由高度 H_0。

2. 画图

圆柱螺旋压缩弹簧的画图步骤，如图 6-41 所示。

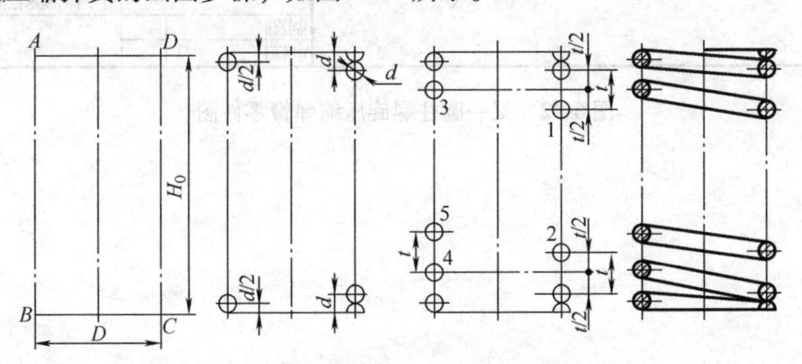

图 6-41　圆柱螺旋压缩弹簧的画图步骤

1）根据弹簧的中径 D 和自由高度 H_0 作矩形 $ABCD$。

2）定出簧丝断面中心的各点。

3）以定出的各中心为圆心，簧丝直径 d 为直径画圆或圆弧。

4）按弹簧的旋向，作相应的圆或圆弧的公切线。擦去多余的图线，加深图线和画剖面线，即完成全图。

6.11.5　圆柱螺旋压缩弹簧零件图

图 6-42 所示为某一圆柱螺旋压缩弹簧零件图。在零件图中，弹簧各尺寸应直接标注在图样上，如中径，自由高度、簧丝直径、节距等。在零件图中，可用文字注明有效圈数、旋向、展开长度等。

在零件图中，一般需要用图解方式表示弹簧的力学性能，称该图为力学性能图。如

图 6-42所示，在力学性能图中，F_1表示弹簧的预加载荷，在 F_1作用下变形后的高度为 82.9mm；F_2表示弹簧的最大工作载荷，在 F_2作用下变形后的高度为 74.5mm；F_3表示弹簧的极限载荷，在 F_3作用下变形后的高度为 50mm。弹簧所承受的工作载荷不应超过最大工作载荷 F_2。

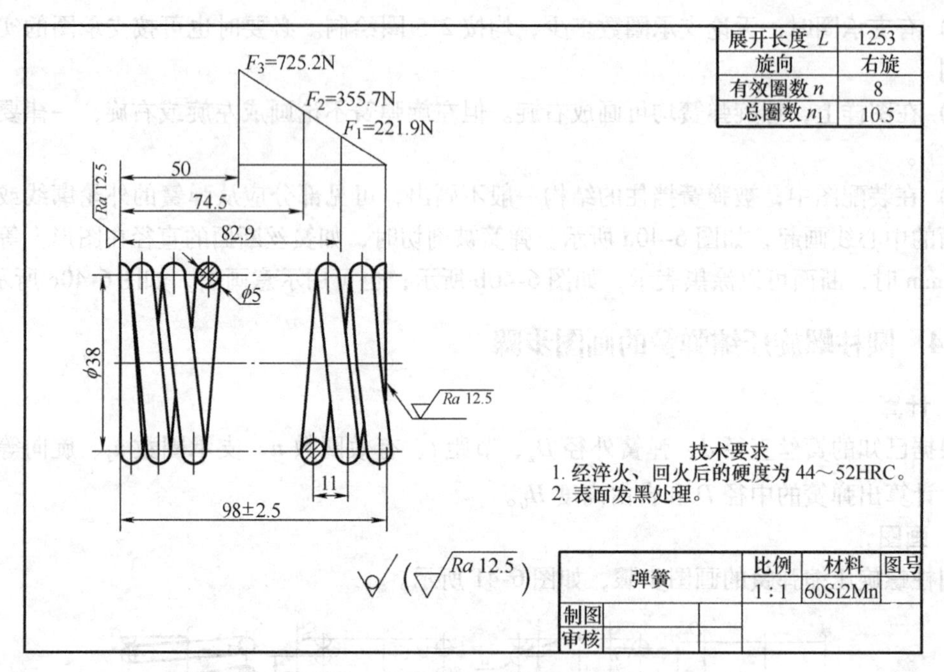

图 6-42　某一圆柱螺旋压缩弹簧零件图

学习情境7　绘制和识读零件图

学习目标

1）掌握零件视图选择的原则和表达零件的方法。

2）学习零件图的尺寸注法。

3）了解零件上常见结构的画法和尺寸注法，初步学会查阅有关标准。

4）了解零件图上技术要求的注写及含义。

5）学习绘制零件图的方法和步骤。

6）掌握阅读零件图的方法和步骤。

任何机器或部件都是由一定数量的、相互联系的零件装配而成的。表达零件尺寸等的图样称为零件工作图，简称零件图。它是制造和检验零件的主要依据。

零件分为标准件、常用件和一般零件，一般零件是指其形状、结构、大小都必须按部件的功能和结构要求设计的零件。标准件不用画零件图，而常用件和一般零件要画零件图。

7.1　机械图样基本知识

机械图样是设计和制造机械的重要技术资料和主要依据。为了便于生产和技术交流，必须对图纸的幅面和格式、标题栏等进行统一的规定。

7.1.1　图纸幅面和格式（GB/T 14689—2008）

1. 图纸幅面

图纸幅面是指绘制图样所采用的图纸规格。绘制图样时，应优先采用表7-1中规定的基本幅面。

表7-1　基本幅面尺寸

幅面代号	A0	A1	A2	A3	A4
$B \times L$	841×1189	594×841	420×594	297×420	210×297
a	25				
c	10			5	
e	20		10		

必要时，图纸幅面的尺寸也允许加长，但须按基本幅面的短边整数倍数加长，如图7-1所示。

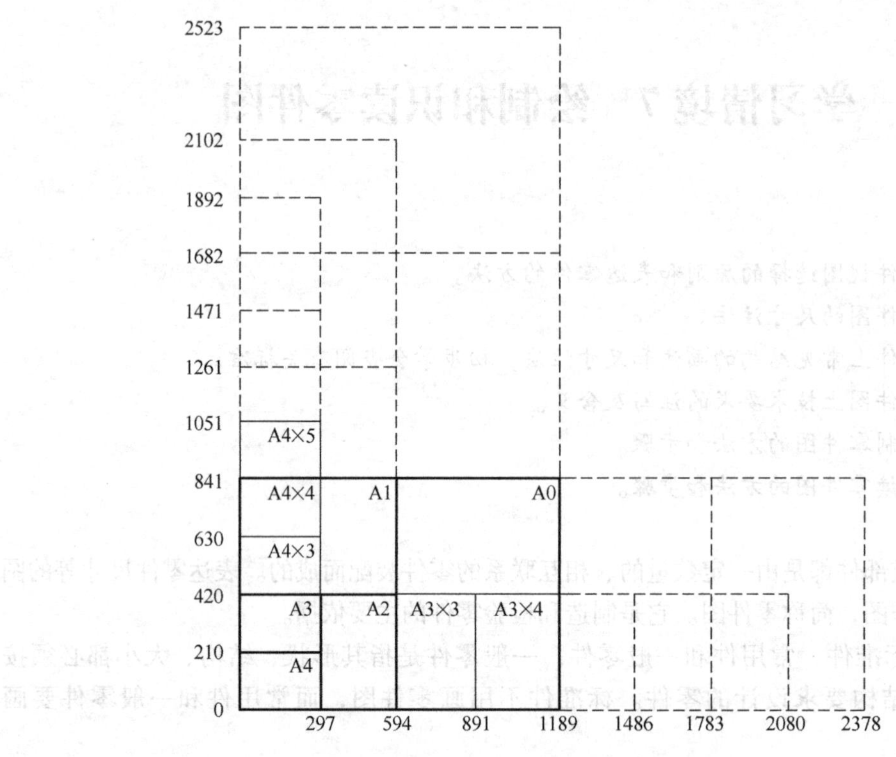

图 7-1　基本幅面与加长幅面

2. 图框格式

图纸上需要用粗实线绘制出图框。图框有两种格式：留有装订边和不留装订边。同一产品的所有图样只能采用一种格式。

留有装订边图纸的图框格式如图 7-2 所示，尺寸见表 7-1。

不留装订边图纸的图框格式如图 7-3 所示，尺寸见表 1-1。

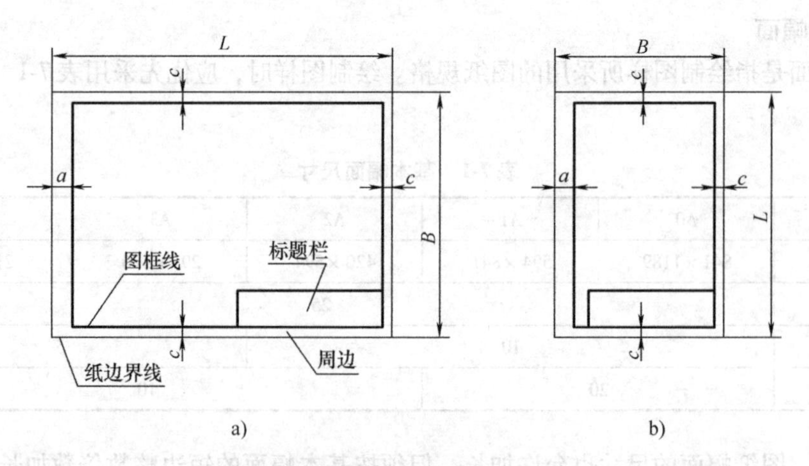

图 7-2　留有装订边图纸的图框格式

a）X 型　b）Y 型

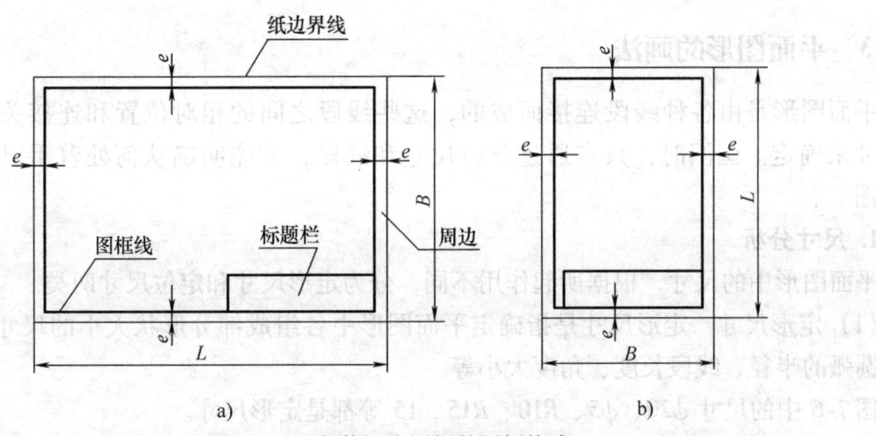

图 7-3　不留装订边图纸的图框格式

a) X 型　b) Y 型

7.1.2　标题栏（GB/T 10609.1—2008）

为了便于图样的管理及查阅，每张图样必须有标题栏。通常标题栏位于图框的右下角，读图的方向应与标题栏的方向一致。国家标准规定的标题栏格式如图 7-4 所示。

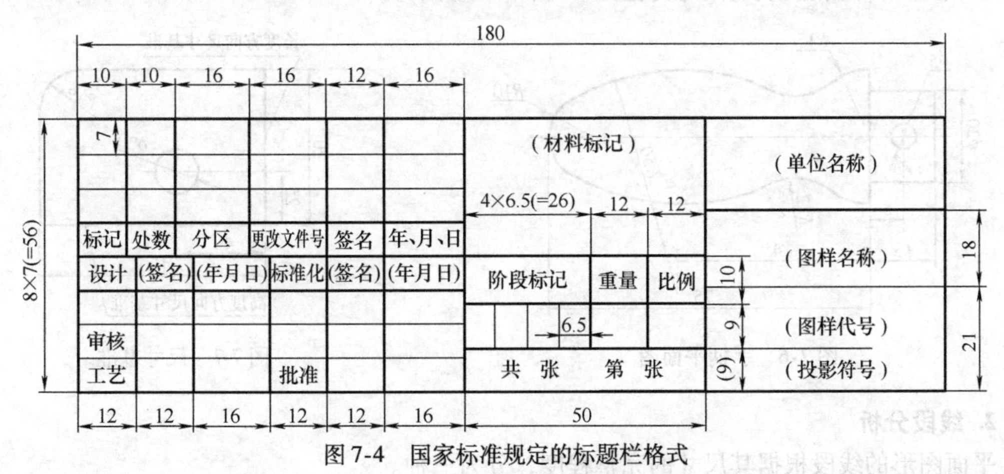

图 7-4　国家标准规定的标题栏格式

为了简便，在制图作业练习中，可采用图 7-5 所示的标题栏格式，明细栏部分在装配图中使用。

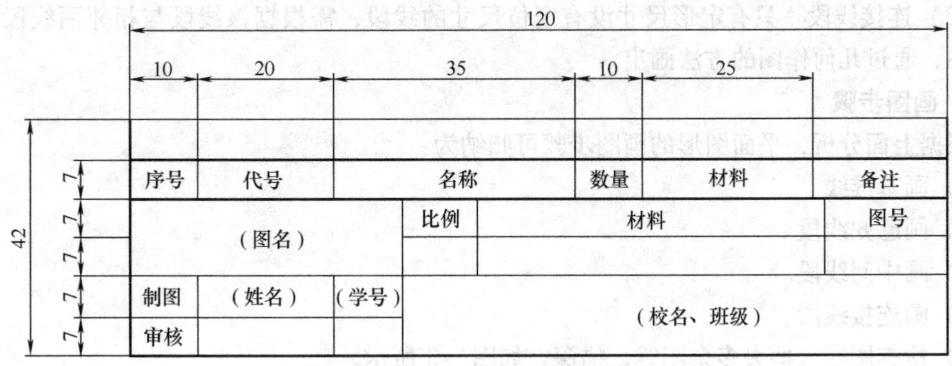

图 7-5　练习中推荐的标题栏格式

7.1.3 平面图形的画法

平面图形是由各种线段连接而成的，这些线段之间的相对位置和连接关系，靠给定的尺寸来确定。画图时，只有通过分析尺寸和线段，才能明确从何处着手以及按什么顺序画图。

1. 尺寸分析

平面图形中的尺寸，根据所起作用不同，分为定形尺寸和定位尺寸两类。

（1）定形尺寸　定形尺寸是指确定平面图形中各组成部分形状大小的尺寸，如圆的直径、圆弧的半径、线段长度、角度大小等。

图7-6中的尺寸$\phi 20$、$\phi 5$、$R10$、$R15$、15等都是定形尺寸。

（2）定位尺寸　定位尺寸是指确定平面图形各组成部分之间相对位置的尺寸。图7-6中的尺寸45、75、8都是定位尺寸。

有些尺寸，既是定形尺寸，又是定位尺寸，如图7-6所示的尺寸75既是确定手柄长度的定形尺寸，也是间接确定$R10$圆弧圆心的定位尺寸。

标注尺寸的起点称为尺寸基准。每个尺寸方向都应有尺寸基准。一般以回转体轴线、对称中心线及立体的底面或端面等为基准，如图7-7所示。

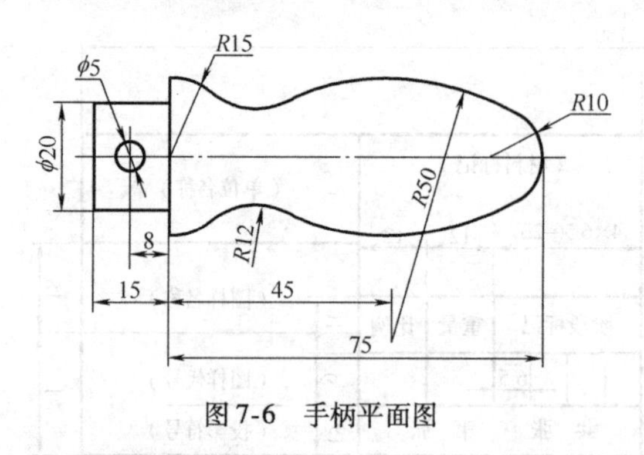

图7-6　手柄平面图

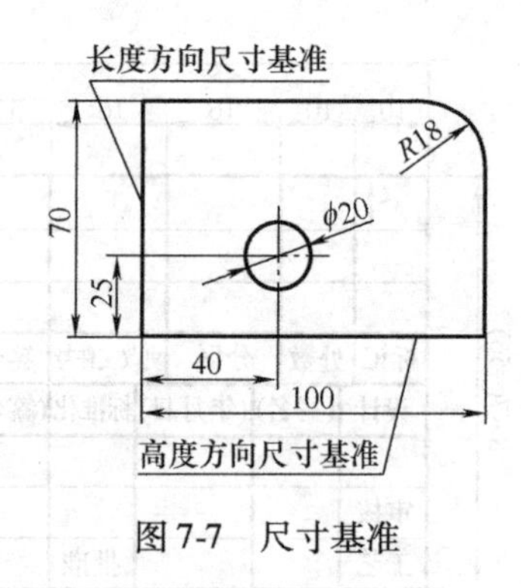

图7-7　尺寸基准

2. 线段分析

平面图形的线段根据其尺寸的完整程度，分为三种。

（1）已知线段　定形尺寸和两个方向的定位尺寸齐全，能直接画出的线段。

（2）中间线段　只有定形尺寸和一个定位尺寸的线段，需根据其他条件才能画出。

（3）连接线段　只有定形尺寸没有定位尺寸的线段，需根据该线段与相邻两线段的几何关系，通过几何作图的方法画出。

3. 画图步骤

根据上面分析，平面图形的画图步骤可归纳为：

1）画基准线。

2）画已知线段。

3）画中间线段。

4）画连接线段。

5）检查图线、擦去多余图线、描深，如图7-8所示。

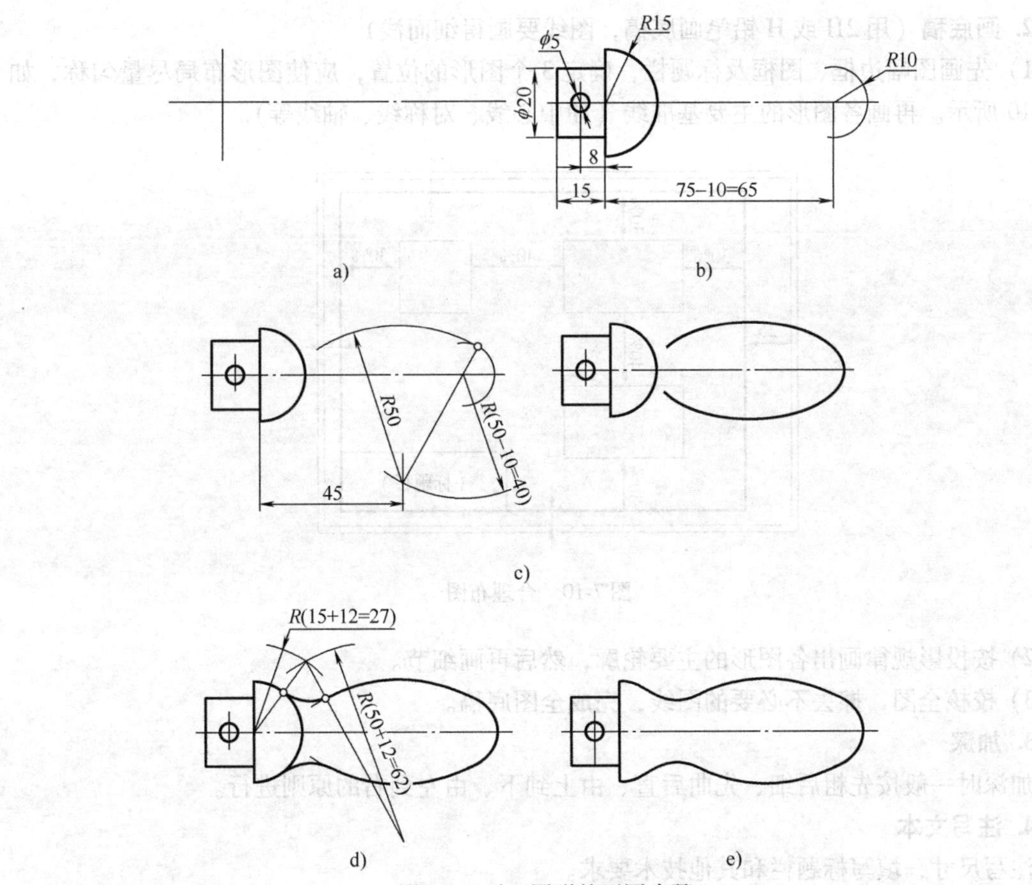

图 7-8　平面图形的画图步骤

a）画基准线　b）画已知线段　c）画中间线段　d）画连接线段　e）检查图线、擦去多余图线、描深

7.1.4　画机械图样的一般步骤

1. 准备工作

1）将绘图工具和仪器以及图板擦拭干净，削好铅笔。

2）根据图形大小和复杂程度，确定绘图比例和图纸幅面。

3）判别图纸正反面，将图纸用胶带固定在图板左下方适当位置，如图 7-9 所示。

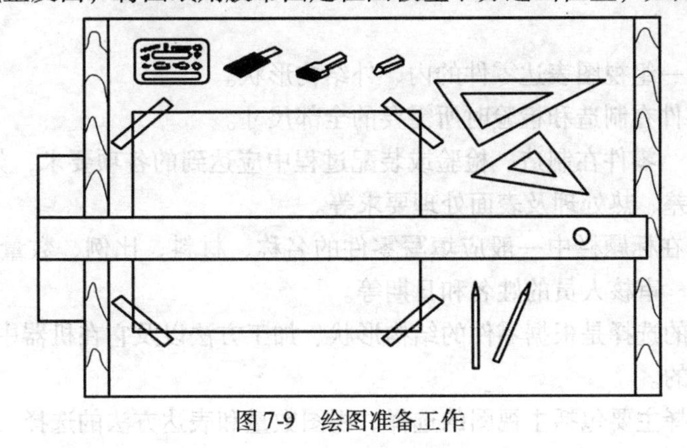

图 7-9　绘图准备工作

2. 画底稿（用 2H 或 H 铅笔画底稿，图线要画得细而浅）

1）先画图幅边框、图框及标题栏，确定 3 个图形的位置，应使图形布局尽量匀称，如图 7-10 所示。再画各图形的主要基准线（如中心线、对称线、轴线等）。

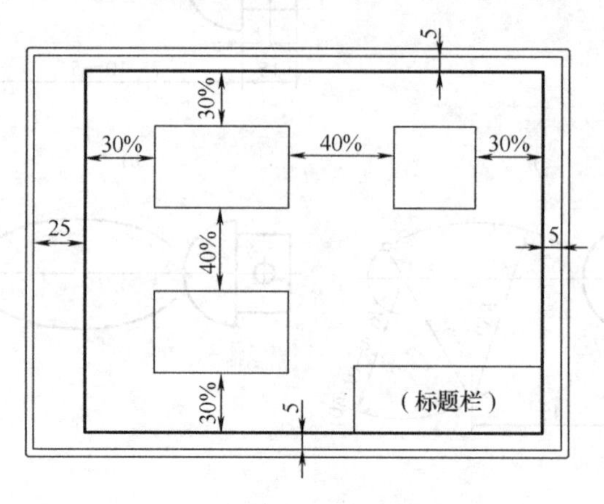

图 7-10　合理布图

2）按投影规律画出各图形的主要轮廓，然后再画细节。

3）校核全图，擦去不必要的图线，完成全图底稿。

3. 加深

加深时一般按先粗后细、先曲后直、由上到下、由左到右的原则进行。

4. 注写文本

注写尺寸，填写标题栏和其他技术要求。

5. 校核全图

7.2　零件表达方案的选择

7.2.1　零件图的作用和内容

零件图是设计部门提交给生产部门的重要技术文件，反映了设计者的意图，表达了机器（或部件）对该零件的要求，是制造和检验零件的依据。一张完整的零件图一般应包括下列内容（图 7-11）。

（1）图形　用一组视图表达零件的内、外结构形状。

（2）尺寸　零件在制造和检验时所需要的全部尺寸。

（3）技术要求　零件在制造、检验或装配过程中应达到的各项要求，如表面结构要求、尺寸公差、几何公差、热处理及表面处理要求等。

（4）标题栏　在标题栏中一般应填写零件的名称、材料、比例、数量、图号以及单位名称，制图、描图、审核人员的姓名和日期等。

零件表达方案的选择是根据零件的结构形状、加工方法以及它在机器中所处位置等因素的综合分析来确定的。

表达方案的选择主要包括主视图的选择、视图数量和表达方法的选择。

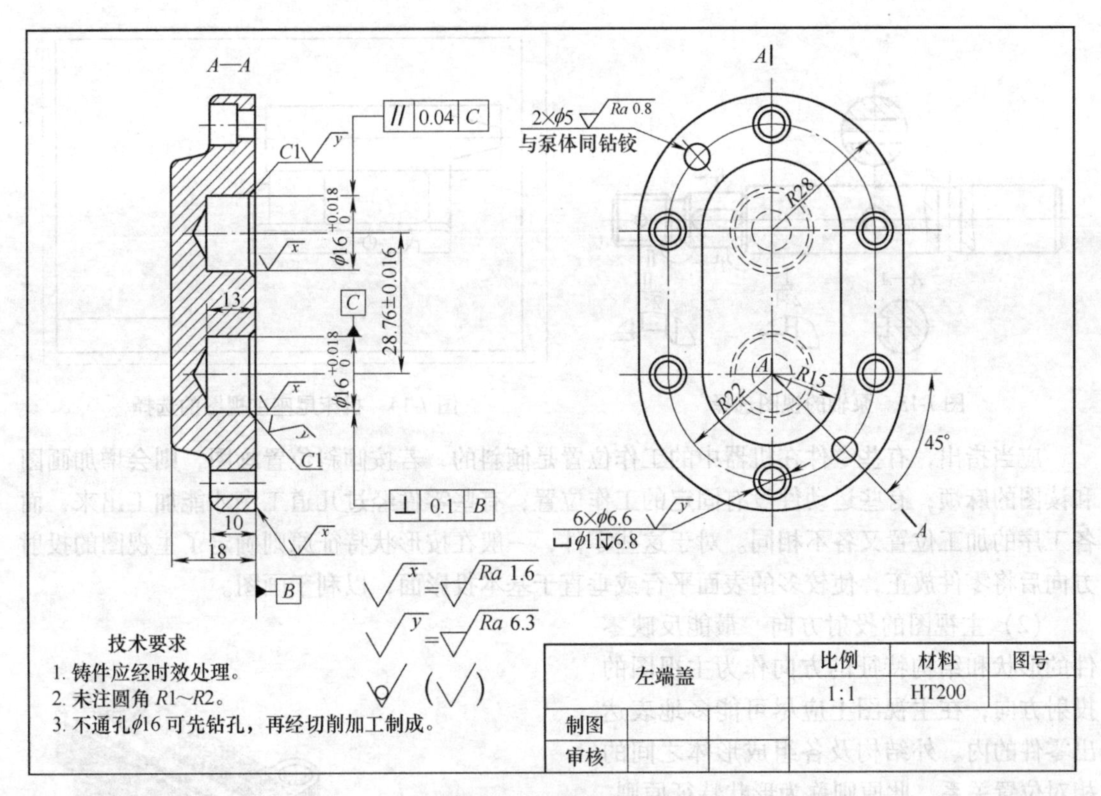

图 7-11　左端盖零件图

7.2.2　主视图的选择

主视图是一组视图的核心，画图和读图一般多从主视图开始。所以，主视图选择得合理与否，直接影响其他视图，关系到读图和画图是否方便。

选择主视图的原则：将表达零件信息量最多的那个视图作为主视图，通常要考虑零件的加工位置或工作位置。

（1）零件的安放位置　主视图的投射方向应能反映出零件的形状特征，但是，同一个投射方向，零件有不同的安放位置，如支座的主视图（见图 7-12），取哪一个安放位置好呢？这就需要考虑零件的安放位置。

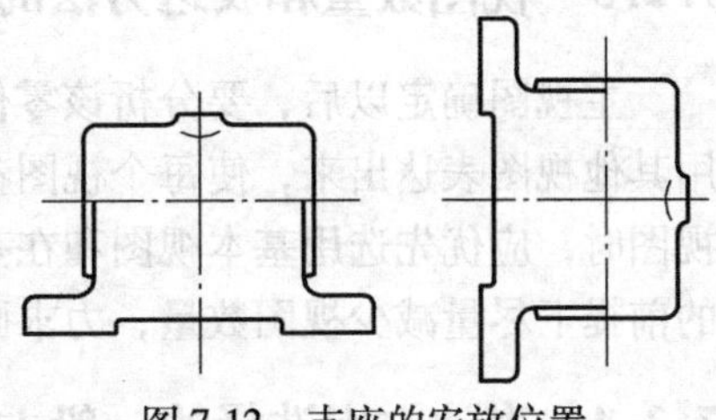

图 7-12　支座的安放位置

1）加工位置原则。就是使主视图按照零件在机械加工时的装夹位置安放。主视图的安放位置与零件的主要加工位置一致，便于工人加工时读图操作。如轴套、轮盘等零件主要在车床或外圆磨床上加工，因此，这类零件的主视图应将其轴线水平放置。图 7-13 所示的泵轴，是为使主视图反映加工位置，而将轴线水平安放的。

2）工作位置原则。就是使主视图按照零件在机器或部件中工作时的位置安放。主视图的安放位置与零件的工作位置一致，便于零件图与装配图直接对照。如支座、箱壳等零件，其结构形状较复杂，加工工序较多，加工时的装夹位置经常变化，因此，这类零件的主视图应按工作位置放置，如图 7-14 所示的机床尾座。

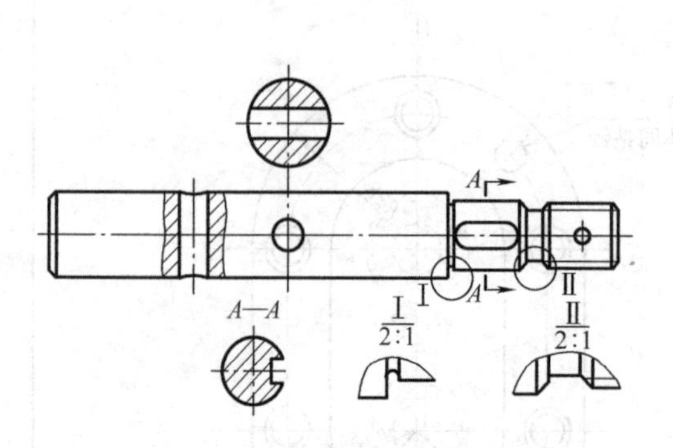

图 7-13　泵轴的视图选择

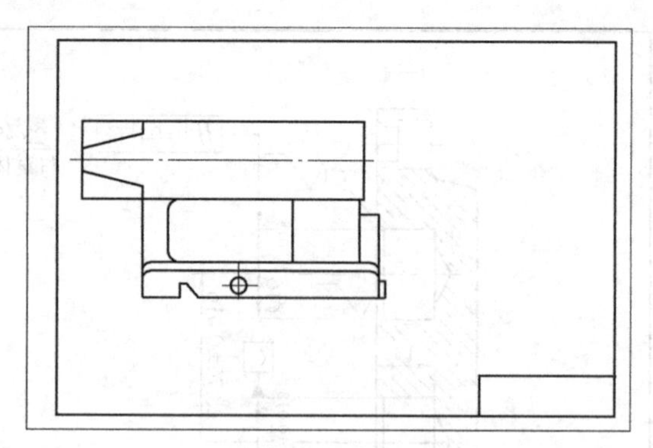

图 7-14　机床尾座主视图的选择

应当指出，有些零件在机器中的工作位置是倾斜的，若按倾斜位置画图，则会增加画图和读图的麻烦；有些运动件没有固定的工作位置；有些零件经过几道工序才能加工出来，而各工序的加工位置又各不相同。对于这些零件，一般在按形状特征原则确定了主视图的投射方向后将零件放正，使较多的表面平行或垂直于基本投影面，以利于画图。

（2）主视图的投射方向　最能反映零件的形状和结构特征的方向作为主视图的投射方向，在主视图上应尽可能多地表达出零件的内、外结构及各组成形体之间的相对位置关系，此原则称为形状特征原则。图 7-15 所示轴和车床尾座立体图上箭头 1 所指的投射方向，能较多地反映零件的形状和结构特征，而箭头 2 所指的投射方向，反映零件的形状和结构特征较少。因此，选箭头 1 所指的方向作为主视图的投射方向。

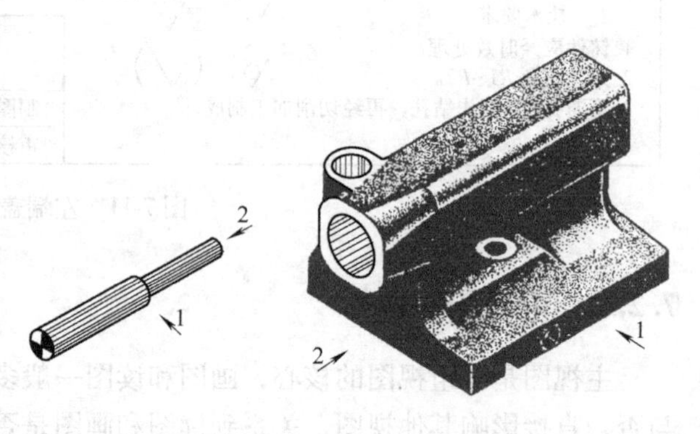

图 7-15　主视图的投射方向

7.2.3　视图数量和表达方法的选择

主视图确定以后，要分析该零件的哪些结构在主视图上尚未表达清楚，对这些结构应选用其他视图表达出来，使每个视图都各有表达的重点，几个视图相互补充而不重复。在选择视图时，应优先选用基本视图和在基本视图上作适当的剖视，在充分表达清楚零件结构形状的前提下尽量减少视图数量，力求画图和读图简便。

7.2.4　表达方案选择的一般方法步骤

（1）对零件进行分析　对零件进行形体、结构分析（包括零件的装配位置及功用）和工艺分析（零件的制造加工方法）。

（2）选择主视图　在确定主视图时，应以形状特征原则为主，并尽量做到符合加工位置原则或工作位置原则。

（3）选择视图数量和表达方法　在主视图确定后，根据零件的内、外结构形状的复杂程度和零件的结构形状特点来决定视图数量和表达方法。

选择零件的视图时，可以将考虑的视图综合几个方案，通过分析比较，取长补短，最后确定一个最简练、清楚易读的表达方案。

下面就以踏脚座为例，说明选择零件表达方案的方法。

如图7-16a所示的踏脚座，采用了主视图、俯视图和右视图的表达方案，可表达清楚踏脚座的内外结构形状。但是如果采用图7-16b所示的另一种表达方案，除主视图、俯视图外，用A向局部视图表达安装板左端面的形状，再用移出断面表达肋的断面形状。两种表达方案相比较，后一种方案比前一种方案更为简练、清晰。

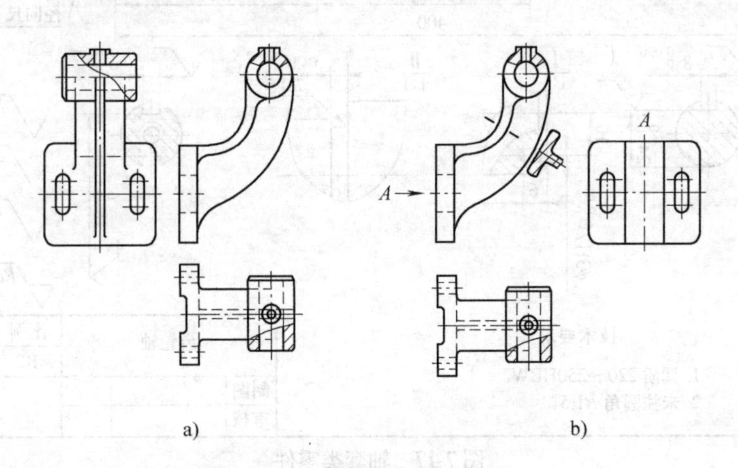

图7-16　踏脚座的表达方案

7.2.5　典型零件的表达方案选择

按照零件的结构形状特点，机器中的零件一般可分为轴套、轮盘、叉架和箱体四类。同一类零件的结构形状虽然也有差别，但是，他们在选择视图、标注尺寸和注写技术要求方面都有共同之处。

1. 轴套类零件

轴套类零件包括轴和衬套。图7-17所示的齿轮轴属于轴套类零件。

特点：形状是同轴回转体，通常加工有键槽、螺纹退刀槽、砂轮越程槽、销孔和螺孔等结构。

表达方案选择：轴套类零件主要在车床上加工，为了便于加工时读图，其主视图按加工位置（轴线水平）放置。除主视图外，一般还需要采用剖视图、断面图、局部剖视图及局部放大图以表达此类零件上的其他结构。

2. 轮盘类零件

轮盘类零件包括手轮、带轮、端盖、盘座等。

特点：一般为扁平的盘状，常有沿圆周分布的孔、槽、凸台及轮辐等结构。

表达方案选择：轮盘类零件主要是在车床上加工，其主视图按加工位置将轴线摆放成水平并画成全剖视图，以表达轴向结构。除主视图外，还需要采用左视图或右视图，以表达孔、槽等结构的形状和分布情况。图7-18所示的端盖属于轮盘类零件，主视图表达了该零件的轴向结构，左视图表达了各孔的分布情况。

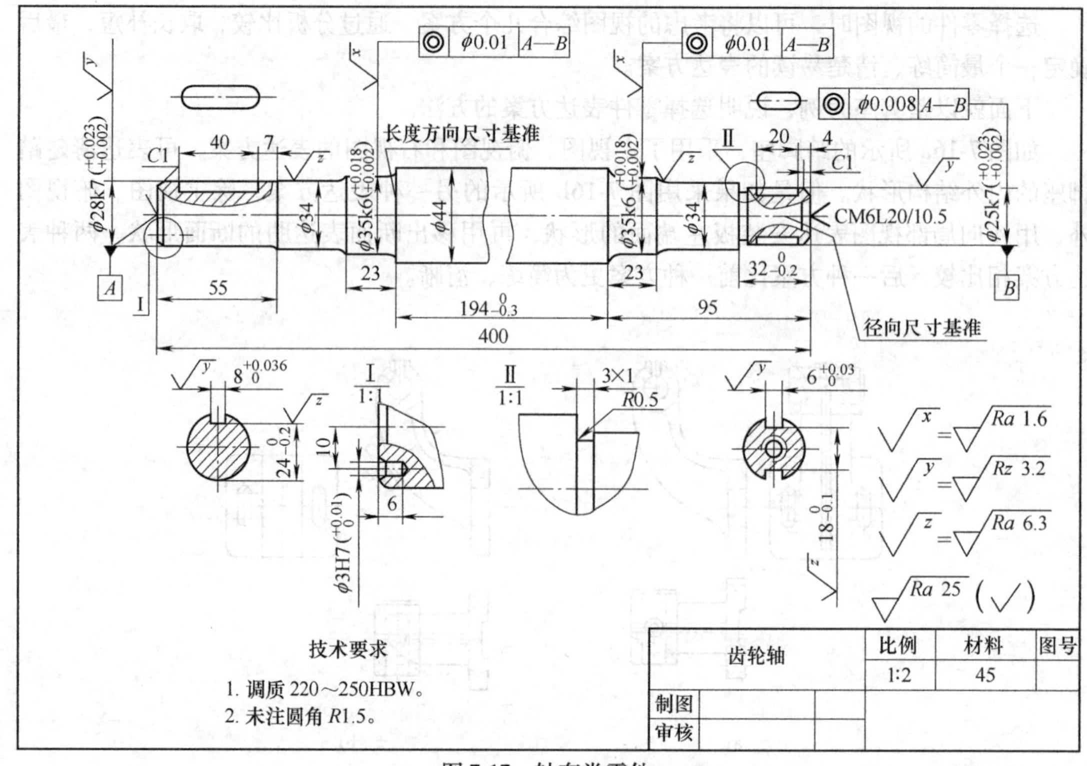

图 7-17　轴套类零件

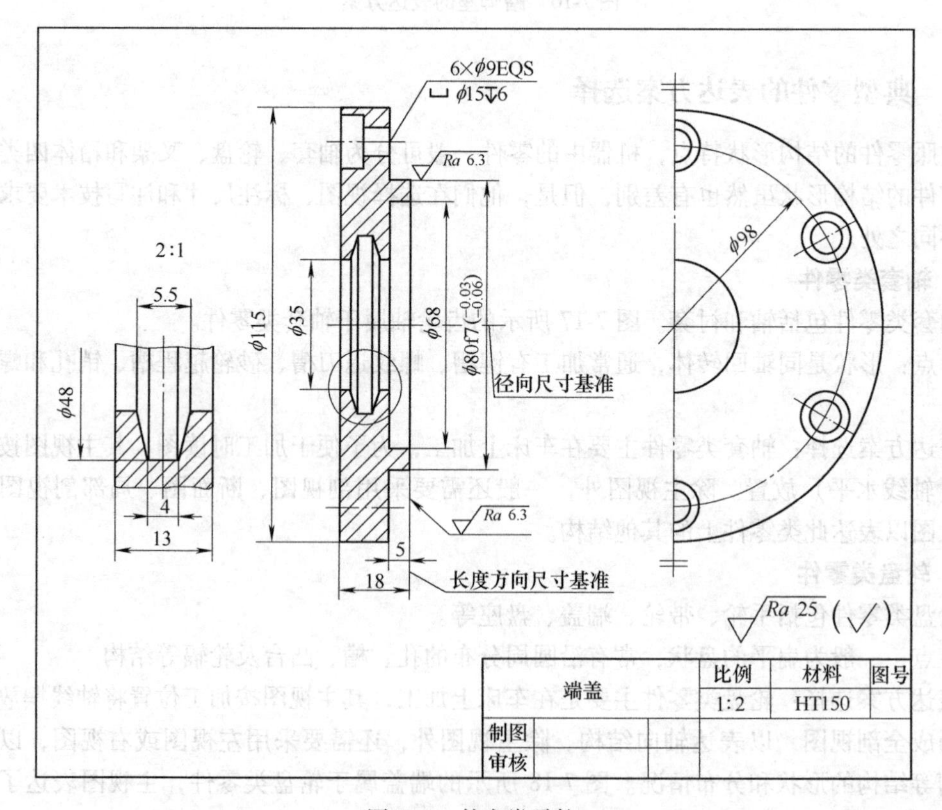

图 7-18　轮盘类零件

3. 叉架类零件

叉架类零件包括拨叉、连杆、杠杆和各种支架等。图 7-19 所示的托架属于叉架类零件。

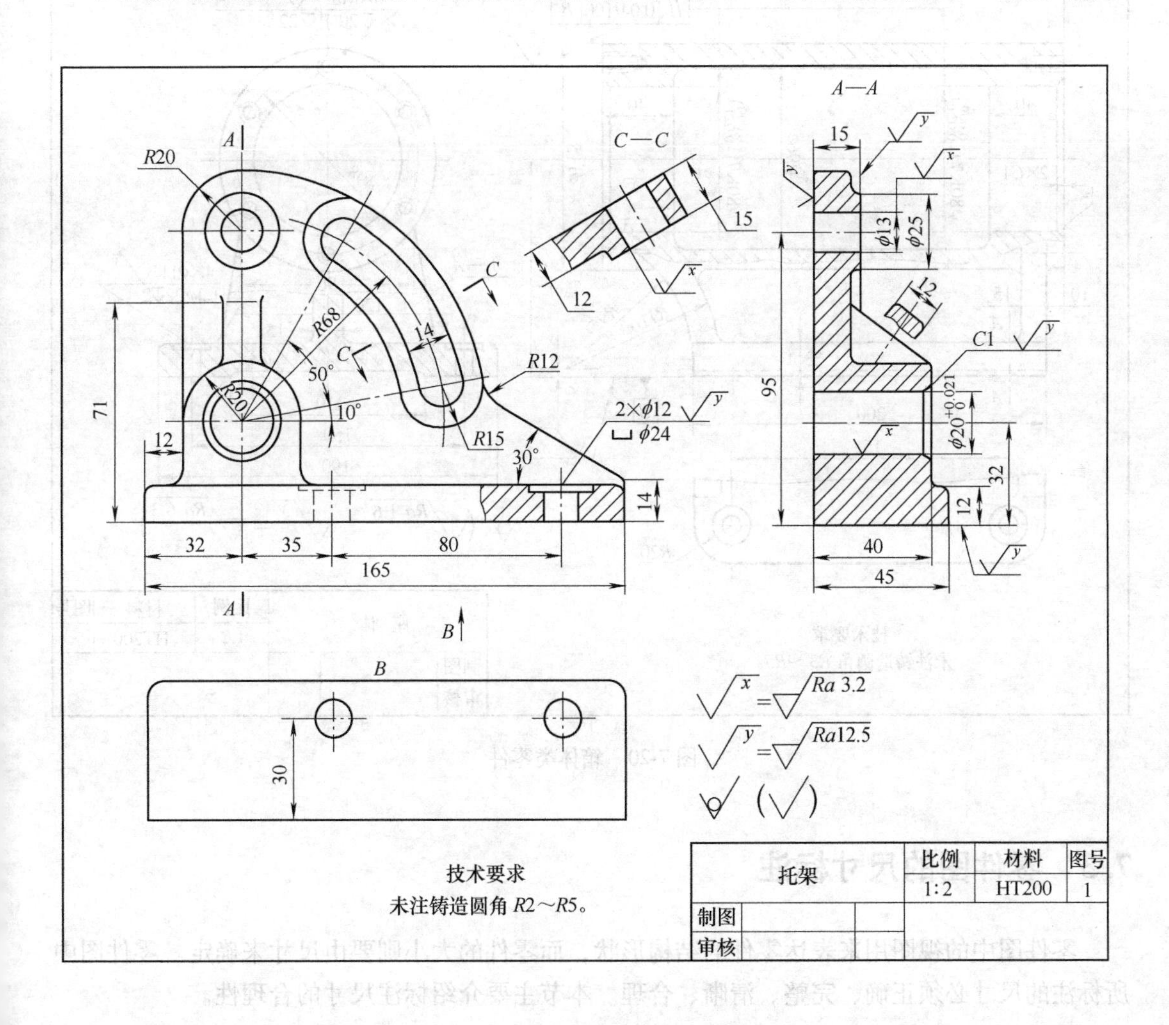

图 7-19 叉架类零件

特点：此类零件的结构形状较为复杂，且不太规则。

表达方案选择：叉架类零件要在多种机床上加工，所以要按照形状特征和工作位置来选择主视图，并且多采用断面图、局部放大图等来表达肋板、孔等的结构形状。

4. 箱体类零件

箱体类零件包括各种箱体、壳体、泵体以及减速机的机体等。图 7-20 所示的座体属于箱体类零件。

特点：箱体类零件多为铸造件。此类零件的结构形状比较复杂。

表达方案选择：箱体类零件加工工序、加工位置的变化也较多。一般按照形状特征和工作位置选择主视图，还需利用其他的表达方法，如基本视图、剖视图、断面图、局部视图等，才能清楚地表达出此类零件的结构形状。一般需用三个以上的基本视图。

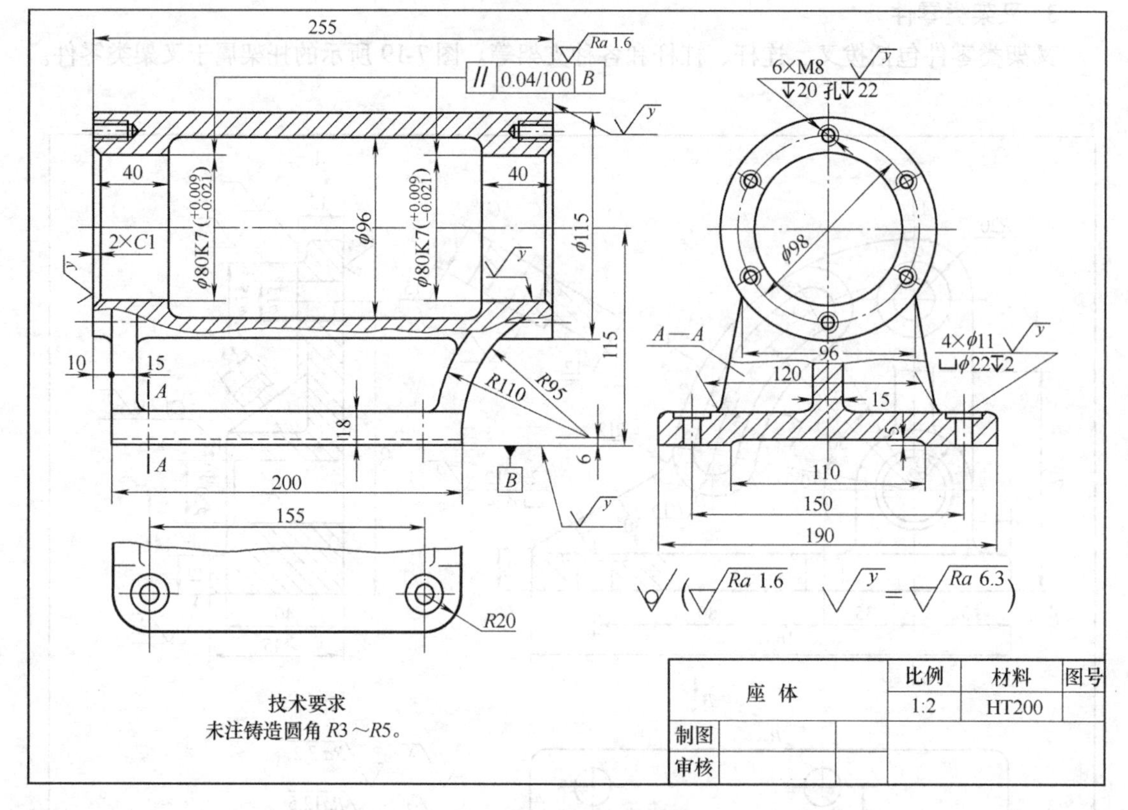

图 7-20　箱体类零件

7.3　零件图的尺寸标注

零件图中的视图用来表达零件的结构形状，而零件的大小则要由尺寸来确定。零件图中所标注的尺寸必须正确、完整、清晰、合理。本节主要介绍标注尺寸的合理性。

7.3.1　正确选择尺寸基准

1. 基准的种类

基准在零件图中是指零件在机器中或在加工、测量、检验时，用来确定其位置的一些面、线或点。根据基准作用的不同，可以分为：

（1）设计基准　用来确定零件在机器或部件中位置的一些面、线、点，如主要加工面、安装面、对称中心面、轴线、球心等。

（2）工艺基准　用来确定零件在加工、测量时位置的一些面、线或点，如主要加工面、安装面、对称中心面、轴线、回转体素线等。

图 7-21 所示为在装配图中轴的设计基准和工艺基准的具体例子。

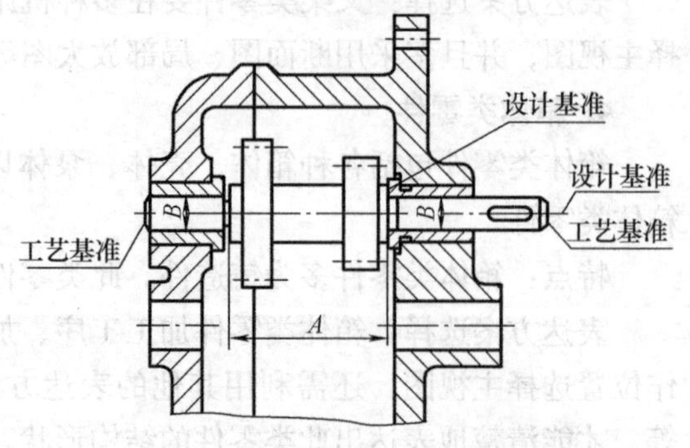

图 7-21　设计基准与工艺基准

因为零件有长、宽、高三个方向，所以三个方向都应有基准。每个方向上起主要作用的一个称为主要设计基准或主要工艺基准，简称为主要基准；起辅助作用的称为辅助设计基准或辅助工艺基准，简称辅助基准。主要基准与辅助基准之间应有尺寸联系。

2. 基准的选择

从设计基准出发标注尺寸，其优点是标注的尺寸反映了设计要求，能保证所设计的零件在机器上的工作性能；从工艺基准出发标注尺寸，其优点是标注的尺寸能与零件的加工制造联系起来，使零件便于制造、加工和测量。在标注尺寸时，最好是使设计基准和工艺基准重合，这样既能满足设计要求，又能满足工艺要求。若两者不能重合时，应以保证设计要求为主。如图 7-22 所示，轴承座的底面为高度方向的主要尺寸基准，也是设计基准，由此出发标注出轴承孔的中心高度尺寸 30 和总高尺寸 57。顶面为高度方向的辅助尺寸基准，也是工艺基准，由此出发标注出顶面上螺孔的深度尺寸 10。

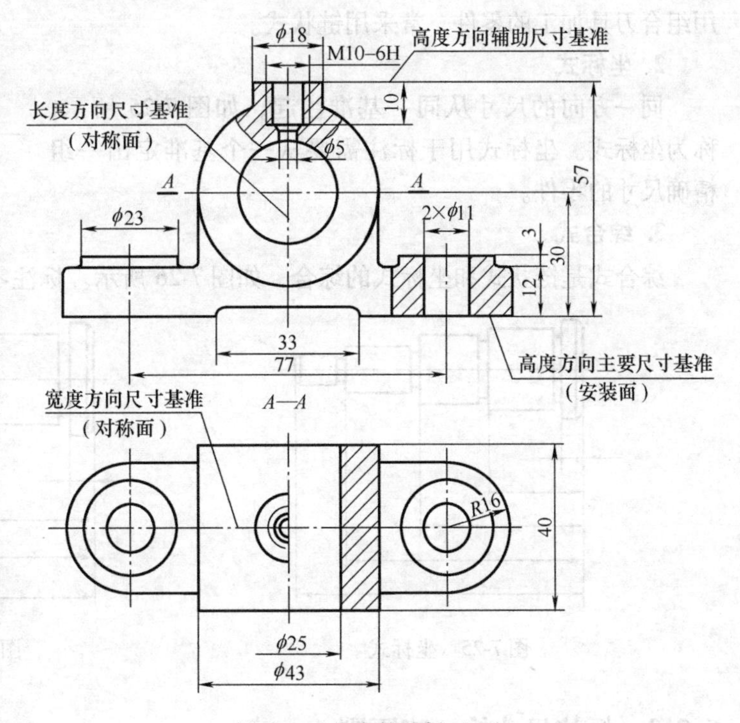

图 7-22　基准的选择（一）

如图 7-23 所示，因要求轴的各圆柱面同轴线，所以轴线为径向（高度和宽度）的设计基准，由此标注出各段径向尺寸。轴肩端面 *A* 是设计基准，又是轴向（长度）的主要基准，由此标注出尺寸 23 和 194，以轴肩端面 *B* 为轴向的辅助基准，标注出尺寸 23 和 95，再以右端面 *C* 为轴向的辅助基准，标注出尺寸 $32_{-0.2}^{\ 0}$，左端面 *D* 为轴向的辅助基准标注出尺寸 55。

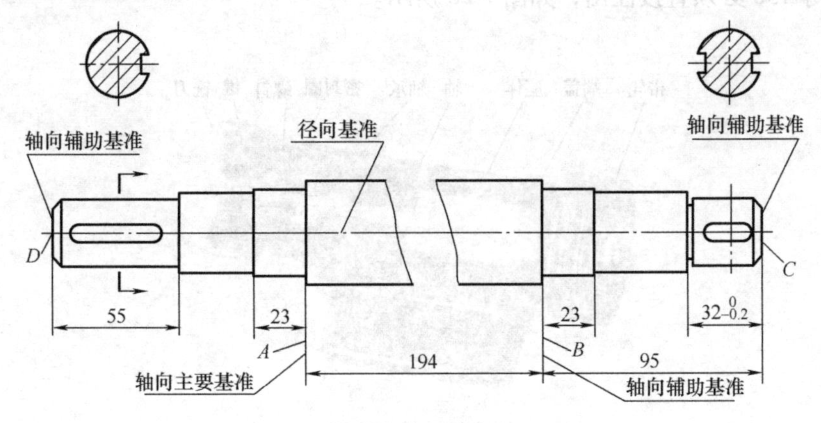

图 7-23　基准的选择（二）

7.3.2 标注尺寸的形式

1. 链状式

同一方向的尺寸首尾衔接，如图7-24所示，称为链状式。当需要标注若干相同结构之间的距离、阶梯状零件中尺寸要求十分精确的各段以及用组合刀具加工的零件，常采用链状式。

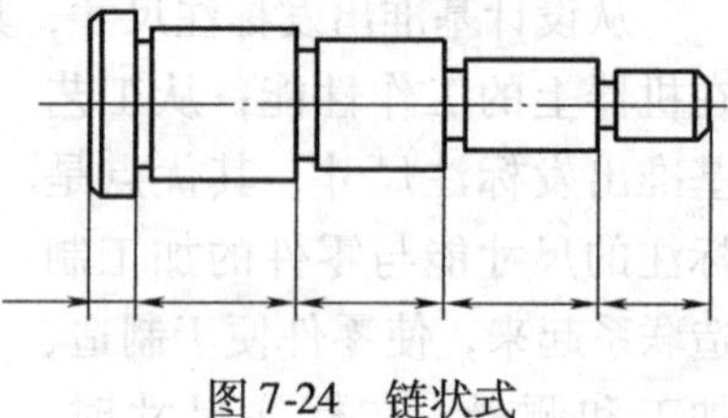

图7-24 链状式

2. 坐标式

同一方向的尺寸从同一基准注起，如图7-25所示，称为坐标式。坐标式用于标注需要从一个基准定出一组精确尺寸的零件。

3. 综合式

综合式是链状式和坐标式的综合，如图7-26所示。标注零件的尺寸多用综合式。

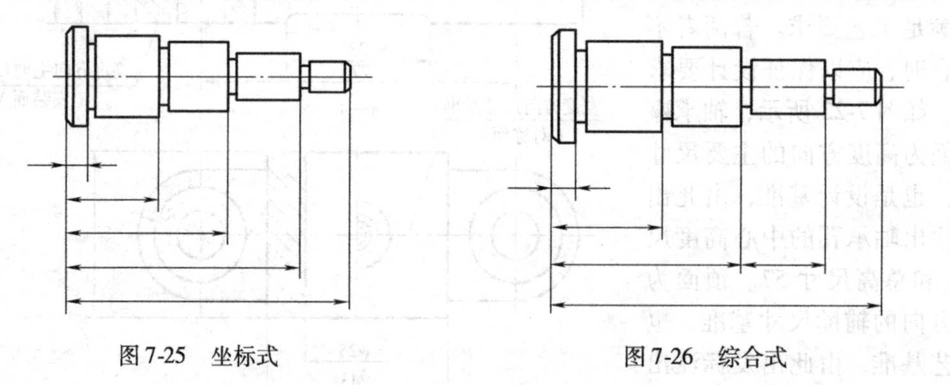

图7-25 坐标式　　　图7-26 综合式

7.3.3 标注尺寸的一些原则

1. 考虑设计要求

1）功能尺寸一定要从设计基准出发直接注出。功能尺寸是指那些影响零件工作性能、工作精度和互换性的重要尺寸。直接标注出功能尺寸，能够直接提出尺寸公差、几何公差的要求，以保证设计要求。图7-27所示为铣刀头座的图样，座体孔的中心高尺寸115和安装孔的间距尺寸150必须直接注出，如图7-28所示。

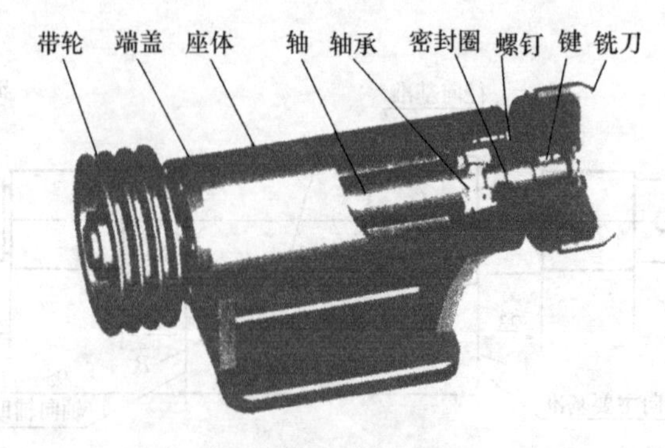

图7-27 铣刀头座

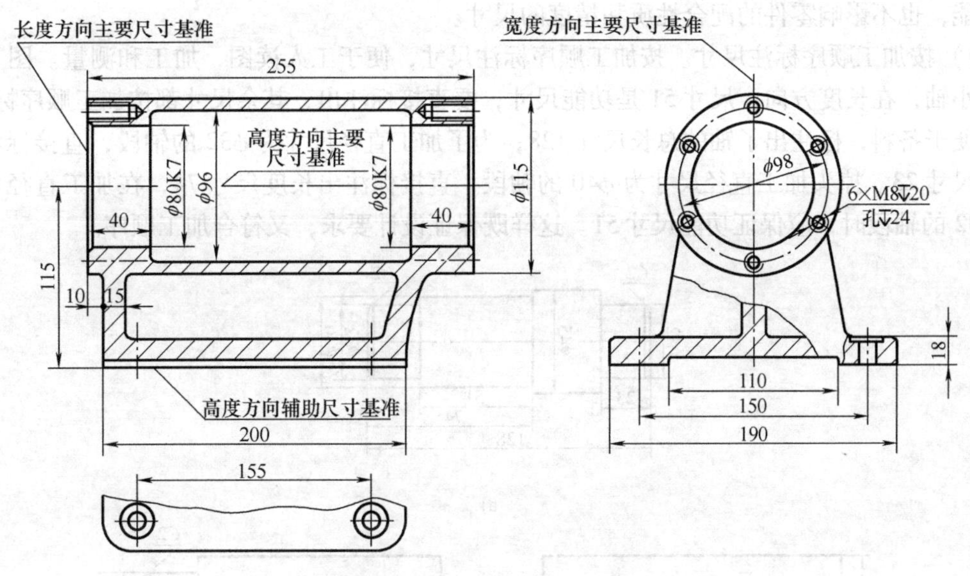

图 7-28　座体的重要尺寸及基准

2）不要注成封闭尺寸链。封闭尺寸链是由首尾相接，绕成一整圈的一组尺寸所构成。每个尺寸是尺寸链的一环，如图 7-29a 所示。这种标注尺寸的方式应尽量避免。这样标注的尺寸在加工时往往难以保证设计要求，因此，实际标注尺寸时，一般在尺寸链中选一个不重要的环不标注尺寸，称它为开口环，如图 7-29b 所示。使所有各环尺寸的加工误差都集中到开口环，从而保证主要尺寸的公差。有时，为了设计和加工时参考，也注成封闭尺寸链，把开口环的尺寸加上括号标注出来，作为参考尺寸，如图 7-30 所示。

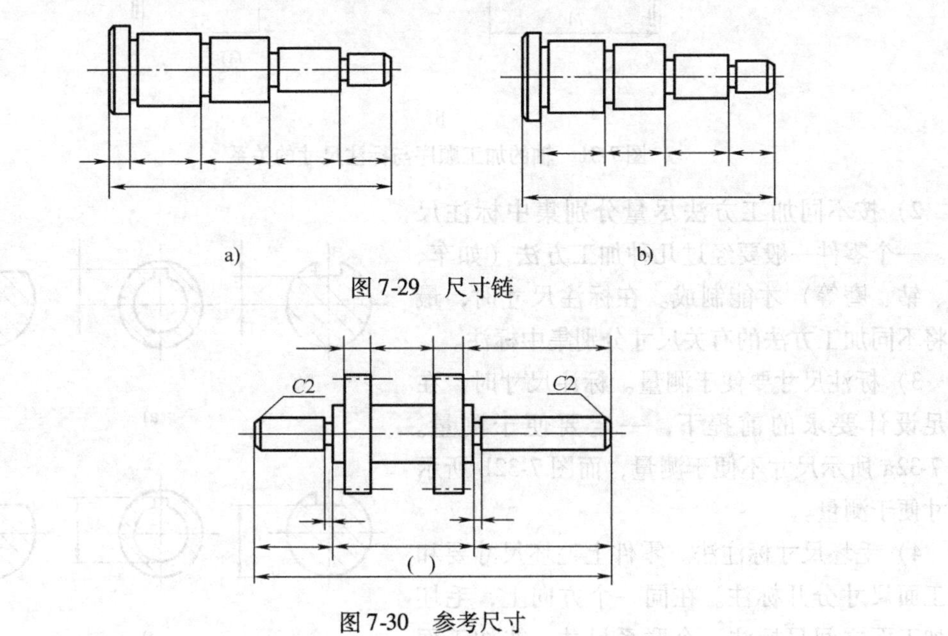

图 7-29　尺寸链

图 7-30　参考尺寸

2. 考虑工艺要求

标注非功能尺寸时，应考虑加工顺序和测量方便。非功能尺寸是指那些不影响零件的工作性能，也不影响零件的配合性质和精度的尺寸。

1）按加工顺序标注尺寸。按加工顺序标注尺寸，便于工人读图、加工和测量。图 7-31 所示小轴，在长度方向，尺寸 51 是功能尺寸，要直接标注出，其余尺寸都按加工顺序标注。为了便于备料，标注出了轴的总长尺寸 128；为了加工直径尺寸为 ϕ32 的轴段，直接标注出长度尺寸 23。掉头加工直径尺寸为 ϕ40 的轴段，直接标注出长度尺寸 74，在加工直径尺寸为 ϕ32 的轴段时，应保证功能尺寸 51。这样既保证设计要求，又符合加工顺序。

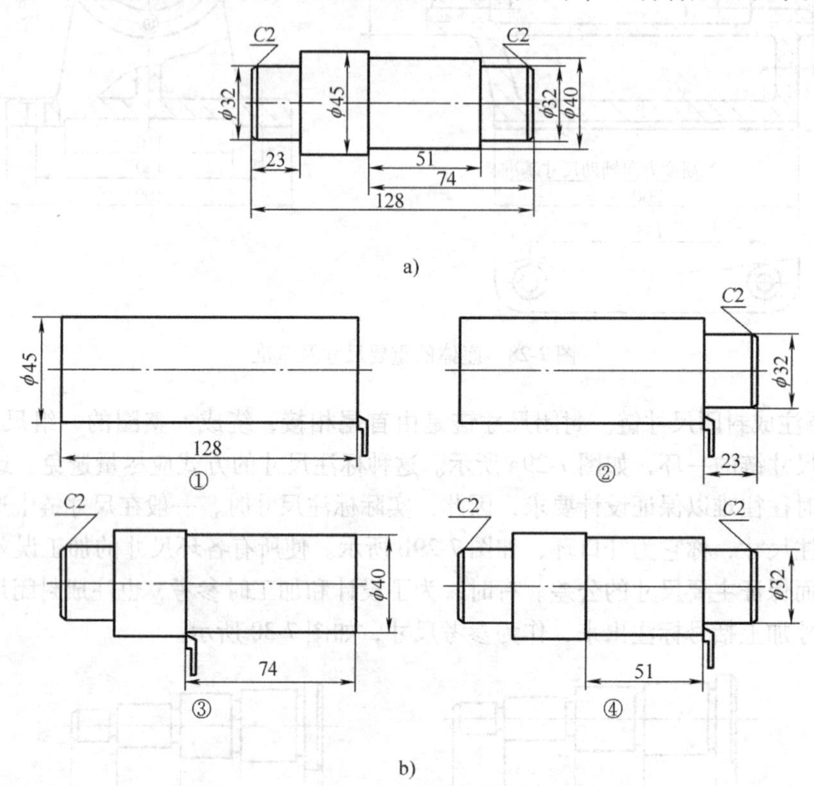

图 7-31　轴的加工顺序与标注尺寸的关系

2）按不同加工方法尽量分别集中标注尺寸。一个零件一般要经过几种加工方法（如车、刨、钻、磨等）才能制成。在标注尺寸时，最好将不同加工方法的有关尺寸分别集中标注。

3）标注尺寸要便于测量。标注尺寸时，在满足设计要求的前提下，一定要便于测量。图 7-32a 所示尺寸不便于测量，而图 7-32b 所示尺寸便于测量。

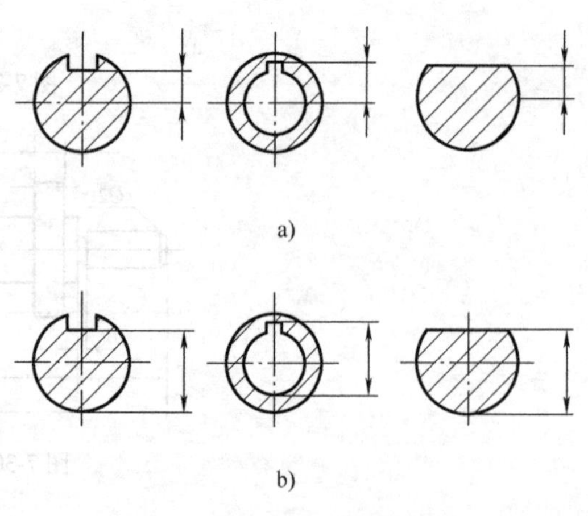

图 7-32　标注尺寸要便于测量

a）不便于测量　b）便于测量

4）毛坯尺寸标注法。零件上毛坯尺寸要和加工面尺寸分开标注。在同一个方向上，毛坯与加工面之间只标注一个联系尺寸。非加工面尺寸仍然保持着它们在毛坯时的精度和相互联系。因此，制造和加工都十分方便，同时保证了设计要求。

5）铸件、锻件按形体标注尺寸，给制作铸模和锻模带来方便。

6）零件上常见结构的尺寸注法，见表7-2。

表7-2　零件上常见结构的尺寸注法

零件结构	普通注法	旁注法		说明
光孔	4×ϕ4 C1 10	4×ϕ4↧10 C1	4×ϕ4↧10 C1	“↧”为孔深符号 “C”为45°倒角符号
	4×ϕ4H7 12	4×ϕ4H7↧12	4×ϕ4H7↧12	钻孔深度为12mm，H7表示孔的配合要求
	该孔无普通注法。注意：ϕ4是指与其相配的圆锥销的公称直径（小端直径）	锥销孔ϕ4 配作	锥销孔ϕ4 配作	“配作”指该孔与相邻零件的同位锥销孔一起加工
锪孔	⌴ϕ13 4×ϕ6.6	4×ϕ6.6 ⌴ϕ13	4×ϕ6.6 ⌴ϕ13	“⌴”为锪孔符号 锪孔通常只需锪出圆平面，因此深度一般不注
沉孔	90° ϕ13 6×ϕ6.6	6×ϕ6.6 ⌵ϕ13×90°	6×ϕ6.6 ⌵ϕ13×90°	“⌵”为埋头孔符号 该孔为安装开槽沉头螺钉所用
	ϕ11 6.8 4×ϕ6.6	4×ϕ6.6 ⌴ϕ11↧6.8	4×ϕ6.6 ⌴ϕ11↧6.8	该孔为安装内六角圆柱头螺钉所用，承装头部的孔深应注出

（续）

零件结构	普通注法	旁注法		说明
	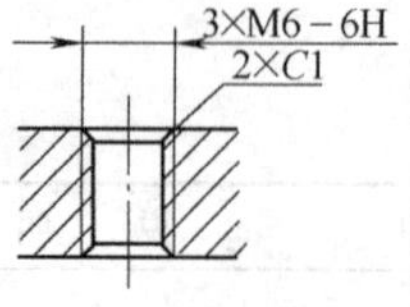 3×M6－6H 2×$C1$	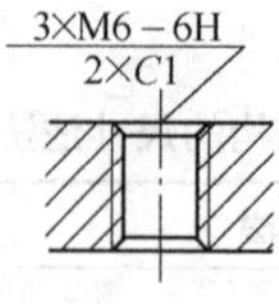 3×M6－6H 2×$C1$	 3×M6－6H 2×$C1$	“2 × $C1$”表示两端倒角均为$C1$
螺孔	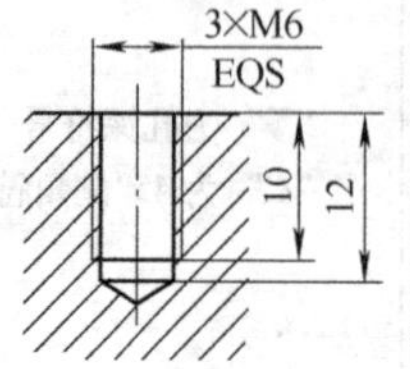 3×M6 EQS 10 12	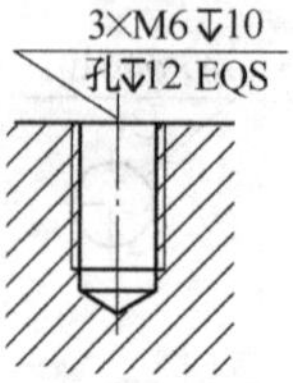 3×M6↧10 孔↧12 EQS	 3×M6↧10 孔↧12 EQS	“EQS”为均布孔的缩写词 各类孔均可采用旁注加符号的方法进行简化标注 注意：引出线应从在装配时的装入端引出
	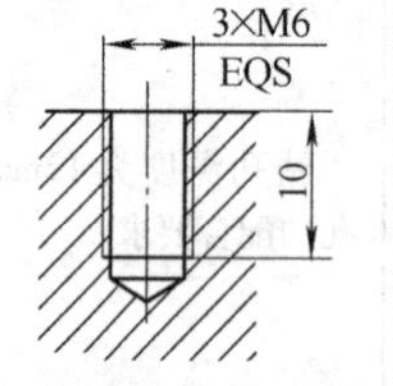 3×M6 EQS 10	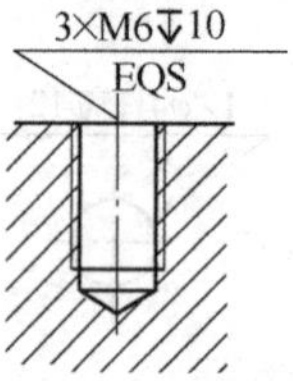 3×M6↧10 EQS	 3×M6↧10 EQS	

7.4 零件图的技术要求

在零件图上应注明制造和检验零件时所需的各项技术要求。这些技术要求有表面结构、极限与配合、几何公差等。

图样上的技术要求有两种表达方式：一种是用规定的代（符）号在图形上标注，如表面结构、极限与配合、几何公差等；另一种是用文字直接在图样上写出来，如金属材料的热处理和表面镀涂层及零件制造、检验、试验说明等。

7.4.1 表面结构

表面结构是指零件表面的几何形貌。它是表面粗糙度、表面波纹度、表面纹理、表面缺陷和表面几何形状的总称。GB/T 131—2006 对表面结构的表示法作了全面的规定。本节主要介绍应用最广的表面粗糙度的表示法及标注与识读方法。

加工表面上具有较小间距的峰谷所组成的微观几何形状特性称为表面粗糙度，如图 7-33 所示。它与加工方法、所用刀具和工件材料等各种因素都有密切关系。

表面粗糙度是评定零件表面质量的一项重要技术指标，它对零件的配合、耐磨性、耐蚀性、密封性、接触刚度、抗疲劳强度和外观都有影响。

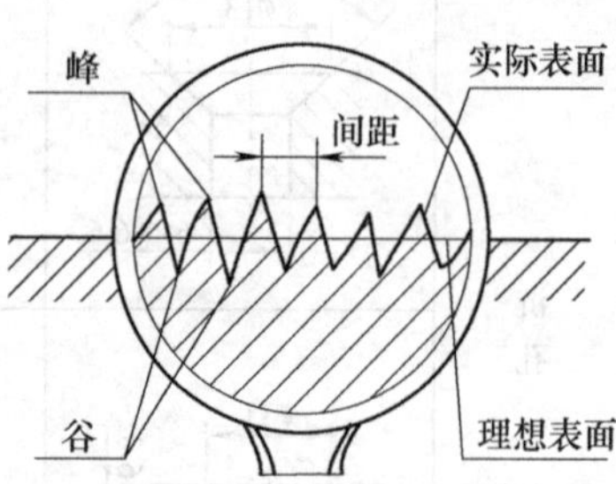

峰 实际表面 间距 谷 理想表面

图 7-33　表面的微观情况

1. 表面粗糙度的评定参数与数值

1）轮廓算术平均偏差 Ra。在取样长度 l 内，被评定轮廓在任一位置的高度坐标 $Z(x)$

绝对值的算术平均值，如图 7-34 所示，用公式表示为

$$Ra = \frac{1}{l}\int_{0}^{l} | Z(x) | \mathrm{d}x$$

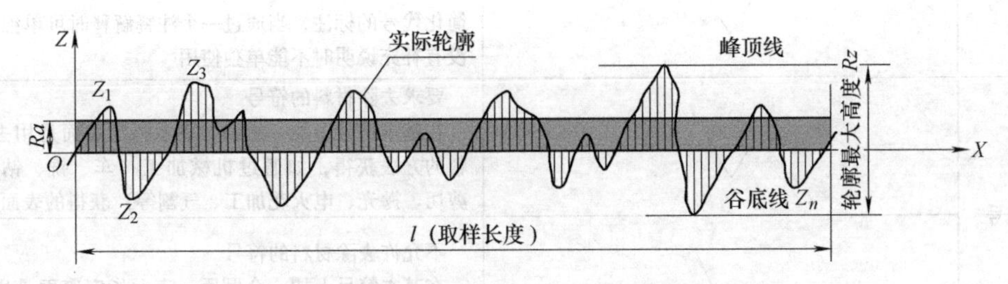

图 7-34　轮廓算术平均偏差 *Ra* 和轮廓最大高度 *Rz*

2）轮廓最大高度 *Rz*。在一个取样长度内最大轮廓峰高和最大轮廓谷深之和。

零件表面粗糙度值的选用，既要满足零件表面的功用要求，又要考虑经济合理性。一般来说，*Ra* 值越小，表面质量就越高，但加工成本也越高。因此，在满足使用要求的前提下，应尽量选用较大的 *Ra* 值，以降低生产成本。具体选用时，可参照生产中的实例，用类比法确定。

不同表面粗糙度的外观情况、主要加工方法和应用举例见表 7-3，供选用时参考。

表 7-3　不同表面粗糙度的外观情况、主要加工方法和应用举例

Ra/μm	外观情况	主要加工方法	应用举例
50	明显可见刀痕	粗车、粗铣、粗刨、钻、粗纹锉刀和粗砂轮加工	粗糙度最大的加工表面，一般很少应用
25	可见刀痕		
12.5	微见刀痕	粗车、立铣、刨、钻。	不接触表面、不重要的接触面，如螺钉孔、倒角，机座底面等
6.3	可见加工痕迹	精车、精铣、精拉、铰、镗、粗磨等	没有相对运动的接触表面，如箱、盖、套筒等要求紧贴的表面；键和键槽表面；相对运动速度不高的表面，如支架孔、衬套等工作表面
3.2	微见加工痕迹		
1.6	看不见加工痕迹		
0.8	可辨加工痕迹方向	精车、精铣、精刨、精镗、精磨等	要求很好密合的接触面，如与滚动轴承配合的表面、锥销孔等；相对运动速度较高的接触面，如滑动轴承的配合表面、齿轮轮齿的工作表面等
0.4	微辨加工痕迹方向		
0.2	不可辨加工痕迹方向		
0.1	暗光泽面	研磨、抛光、超级精细研磨等	精密量具的工作表面，极重要零件摩擦面，如气缸的内表面、精密机床的轴颈等
0.05	亮光泽面		
0.025	镜状光泽面		
0.012	雾状光泽面		
0.006	镜面		

2. 表面粗糙度的符号和代号

表面粗糙度符号及其含义见表 7-4。

表 7-4　表面粗糙度符号及其含义

符号名称	符　号	含　义
基本符号		基本符号 表示对表面粗糙度有要求的符号。基本符号仅用于简化代号的标注，当通过一个注释解释时可单独使用，没有补充说明时不能单独使用
扩展符号	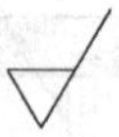	要求去除材料的符号 在基本符号上加一短横，表示指定表面是用去除材料的方法获得，如通过机械加工（车、铣、钻、磨、剪切、抛光、电火花加工、气割等）获得的表面
	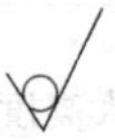	不允许去除材料的符号 在基本符号上加一个圆圈，表示指定表面是用不去除材料的方法获得，如铸、锻等
完整符号	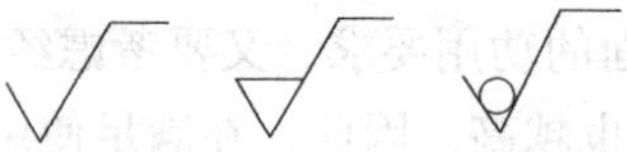	完整符号 在上述所示符号的长边上加一横线，用于对表面粗糙度有补充要求的标注。左、中、右符号分别用于"允许任何工艺"、"去除材料"、"不去除材料"方法获得的表面的标注
工件轮廓各表面的符号	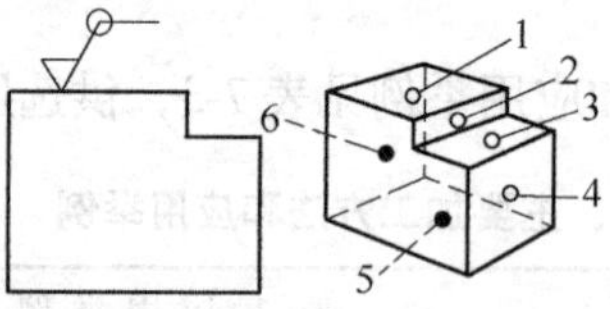 1 2 3 4 5 6	工件轮廓各表面的符号 当在图样某个视图上构成封闭轮廓的各表面有相同的表面粗糙度要求时，应在完整符号上加一圆圈，标注在图样中工件的封闭轮廓线上。如果标注会引起歧义时，各表面应分别标注。左图符号是指对图形中封闭轮廓的六个面的共同要求（不包括前后面）

表面粗糙度代号及其含义见表 7-5。

表 7-5　表面粗糙度代号及其含义

序　号	代　号	含　义
1	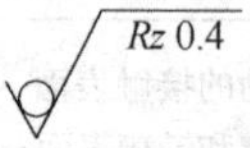 *Rz* 0.4	表示不允许去除材料，*Rz* 的上限值为 0.4μm
2	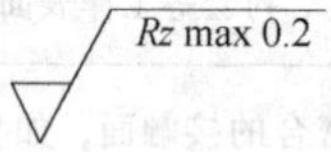 *Rz* max 0.2	表示去除材料，*Rz* 的最大值为 0.2μm，"最大规则"
3	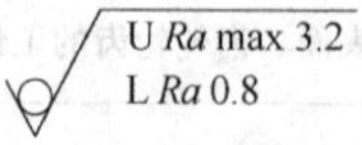 U *Ra* max 3.2 L *Ra* 0.8	表示不允许去除材料，双向极限值。上限值：*Ra* 的最大值为 3.2μm，"最大规则"；下限值：*Ra* 为 0.8μm
4	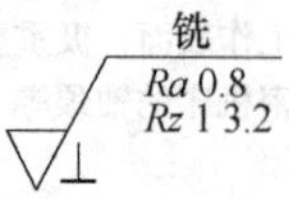 铣 *Ra* 0.8 *Rz* 1 3.2 ⊥	表示去除材料，*Ra* 的上限值为 0.8μm，*Rz* 的上限值为 3.2μm（评定长度为一个取样长度）。"铣" 表示加工工艺（铣削）。"⊥"（表面纹理符号）：表示纹理及其方向，即纹理垂直于标注代号的视图所在的投影面
5	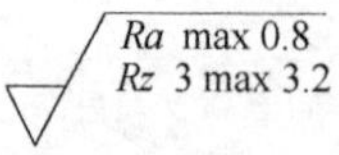 *Ra* max 0.8 *Rz* 3 max 3.2	表示去除材料，两个单向上限值。*Ra* 的最大值为 0.8μm，*Rz* 的最大值为 3.2μm（评定长度为 3 个取样长度），"最大规则"

（续）

序　　号	代　　号	含　　义
6	$\sqrt{}$ Ra max 6.3 Rz 12.5	表示任意加工方法，两个单向上限值。*Ra* 的最大值为 6.3μm，“最大规则”；*Rz* 的上限值为 12.5μm
7	Cu/Ep·Ni5bCr0.3r Rz 0.8	*Rz* 的上限值为 0.8μm；表面处理：铜件，镀镍和铬表面要求对封闭轮廓的所有表面有效

3. 表面粗糙度在图样上的标注

表面粗糙度在图样上的标注方法，见表 7-6。

表 7-6　表面粗糙度在图样上的标注方法

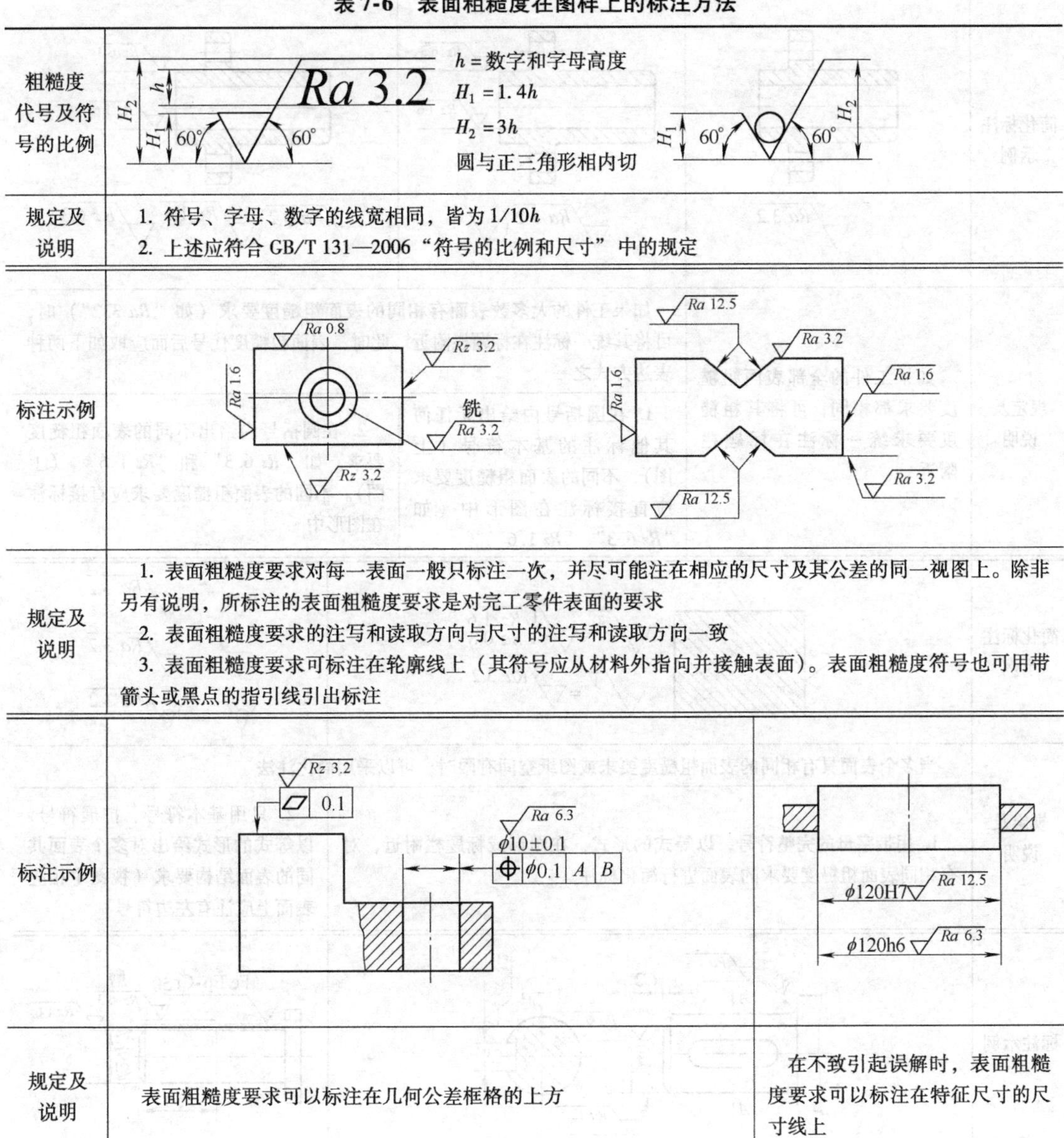

粗糙度代号及符号的比例	h = 数字和字母高度 $H_1 = 1.4h$ $H_2 = 3h$ 圆与正三角形相内切	
规定及说明	1. 符号、字母、数字的线宽相同，皆为 1/10h 2. 上述应符合 GB/T 131—2006“符号的比例和尺寸”中的规定	
标注示例		
规定及说明	1. 表面粗糙度要求对每一表面一般只标注一次，并尽可能注在相应的尺寸及其公差的同一视图上。除非另有说明，所标注的表面粗糙度要求是对完工零件表面的要求 2. 表面粗糙度要求的注写和读取方向与尺寸的注写和读取方向一致 3. 表面粗糙度要求可标注在轮廓线上（其符号应从材料外指向并接触表面）。表面粗糙度符号也可用带箭头或黑点的指引线引出标注	
标注示例		
规定及说明	表面粗糙度要求可以标注在几何公差框格的上方	在不致引起误解时，表面粗糙度要求可以标注在特征尺寸的尺寸线上

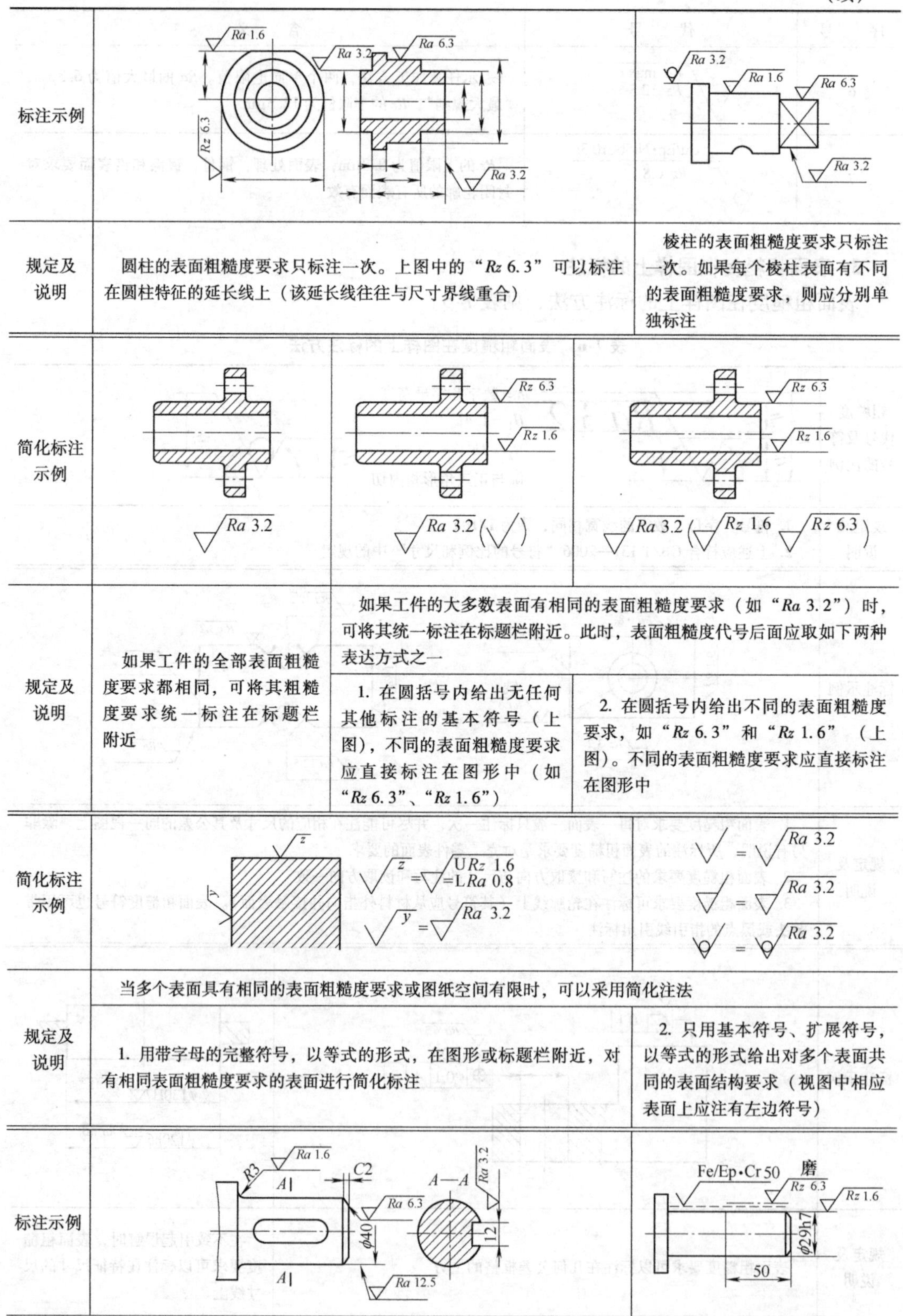

标注示例	Ra 1.6　Ra 3.2　Ra 6.3　Rz 6.3　Ra 3.2		Ra 3.2　Ra 1.6　Ra 6.3　Ra 3.2
规定及说明	圆柱的表面粗糙度要求只标注一次。上图中的“*Rz* 6.3”可以标注在圆柱特征的延长线上（该延长线往往与尺寸界线重合）		棱柱的表面粗糙度要求只标注一次。如果每个棱柱表面有不同的表面粗糙度要求，则应分别单独标注
简化标注示例	Ra 3.2	Rz 6.3　Rz 1.6　Ra 3.2 (√)	Rz 6.3　Rz 1.6　Ra 3.2 (Rz 1.6　Rz 6.3)
规定及说明	如果工件的全部表面粗糙度要求都相同，可将其粗糙度要求统一标注在标题栏附近	如果工件的大多数表面有相同的表面粗糙度要求（如“*Ra* 3.2”）时，可将其统一标注在标题栏附近。此时，表面粗糙度代号后面应取如下两种表达方式之一 1. 在圆括号内给出无任何其他标注的基本符号（上图），不同的表面粗糙度要求应直接标注在图形中（如“*Rz* 6.3”、“*Rz* 1.6”）	2. 在圆括号内给出不同的表面粗糙度要求，如“*Rz* 6.3”和“*Rz* 1.6”（上图）。不同的表面粗糙度要求应直接标注在图形中	
简化标注示例	z　y　z = U*Rz* 1.6 L*Ra* 0.8　y = *Ra* 3.2		= Ra 3.2　= Ra 3.2　= Ra 3.2
规定及说明	当多个表面具有相同的表面粗糙度要求或图纸空间有限时，可以采用简化注法 1. 用带字母的完整符号，以等式的形式，在图形或标题栏附近，对有相同表面粗糙度要求的表面进行简化标注		2. 只用基本符号、扩展符号，以等式的形式给出对多个表面共同的表面结构要求（视图中相应表面上应注有左边符号）
标注示例	R3　Ra 1.6　A　C2　Ra 6.3　ϕ40　A　Ra 12.5　A—A　Ra 3.2　12		Fe/Ep·Cr50　磨　Rz 6.3　Rz 1.6　ϕ29h7　50

（续）

<table>
<tr><td>规定及说明</td><td>表面粗糙度要求和尺寸可以一起标注在同一尺寸线上（如 $R3$ 和“Ra 1.6”，12 和“Ra 3.2”）
表面粗糙度要求可以标注在轮廓线的延长线上（如“Ra 6.3”）</td><td>由几种不同的工艺方法获得的同一表面，当需要明确每种工艺方法的表面粗糙度要求时，可按上图进行标注
第一道工序：却除材料，上限值，$Rz=1.6\mu m$
第二道工序：镀铬
第三道工序：磨削，上限值，$Rz=6.3\mu m$，仅对长 50mm 的圆柱面有效</td></tr>
<tr><td>标注示例</td><td>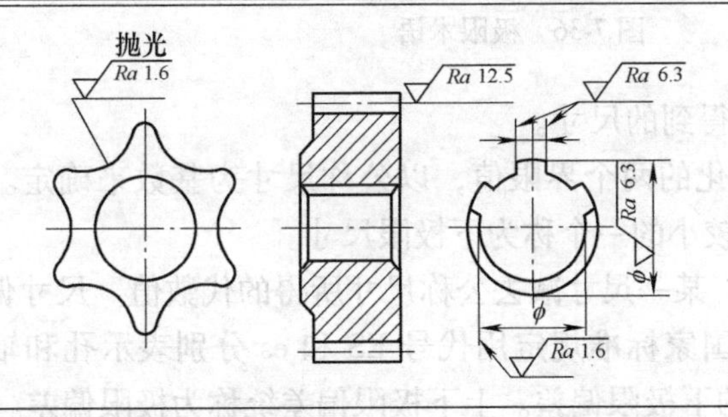
</td><td>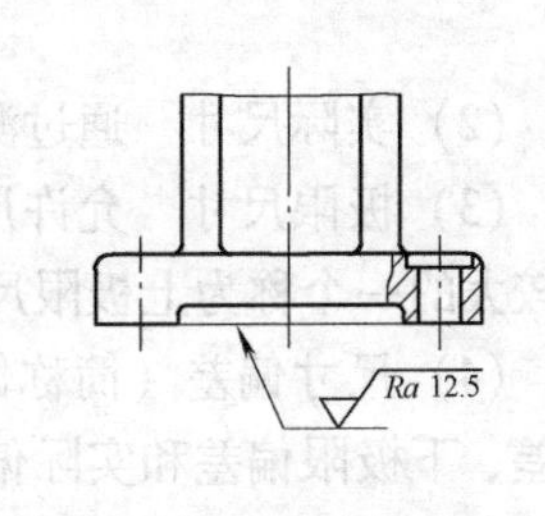
</td></tr>
<tr><td>规定及说明</td><td colspan="2">对零件上的连续表面及重复要素（如孔、槽、齿等）的表面，以及用细实线连接的不连续的同一表面，其表面粗糙度要求只标注一次</td></tr>
</table>

4. 热处理

热处理是通过加热和冷却固态金属的操作方法来改变其内部组织结构，并获得所需性能的一种工艺。

当零件需全部进行热处理时，可在技术要求中用文字统一加以说明。

当零件表面需要进行局部热处理时，可在技术要求中加以说明，也可在零件图上标注，应用粗点画线画出其范围并标注相应的尺寸，也可将其要求注写在表面结构符号长边的横线上，如图 7-35 所示。

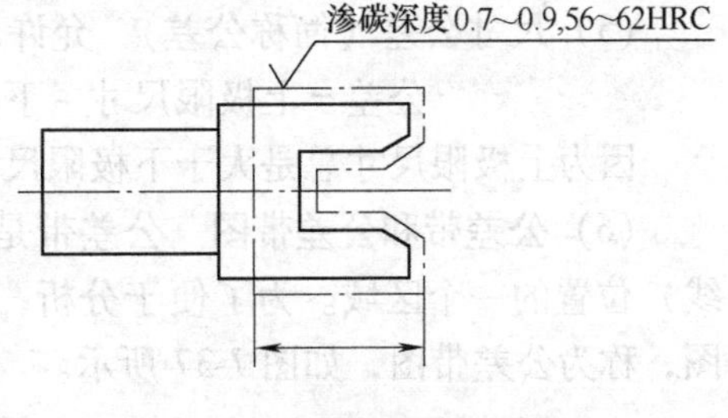

图 7-35　表面局部热处理标注

7.4.2　极限与配合

为了给机器的装配、维修带来方便，并为机器的现代化大生产创造条件，零件（或部件）必须具有互换性。同一批规格大小相同的零件或部件，不经选择地任意取一个零件（或部件），可以不经其他加工就能装配到产品上去，并达到预期的使用要求，这种性质称为互换性。

为了满足互换性的要求和提高加工经济性，图样上常注有极限与配合的技术要求。

1. 极限的有关术语

下面以图 7-36 为例介绍极限的有关术语。

（1）公称尺寸　根据零件强度、结构和工艺要求，设计确定的尺寸。

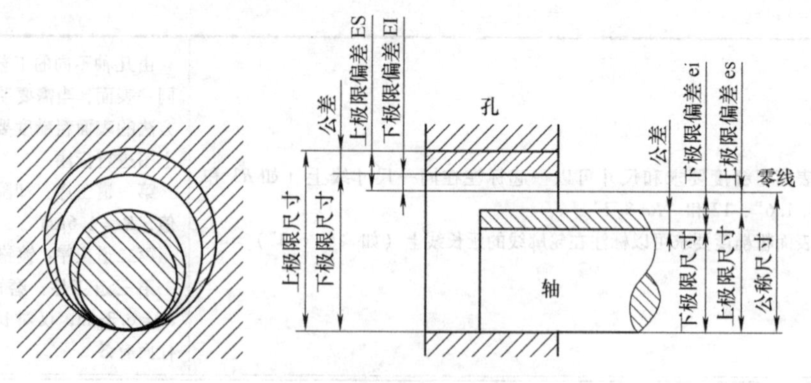

图 7-36 极限术语

（2）实际尺寸 通过测量所得到的尺寸。

（3）极限尺寸 允许尺寸变化的两个界限值，以公称尺寸为基数来确定。两个界限值中较大的一个称为上极限尺寸；较小的一个称为下极限尺寸。

（4）尺寸偏差（简称偏差） 某一尺寸减去公称尺寸所得的代数值。尺寸偏差有上极限偏差、下极限偏差和实际偏差。国家标准规定用代号 ES 和 es 分别表示孔和轴的上极限偏差，用 EI 和 ei 分别表示孔和轴的下极限偏差。上下极限偏差统称为极限偏差。

上极限偏差 = 上极限尺寸 − 公称尺寸

下极限偏差 = 下极限尺寸 − 公称尺寸

实际尺寸减去公称尺寸所得的代数值称为实际偏差。实际偏差在上、下极限偏差的区间内算合格。

偏差可以为正值、负值或零。

（5）尺寸公差（简称公差） 允许尺寸的变动量。

公差 = 上极限尺寸 − 下极限尺寸 = 上极限偏差 − 下极限偏差

因为上极限尺寸总是大于下极限尺寸，所以尺寸公差一定为正值。

（6）公差带和公差带图 公差带是表示公差大小和相对零线（表示公称尺寸的一条直线）位置的一个区域。为了便于分析，一般将公差与公称尺寸的关系，按放大比例画成简图，称为公差带图，如图 7-37 所示。

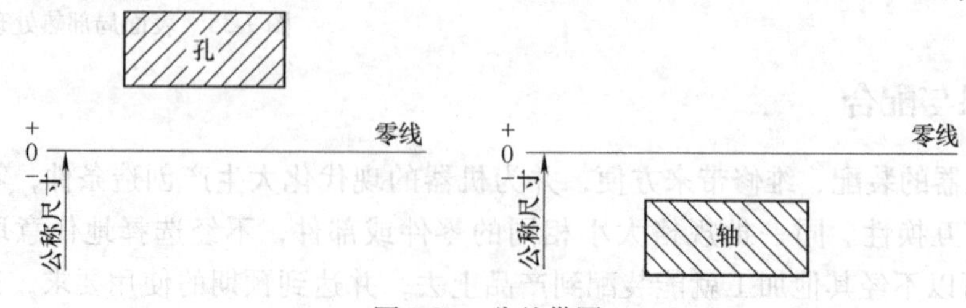

图 7-37 公差带图

（7）标准公差 标准公差是国家标准所列的、用来确定公差大小的任一公差。标准公差的数值由公称尺寸和公差等级来确定，其中公差等级确定尺寸的精确程度。标准公差分为 20 级，即 IT01、IT0、IT1、…、IT18。IT 表示标准公差，数字表示公差等级。从 IT01 至 IT18，公差等级依次降低即尺寸精度依次降低，而相应的标准公差数值则依次增大。

（8）基本偏差　基本偏差是国家标准所列的、用来确定公差带相对零线位置的上极限偏差或下极限偏差，一般是指靠近零线的极限偏差。

如图 7-38 所示，孔和轴分别规定了 28 个基本偏差，其代号用拉丁字母表示，大写字母为孔、小写字母为轴。从基本偏差系列图中可以看到孔的基本偏差中 A ~ H 为下极限偏差，J ~ ZC 为上极限偏差；轴的基本偏差中 a ~ h 为上极限偏差，j ~ zc 为下极限偏差；JS 和 js 完全对称于零线，基本偏差可为 + IT/2、也可为 − IT/2 。

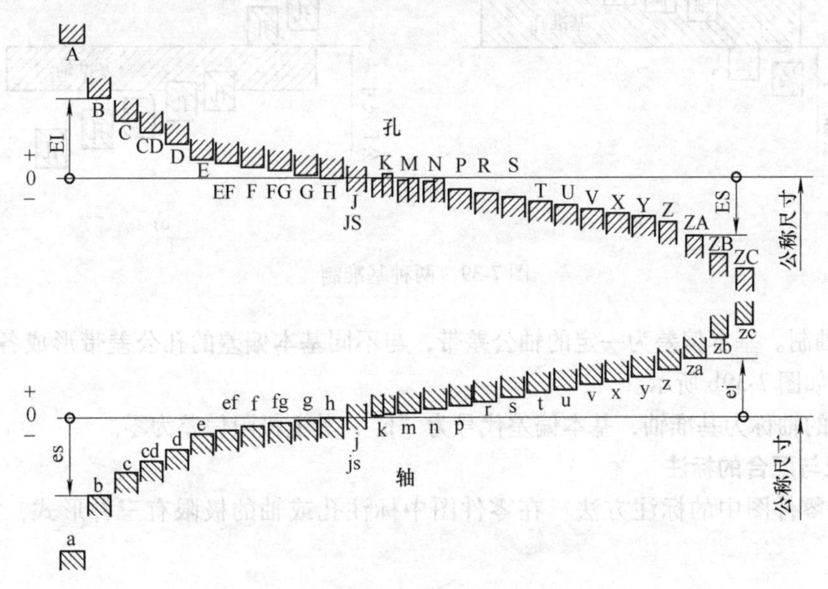

图 7-38　基本偏差系列图

（9）孔、轴的公差带代号　由基本偏差代号和公差等级代号组成，并且要用同一号字体书写。例如：ϕ50H8 和 ϕ50F7 的含义如下：

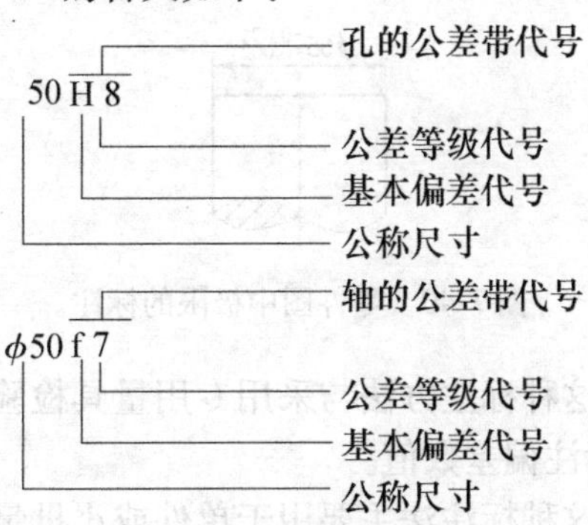

2. 配合的有关术语

公称尺寸相同的、相互结合的孔和轴公差带之间的关系，称为配合。

（1）配合种类　根据实际需要，国家标准将配合分为三类：间隙配合、过盈配合和过渡配合。当孔的尺寸与相配合的轴的尺寸之差为正时是间隙，为负时是过盈。

1）间隙配合。具有间隙（包括最小间隙等于零）的配合。

2）过盈配合。具有过盈（包括最小过盈等于零）的配合。

3）过渡配合。可能具有间隙或过盈的配合。

（2）配合的基准制　根据生产实际需要，国家标准规定了两种配合制。

1）基孔制。基本偏差为一定的孔公差带，与不同基本偏差的轴公差带形成各种配合的一种制度称为基孔制，如图 7-39a 所示。

基孔制的孔称为基准孔，基本偏差代号为“H”，其下极限偏差为零。

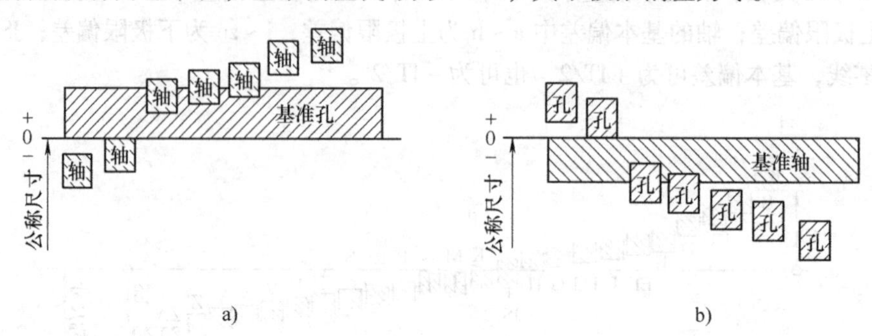

图 7-39　两种基准制

2）基轴制。基本偏差为一定的轴公差带，与不同基本偏差的孔公差带形成各种配合的一种制度，如图 7-39b 所示。

基轴制的轴称为基准轴，基本偏差代号为“h”，其上极限偏差为零。

3. 极限与配合的标注

（1）在零件图中的标注方法　在零件图中标注孔或轴的极限有三种形式，如图 7-40 所示。

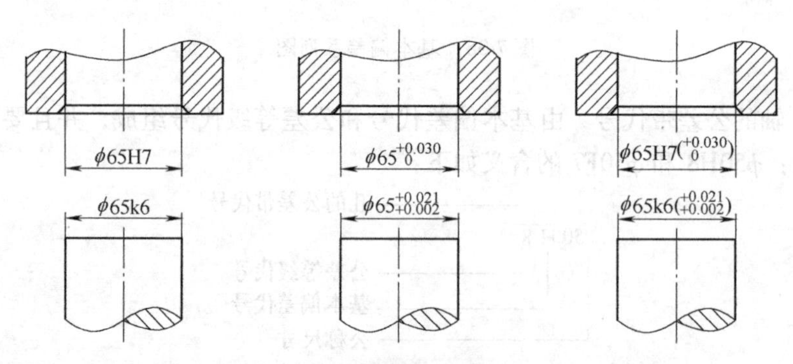

图 7-40　零件图中极限的标注

1）标注公差带的代号。这种标注方法与采用专用量具检验零件统一起来，以适应大批量生产的需要。因此，不需标注偏差数值。

2）标注极限偏差数值。这种标注法主要用于单件或小批量生产，以便加工和检验时减少辅助时间。极限偏差数值可由极限偏差数值表查得。

3）标注公差带代号和极限偏差数值。在生产批量不明、检测工具未定的情况下，可将极限偏差数值和公差带代号同时标注，但应注意极限偏差数值要放到后面的括号中。

零件图中有些尺寸公差要求较低，用一般的加工方法就能达到要求，因此，这些尺寸在图中一般不标注公差（未注公差的线性尺寸和角度尺寸的公差可查阅 GB/T 1804—2000）。

（2）在装配图中的标注方法　配合的代号是由两个相互结合的孔和轴的公差带的代号组成的，一般用分数形式表示，分子为孔的公差带代号，分母为轴的公差带代号。

具体的标注方法，如图 7-41 所示。

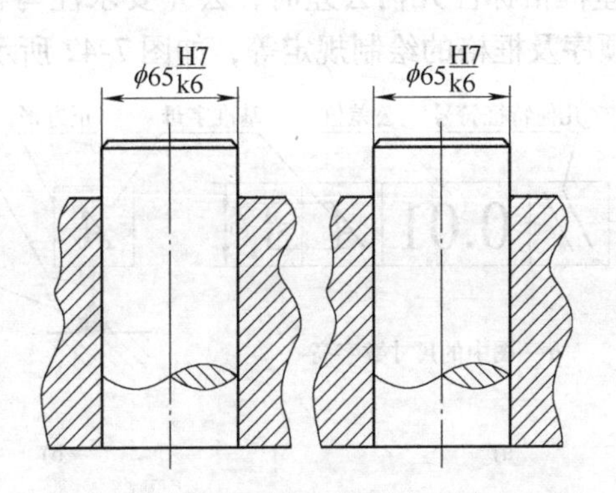

图 7-41　装配图中极限与配合的标注

7.4.3　几何公差

在生产实际中，经过加工的零件，不但会产生尺寸误差，而且会产生几何误差。

如果零件存在严重的几何误差，将使其装配造成困难，影响机器的质量，因此，对于精度要求较高的零件，除给出尺寸公差外，还应根据设计要求，合理地确定几何误差允许值。为此，国家标准规定了一项保证零件加工质量的技术指标——“几何公差”（GB/T 1182—2008）。

几何公差是指零件的实际形状和实际位置对理想形状和理想位置的允许变动量。

1. 几何公差的几何特征和符号

几何公差的几何特征和符号见表 7-7。

表 7-7　几何公差的几何特征和符号

公差类型	几何特征	符号	有无基准	公差类型	几何特征	符号	有无基准
形状公差	直线度	—	无	方向公差	线轮廓度	⌒	有
	平面度	▱	无		面轮廓度	⌓	有
	圆度	○	无	位置公差	位置度	⌖	有或无
	圆柱度	⌭	无		同心度（用于中心点）	◎	有
	线轮廓度	⌒	无		同轴度（用于轴线）	◎	有
	面轮廓度	⌓	无		对称度	⌯	有
方向公差	平行度	//	有		线轮廓度	⌒	有
	垂直度	⊥	有		面轮廓度	⌓	有
	倾斜度	∠	有	跳动公差	圆跳动	↗	有
					全跳动	⌰	有

2. 几何公差的标注

（1）公差框格　用公差框格标注几何公差时，公差要求注写在划分成两格或多格的矩形框格内，其标注内容、顺序及框格的绘制规定等，如图 7-42 所示。

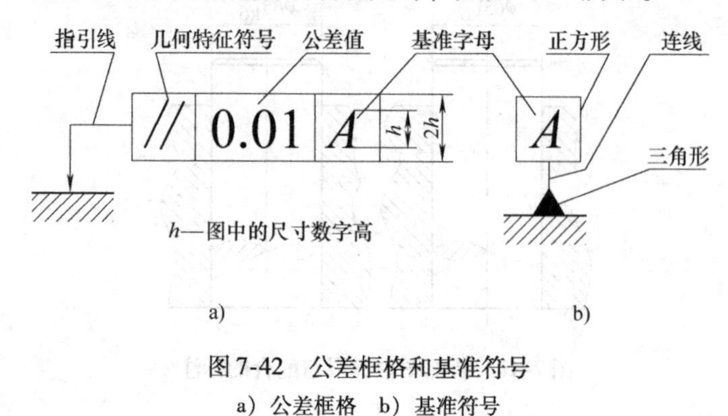

图 7-42　公差框格和基准符号

a）公差框格　b）基准符号

公差值是以线性尺寸单位表示的量值。如果公差带为圆形或圆柱形，公差值前应加注符号“ϕ”（图 7-43c、e）；如果公差带为圆球形，公差值前应加注符号“$S\phi$”（图 7-43d）。

用一个字母表示单个基准或用几个字母表示基准体系或公共基准（图 7-43b ~ e）。无基准时的公差框格，如图 7-43a 所示。

当某项公差应用于几个相同要素时，应在公差框格的上方被测要素的尺寸之前注明要素的个数，并在两者之间加上符号“×”（图 7-43f）。

如果需要限制被测要素在公差带内的形状（如“NC”表示不凸起），应在公差框格的下方注明（图 7-43g）。

如果需要就某个要素给出几个几何特征的公差，可将一个公差框格放在另一个的下面（图 7-43h）。

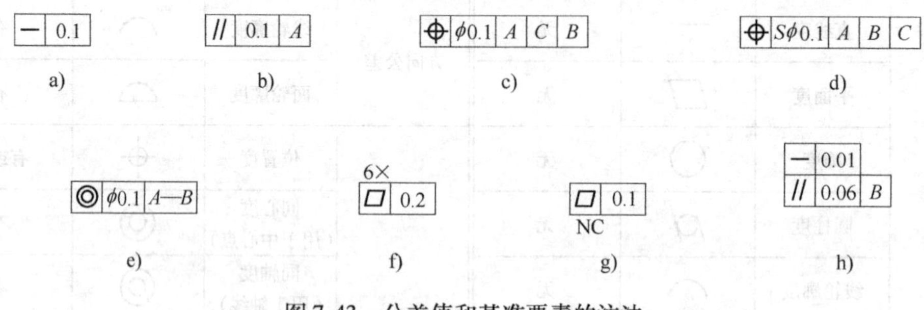

图 7-43　公差值和基准要素的注法

（2）被测要素　用指引线连接被测要素和公差框格。指引线引自框格任意一侧，终端带一箭头。

当被测要素为轮廓要素时，箭头指向该要素的轮廓线或其延长线，应与尺寸线错开（图 7-44）；箭头也可指向引出线的水平线，引出线引自被测面（图 7-45）。

当被测要素为中心要素时，箭头应位于相应尺寸线的延长线上（图 7-46）。

（3）基准　与被测要素相关的基准用大写字母表示，标注在基准方格内，与一个涂黑或空白的三角形相连（图 7-42）；表示基准的字母还应标注在公差框格内。

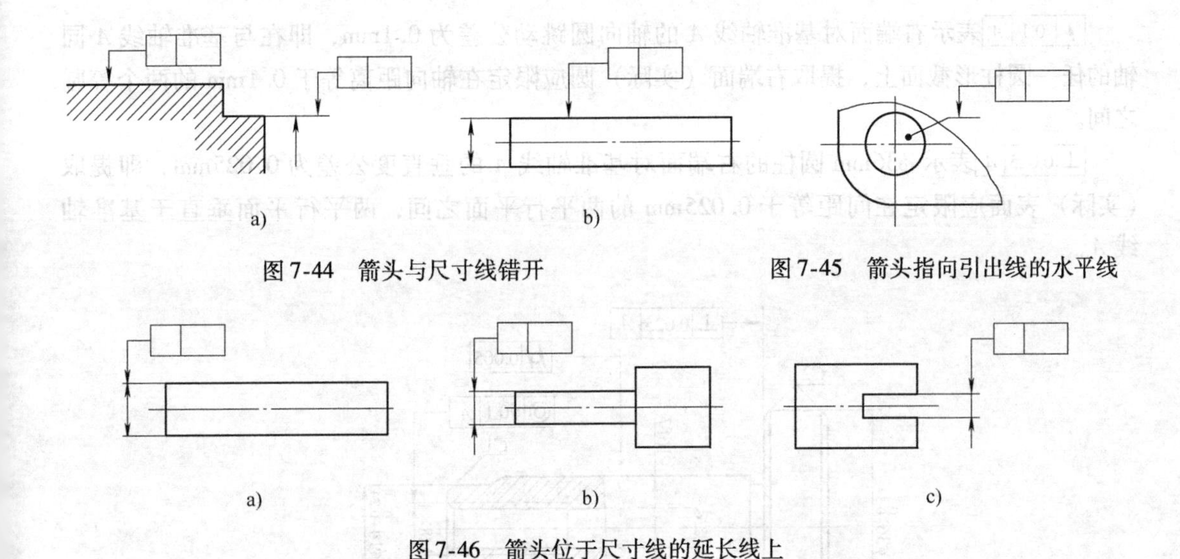

图 7-44　箭头与尺寸线错开　　图 7-45　箭头指向引出线的水平线

图 7-46　箭头位于尺寸线的延长线上

当基准要素为轮廓要素时，基准符号放置在要素的轮廓线或其延长线上，与尺寸线错开（图 7-47）；基准符号也可放置在该轮廓面引出线的水平线上（图 7-48）。

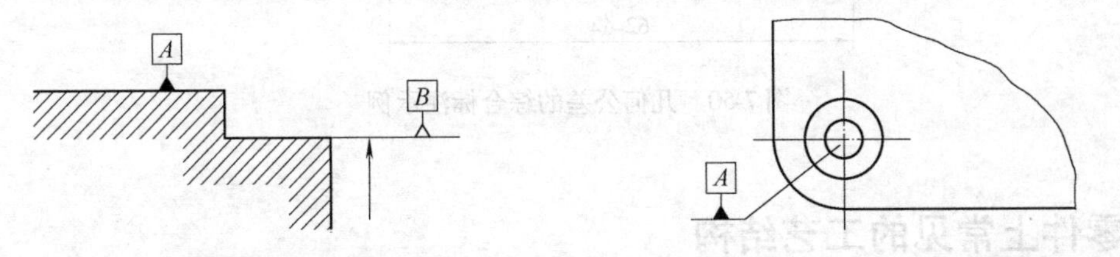

图 7-47　基准符号与尺寸线错开　　图 7-48　基准符号位于引出线的水平线上

当基准要素为中心要素时，基准符号应放置在该要素尺寸线的延长线上（图 7-49a、b）。当没有足够位置时，也可用基准符号代替其中的一个箭头（图 7-49b、c）。

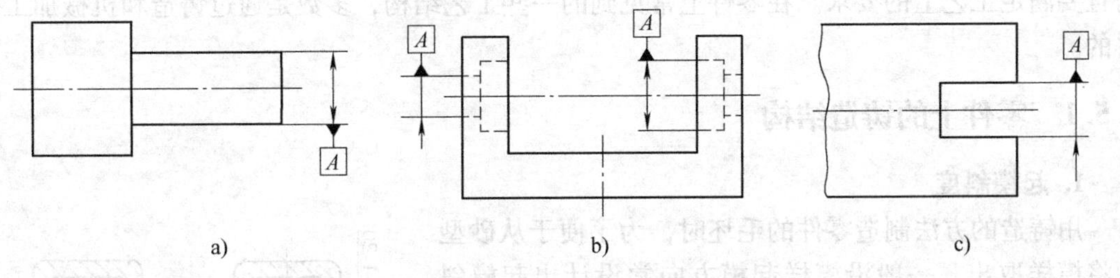

图 7-49　基准符号位于尺寸线的延长线上

3. 几何公差的标注示例

几何公差的综合标注示例如图 7-50 所示，公差标注的含义解释如下。

|⌭|0.005|表示 ϕ16mm 圆柱面的圆柱度公差为 0.005mm，即提取的 ϕ16mm（实际）圆柱面应限定在半径差为公差值 0.005mm 的两同轴圆柱面之间。

|◎|ϕ0.1|A|表示 M8×1mm 的中心线对基准轴线 A 的同轴度公差为 ϕ0.1mm，即 M8×1mm 螺纹孔的提取（实际）中心线应限定在直径等于 ϕ0.1mm，以基准轴线 A 为轴线的圆柱面内。

| ↗ | 0.1 | *A* | 表示右端面对基准轴线 *A* 的轴向圆跳动公差为 0.1mm，即在与基准轴线 *A* 同轴的任一圆柱形截面上，提取右端面（实际）圆应限定在轴向距离等于 0.1mm 的两个等圆之间。

| ⊥ | 0.025 | *A* | 表示 ϕ36mm 圆柱的右端面对基准轴线 *A* 的垂直度公差为 0.025mm，即提取（实际）表面应限定在间距等于 0.025mm 的两平行平面之间，两平行平面垂直于基准轴线 *A*。

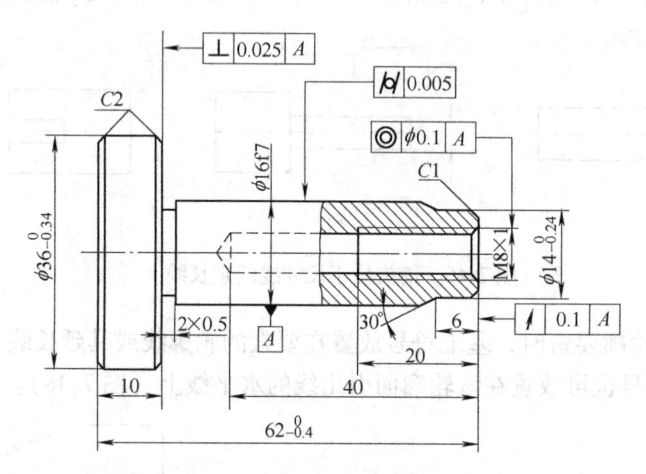

图 7-50　几何公差的综合标注示例

7.5　零件上常见的工艺结构

零件的结构形状主要由它在机器（或部件）中的作用决定的。但是，制造工艺对零件的结构也有某些要求。因此，在绘制零件图时，应使零件的结构不但要满足使用上的要求，而且要满足工艺上的要求。在零件上常见到的一些工艺结构，多数是通过铸造和机械加工获得的。

7.5.1　零件上的铸造结构

1. 起模斜度

用铸造的方法制造零件的毛坯时，为了便于从砂型中将模样取出，一般沿模样起模方向常设计出起模斜度，如图 7-51a 所示。

起模斜度在图样上可不予标注，也可以不画出，如图 7-51b所示；必要时，可以在技术要求中用文字说明。

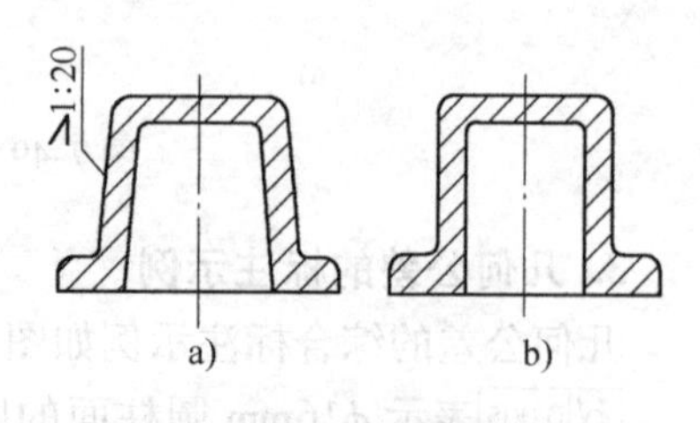

图 7-51　起模斜度

2. 铸造圆角

在铸件毛坯各表面的相交处，都有铸造圆角（图 7-52），这样既方便起模，又防止浇注铁液时将砂型转角处冲坏，还可避免铸件在冷却时产生裂纹或缩孔。铸造圆角半径一般取壁厚的 0.2～0.4 倍。铸造圆角应当画出，但在图样上一般不予标注，常集中注写在技术要求中。

铸件的两个表面相交处，由于有铸造圆角，因此其表面交线就不明显。为了区分不同表面以便于读图，仍画出没有圆角时的交线，这时的交线称为过渡线。过渡线用细实线绘制，如图 7-53 所示。

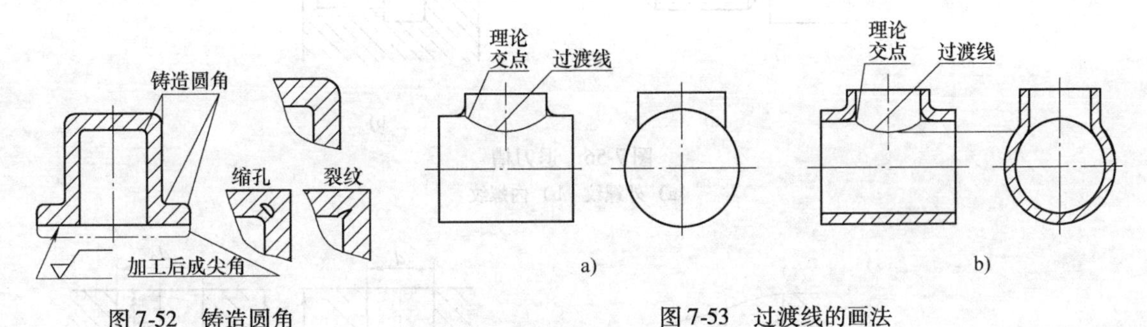

图 7-52　铸造圆角　　图 7-53　过渡线的画法

3. 铸件壁厚

在浇注零件时，为了避免因各部分冷却速度的不同而产生缩孔或裂纹，铸件壁厚应保持大致相等或逐渐变化，如图 7-54 所示。

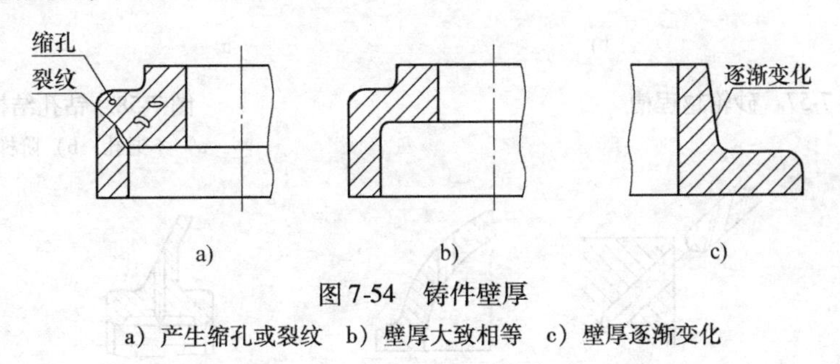

图 7-54　铸件壁厚

a）产生缩孔或裂纹　b）壁厚大致相等　c）壁厚逐渐变化

7.5.2　零件上的机械加工结构

1. 倒角和倒圆

为了去除零件加工表面的毛刺、锐边和便于装配，轴或孔的端部一般加工成倒角。为了避免阶梯轴和孔在轴肩和孔肩处产生应力集中，通常加工成圆角的过渡形式，称为倒圆。如图 7-55 所示，其中标注 *C*1 是指深度为 1mm 的 45°倒角。

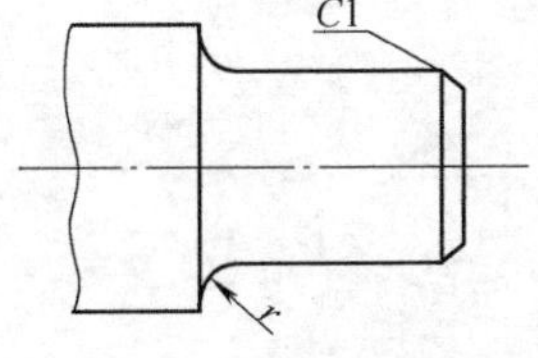

图 7-55　倒角和倒圆

2. 退刀槽和砂轮越程槽

在切削加工中，特别是在车螺纹和磨削时，为了便于退出刀具或使砂轮可以稍越过加工面，常在零件待加工面的末端，先车出退刀槽或砂轮越程槽，如图 7-56 和图 7-57 所示。

3. 钻孔结构

用钻头钻出的不通孔，在其底部有一个 120°的锥角，钻孔深度是指圆柱部分的深度，不包括锥坑，如图 7-58a 所示。在用钻头钻出的阶梯孔的过渡处，存在锥角为 120°的圆台，其画法及尺寸注法如图 7-58b 所示。

用钻头钻孔时，为保证钻孔准确和避免钻头折断，应使钻头轴线尽量垂直于被钻孔的表面，如图 7-59 所示。同时还要保证工具要有方便的工作条件，如图 7-60 所示。

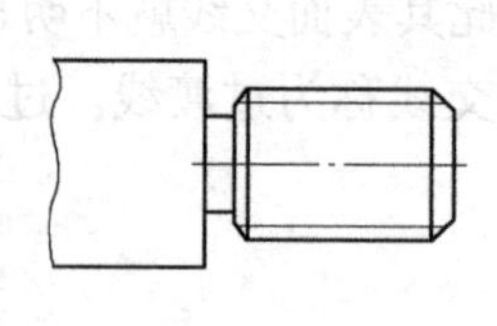

a)

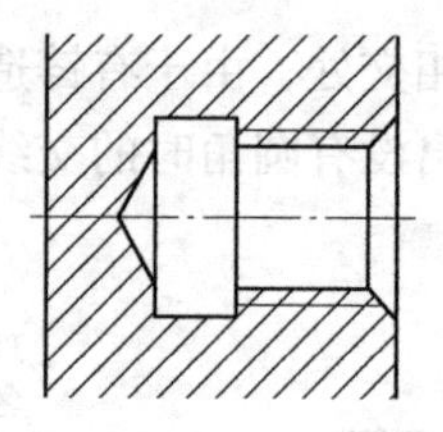

b)

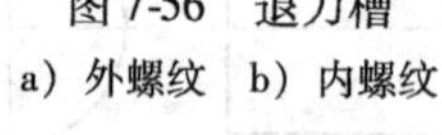

图 7-56　退刀槽

a）外螺纹　b）内螺纹

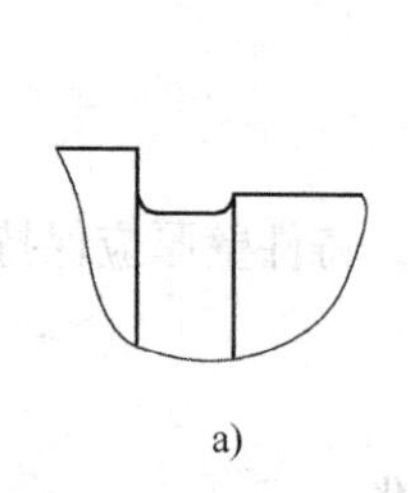

a)

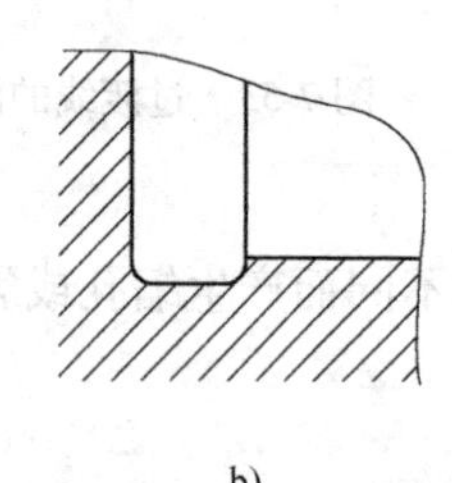

b)

图 7-57　砂轮越程槽

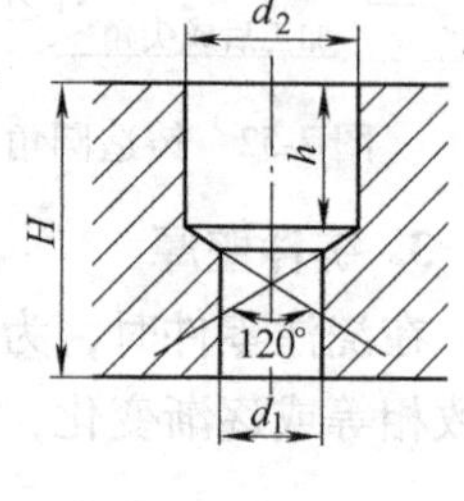

a)　b)

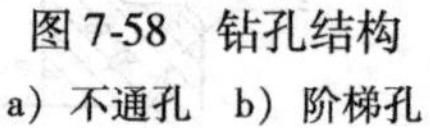

图 7-58　钻孔结构

a）不通孔　b）阶梯孔

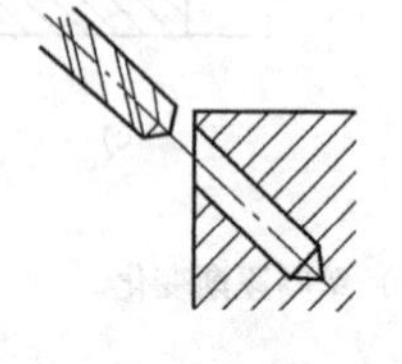

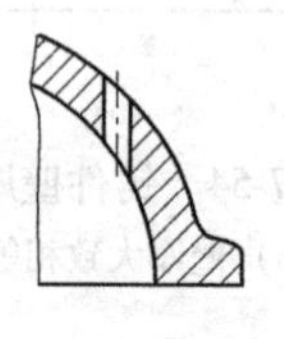

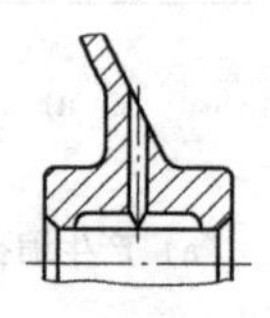

a)

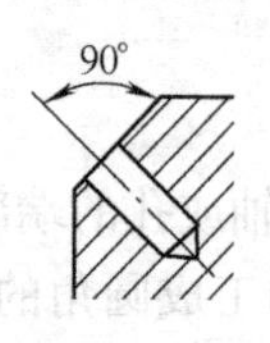

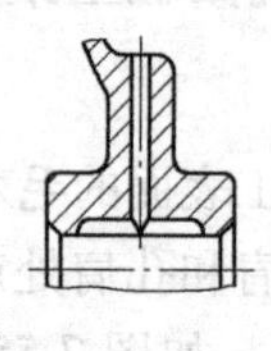

b)

图 7-59　钻头轴线尽量垂直于被钻孔的表面

a）不正确　b）正确

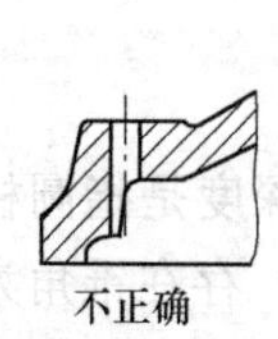

不正确

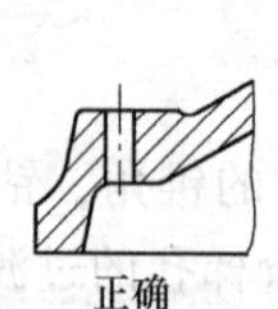

正确

a)

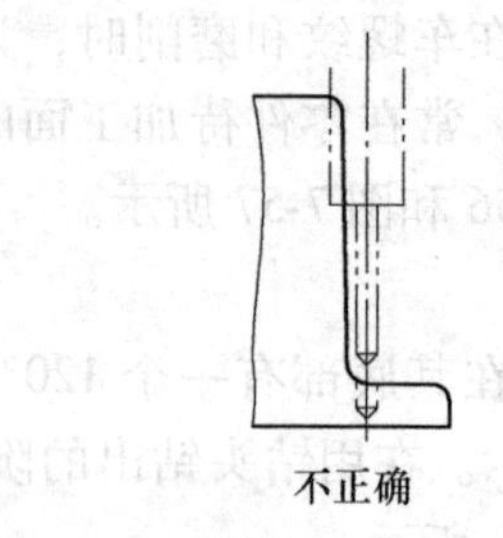

不正确

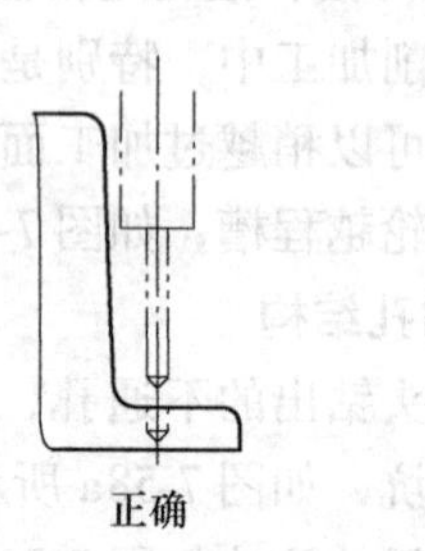

正确

b)

图 7-60　钻孔时要有方便的工作条件

a）钻头不要单边工作　b）要能伸进钻头

4. 凸台和凹坑

零件上凡是与其他零件接触的面，一般都要加工。为了降低零件的制造费用，减少加工面积，并保证零件表面之间有良好的接触，通常在铸件上设计出凸台、凹坑。如图 7-61a、b 所示是做成凸台或凹坑的形式的螺栓联接的支承面；图 7-61c 所示是为了减少加工面积而制成的凹槽结构。

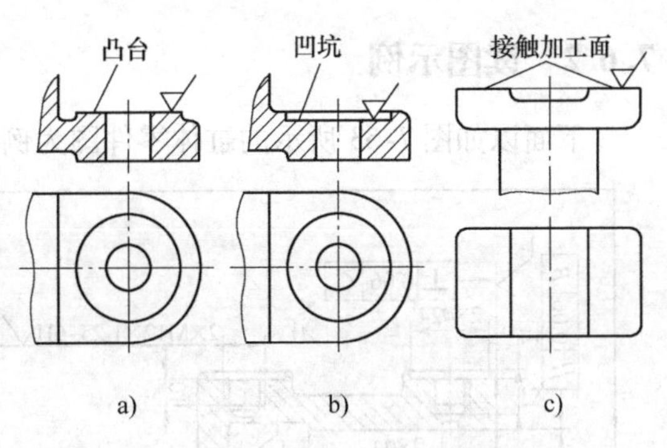

图 7-61　凸台、凹坑等结构
a) 凸台　b) 凹坑　c) 凹槽

5. 滚花

为了防止操作时在零件表面上打滑，在某些手柄和螺钉的头部通常做出滚花。滚花的画法与尺寸标注如图 7-62 所示。

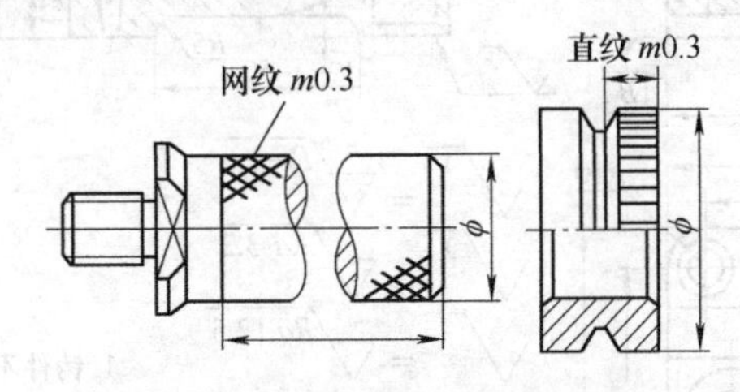

图 7-62　滚花的画法与尺寸标注

7.6 读零件图

7.6.1 读零件图的目的、方法与步骤

1. 读零件图的目的

读零件图的目的是：了解零件的名称、材料和用途；根据零件图想象出零件的结构形状；分析零件的结构、尺寸和技术要求，以便于理解设计意图及确定相应的加工方法和检测手段。

2. 读零件图的方法与步骤

(1) 读零件图的方法　读零件图的基本方法仍然是形体分析法和线面分析法。

(2) 读零件图的步骤

1) 读标题栏。了解零件的名称、材料、比例等，为想象零件的结构形状、在机器中的作用、要求等提供线索。

2) 分析视图。分析每个视图及所用表达方法，明确视图间的投影关系，进而运用读组合体视图的方法想象出整体的结构形状。

3) 分析尺寸。找出长、宽、高三个方向的尺寸基准，分析出定形、定位尺寸，分析尺寸标注的合理性。

4) 分析技术要求。根据图样上技术要求的注写，明确零件的技术要求。

5) 综合归纳。将识读零件图所得到的全部信息加以综合归纳，对零件的各方面有一个完整的认识，这样才算真正将图读懂。

7.6.2 读图示例

下面以如图 7-63 所示的缸体零件图为例，具体说明读零件图的一般方法和步骤。

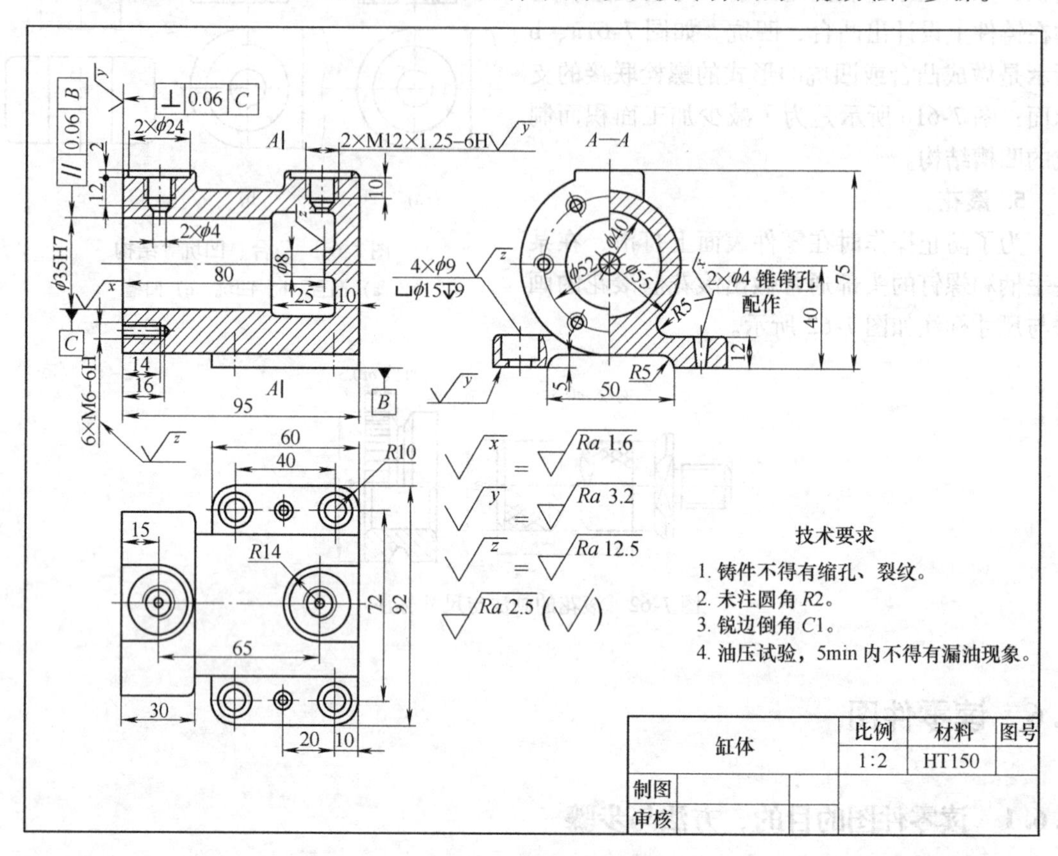

图 7-63 缸体零件图

1. 读标题栏

从标题栏可以知道该零件的名称为缸体，是液压缸的一个主要零件，属于箱体类零件；材料为铸铁，据此可确定其毛坯为铸造件；根据绘图比例 1∶2 可了解零件的实际大小。

读其他技术资料，如读装配图及其相关的零件图等技术文件，进一步了解该零件的用途以及它与其他零件的关系。

2. 分析视图

缸体由三个基本视图表达。主视图是全剖视图，表达了缸体的内部结构形状。主视图按工作位置放置。左视图采用了 *A—A* 半剖视图，剖切面通过锥销孔轴线，表达了内形，又反映了外形。俯视图为外形视图，主要用来表达缸体的外部结构形状。左视图的外形部分用局部剖视表达通孔的结构形状。

在对视图做出分析后，按照视图之间的投影关系并采用形体分析法，分析缸体的结构形状。结合三个视图一起分析，可以看出缸体的主体是两端有凸台的圆筒，下面为带圆角的长方形底板。两个凸台上都有螺孔。圆筒左端有均布六个螺孔的法兰。在缸体里面，右端有个

ϕ8mm 的小凸台。底板上有四个安装孔和两个锥销孔，底面有通槽。

通过对缸体各部分结构形状的分析，按照它们彼此间的相对位置，就可以想象出缸体的整体结构形状，如图 7-64 所示。

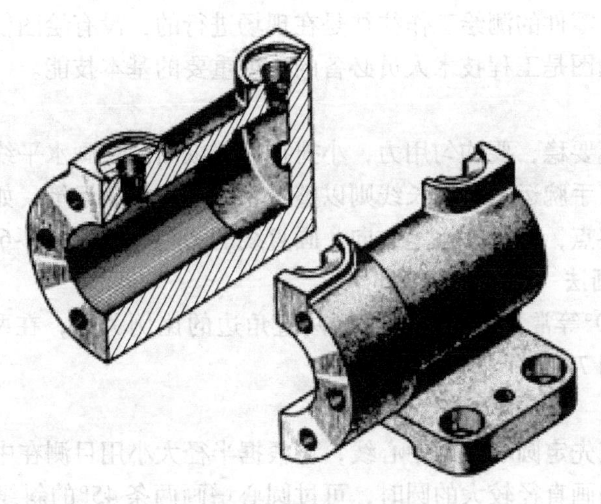

图 7-64　缸体立体图

3. 分析尺寸

分析缸体零件图的尺寸，找出尺寸基准。长度方向的尺寸基准是左端面，它是缸体和缸盖的结合面；宽度方向的尺寸基准是缸体的前后对称面；高度方向以缸体底面为尺寸基准。ϕ35H7 孔的轴线是高度方向的辅助基准，定位尺寸 ϕ52，定形尺寸 ϕ35H7、ϕ40、ϕ55、ϕ8 都是以其为基准标注的。在缸体的尺寸中，孔径尺寸 ϕ35H7、轴线与底面之间的距离尺寸 40、凸台螺孔的定位尺寸 15 和 65，安装孔的中心距离尺寸 72、40 和螺钉定位圆直径尺寸 ϕ52 等都是重要尺寸。

4. 分析技术要求

缸体的配合面标注着尺寸公差，如 ϕ35H7。有几何公差要求的是：左端面对轴线的垂直度公差为 0.06mm，轴线对底面的平行度公差为 0.06mm。表面粗糙度要求最高的面是 ϕ35H7 孔，其 *Ra* 值为 1.6μm；其次是左端面和底面，其 *Ra* 值为 3.2μm；再次是小凸台端面、安装孔和螺孔，其 *Ra* 值为 12.5μm；锥销孔要配作，粗糙度要求也较高，其 *Ra* 值为 1.6μm；其余加工面的 *Ra* 值为 25μm。此外，还有文字注解的内容，注写在“技术要求”的标题下。

5. 综合归纳

综合以上内容，就能了解零件的全貌，真正读懂这张零件图。最后，还可以考虑全图有没有不合理之处，提出改进意见。

7.7　测绘零件

对实际零件凭目测徒手画出图形，测量并记入尺寸，提出技术要求以完成草图，再根据草图画出零件图的过程，称为零件的测绘。在制造和修配机器或部件以及进行技术改造时，通常需要进行零件测绘工作。

7.7.1　徒手画图的方法

在生产实践中，零件的测绘工作往往是在现场进行的，没有绘图仪器和工具，要求徒手来完成，因此徒手画图是工程技术人员必备的一项重要的基本技能。

1. 直线的画法

画直线时，执笔要稳，要均匀用力，小拇指靠着纸面。在画水平线时，为了顺手，可将图纸斜放。画短线以手腕运笔，画长线则以整个手臂动作控制运笔。如果用一直线连接已知两点，眼睛要盯住终点，以保持运笔方向。画直线的运笔方向如图7-65a所示。

2. 常用角度的画法

画45°、30°、60°等常见角度，可根据两直角边的比例关系，在两直角边上定出两点，然后连接而成，如图7-65b所示。

3. 圆的画法

徒手画圆时，应先定圆心及画中心线，再根据半径大小用目测在中心线上定出四点，然后过这四点画圆。当画直径较大的圆时，可过圆心增画两条45°的斜线，按半径目测定出八点，连接成圆，如图7-65c所示。

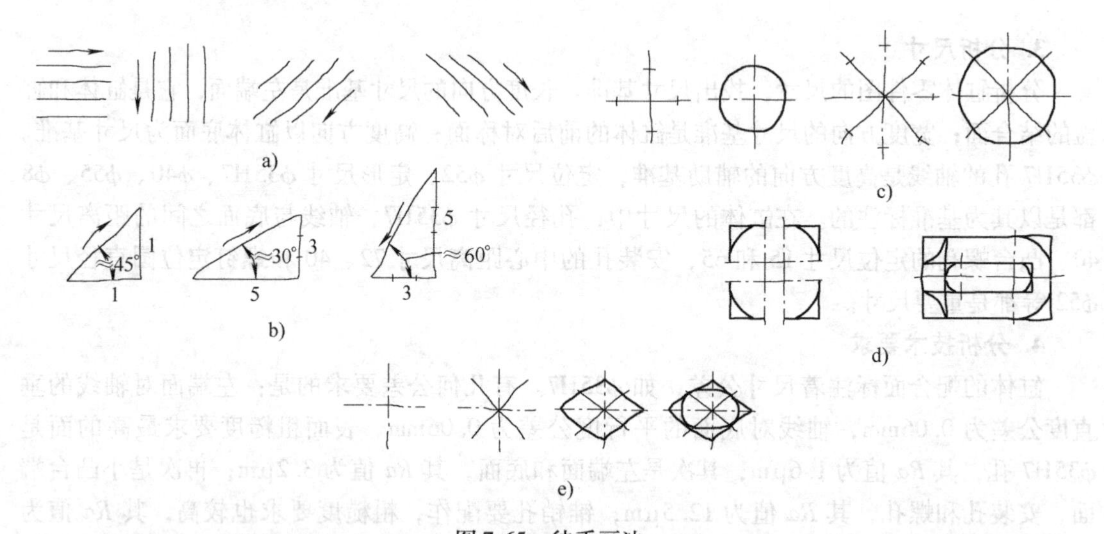

图7-65　徒手画法

a）直线的徒手画法　b）角度的徒手画法　c）圆的徒手画法　d）圆角和曲线连接的徒手画法　e）椭圆的徒手画法

4. 圆角、曲线连接及椭圆的画法

对于圆角、曲线连接及椭圆的画法，可以尽量利用正方形、菱形相切的特点进行画图，如图7-65d、e所示。

7.7.2　测绘零件的步骤

1. 了解和分析零件

为了做好零件测绘工作，首先要分析了解零件在机器或部件中的位置以及与其他零件的关系、作用，然后分析其结构形状和特点以及材料等。

2. 确定零件表达方案

首先根据零件的结构形状特征、工作位置或加工位置等情况选择主视图，然后选择其他视图，完整、清晰地表达零件结构形状。如图7-66所示压盖，主视图按加工位置选择，并作全剖视，表达压盖轴向板厚度、圆筒长度、通孔等。选择左视图，表达压盖的结构形状和孔的位置。

3. 绘制零件草图

零件测绘工作一般多在生产现场进行，因此不便于使用绘图仪器和工具画图，多以草图形式进行。以目测估计比例，按要求徒手（或部分使用绘图仪器）绘制的图称为草图。零件草图是绘制零件图的依据，必要时还可以直接用于生产，因此它必须包括零件图的全部内容，草图绝没有潦草之意。

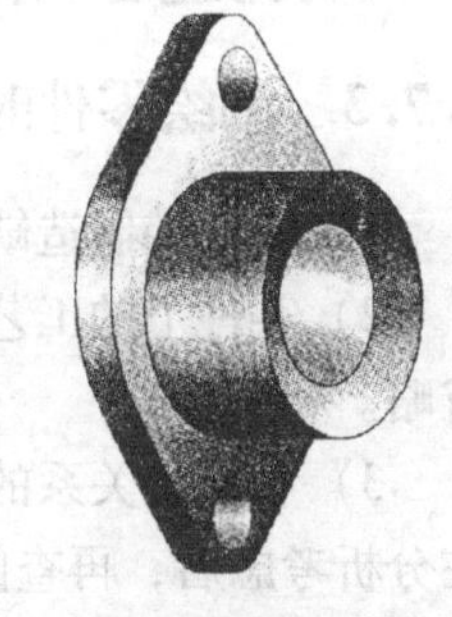

图7-66 压盖立体图

以图7-66所示压盖为例，说明绘制零件草图的步骤。

1）布置视图，画主视图、左视图的作图基准线。布置视图时要考虑标注尺寸的位置，如图7-67a所示。

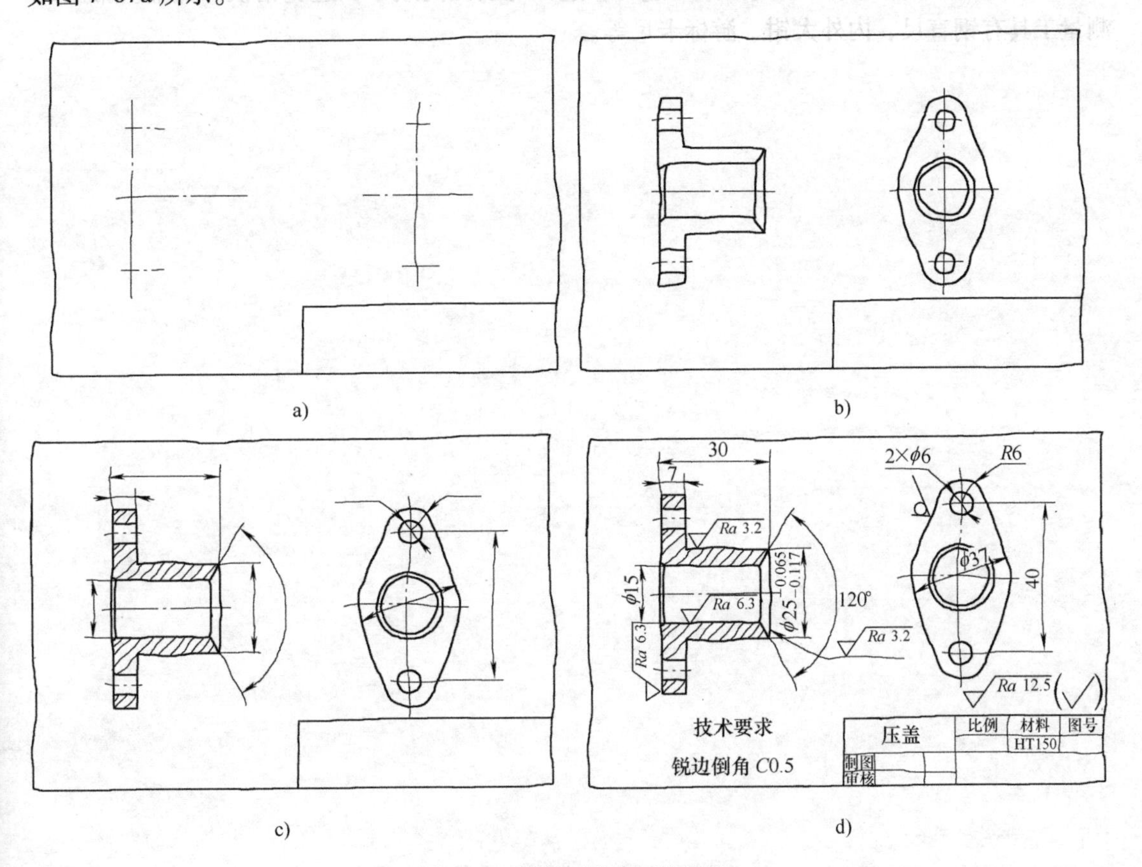

图7-67 绘制零件草图的步骤

2）目测比例、徒手画图。从主视图入手按投影关系完成各视图，如图7-67b所示。

3）画剖面线，选择尺寸基准，画出尺寸界线和尺寸线，如图7-67c所示。

4）测量和标注尺寸。

5）根据压盖各表面的工作要求，标注表面粗糙度代号，确定尺寸公差，注写技术要求和标题栏，如图 7-67d 所示。

4. 复核整理零件草图，再根据零件草图绘制零件图

7.7.3 测绘零件时的注意事项

1）零件的制造缺陷，如砂眼、气孔、刀痕等以及长期使用导致的磨损，都不应画出。

2）零件上的工艺结构，如铸造圆角、倒角、退刀槽、凸台、凹坑等，必须画出，不能省略。

3）有配合关系的尺寸，一般只要测量它的公称尺寸，其配合性质和相应的公差值，应在分析考虑后，再查阅有关手册后确定。

4）没有配合关系的尺寸或不重要的尺寸，允许将测量所得的尺寸进行适当圆整。

5）对于螺纹、键槽、齿轮的轮齿等标准结构的尺寸，应该把测量的结果与标准值核对，采用标准结构尺寸，以便于加工制造。

6）在测量零件尺寸时一定要集中进行，这样可以提高效率，避免错误和遗漏。常用的测量工具有钢直尺、内外大钳、游标卡尺等。

学习情境8　绘制和识读装配图

学习目标

1）了解装配图的作用和内容。

2）了解装配图的表达方法。

3）掌握绘制装配图的方法和步骤。

4）学习测绘装配体的方法和步骤。

5）掌握识读装配图的方法和步骤。

8.1　装配图的作用和内容

任何装配体（机器或部件）都是由若干零件按一定装配关系和技术要求装配而成的。用来表达装配体的图样称为装配图。图8-1所示为滑动轴承的分解立体图。图8-2所示为滑动轴承的装配图，表达其组成部分的连接、装配关系。

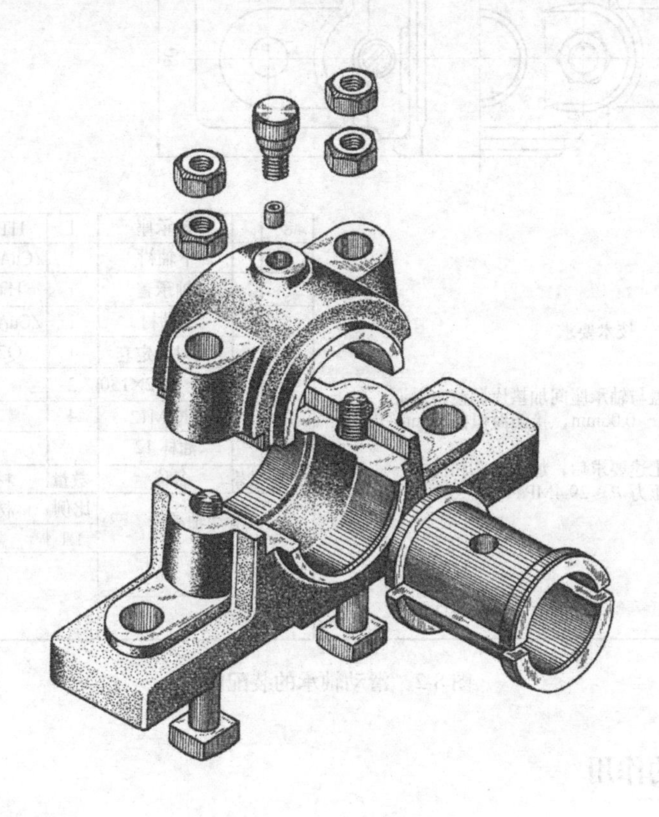

图8-1　滑动轴承的分解立体图

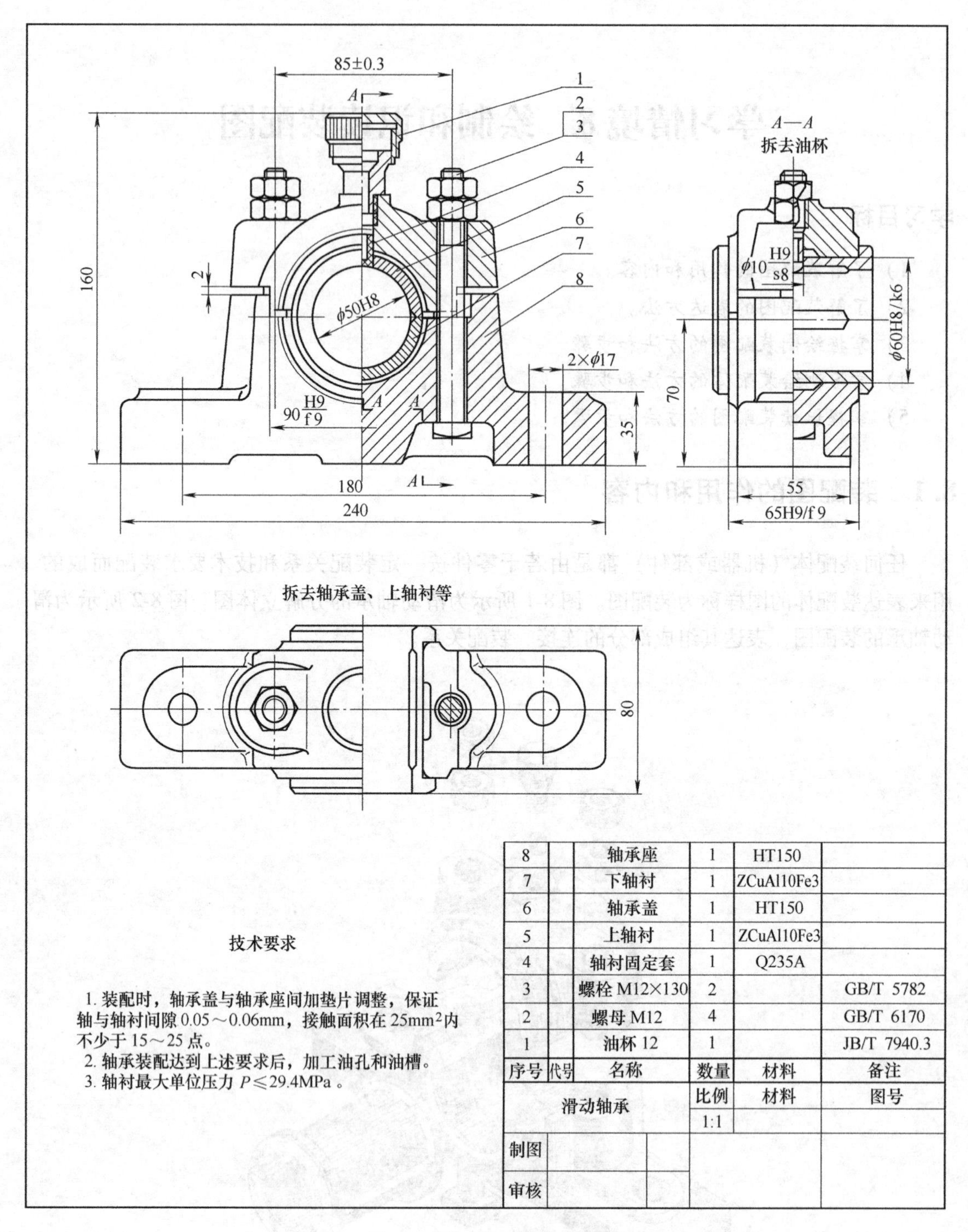

8		轴承座	1	HT150	
7		下轴衬	1	ZCuAl10Fe3	
6		轴承盖	1	HT150	
5		上轴衬	1	ZCuAl10Fe3	
4		轴衬固定套	1	Q235A	
3		螺栓 M12×130	2		GB/T 5782
2		螺母 M12	4		GB/T 6170
1		油杯 12	1		JB/T 7940.3
序号	代号	名称	数量	材料	备注
滑动轴承			比例	材料	图号
			1:1		
制图					
审核					

图 8-2　滑动轴承的装配图

8.1.1　装配图的作用

无论设计或开发新产品，还是对产品进行改进时，都要先画出整台机器的总装配图和机器各组成部分的部件图，再根据装配图画出零件图，然后按照零件图生成零件，依照装配图把零件装配成装配体；在安装、检验、使用和维修机器时，则需要通过装配图了解结构、性能、技术要求等；在交流生产经验，引进先进技术时，也都离不开画、读装配图。因此，装配图和零件图一样，也是指导生产的重要技术文件。

8.1.2 装配图的内容

一张完整的装配图应包括以下内容。

1. 一组视图

用来表达装配体的结构特点、工作原理、零件之间的装配和连接关系及各零件的主要结构形状。

2. 一组尺寸

标注反映装配体的性能、规格以及装配、检验、安装、运输时所必需的有关尺寸。

3. 技术要求

用文字或代号说明装配体的性能、规格以及装配和调整时的要求、验收条件、试验和使用规则及使用范围等。

4. 序号和明细栏

序号将明细栏和装配图联系起来，读图时便于在装配图上找到零件的位置。

明细栏应填写零件的序号、名称、数量、材料及标准件的规格和标准号等。

5. 标题栏

填写机器或部件的名称及数量、图号、比例、设计和制图人姓名、设计单位等。

8.2 装配图的表达方法

8.2.1 装配图的视图选择

装配图的一组视图主要是用于表达装配体的工作原理、装配关系和基本形状。

主视图一般应符合工作位置，工作位置倾斜的应放正。要选取反映主要或较多装配关系的方向作为主视图的投射方向。在主视图的基础上，选用一定数量的其他视图使装配关系进一步表达完整，并表达清楚主要零件的结构形状。视图的数量根据装配体的复杂程度和装配线的多少而定。

图 8-3 所示为传动器的装配图。该装配体由座体、轴、齿轮、轴承等 13 种零件组成，动力通过 V 带传递到左侧带轮，带轮和右侧的齿轮均通过普通平键与轴联结，从而将动力由轴的一端传到另一端。该装配图采用了主、左两个基本视图。由于传动器只有一条装配线，主视图按工作位置放置并采用全剖视，表达装配关系和基本形状。左视图采用局部剖视，进一步表达座体的形状及螺钉的分布情况。

8.2.2 装配图的规定画法和特殊画法

零件图的各种表达方法，如视图、剖视图、断面图、局部放大图及简化画法等对装配图同样适用。此外装配图还有一些规定画法和特殊画法。

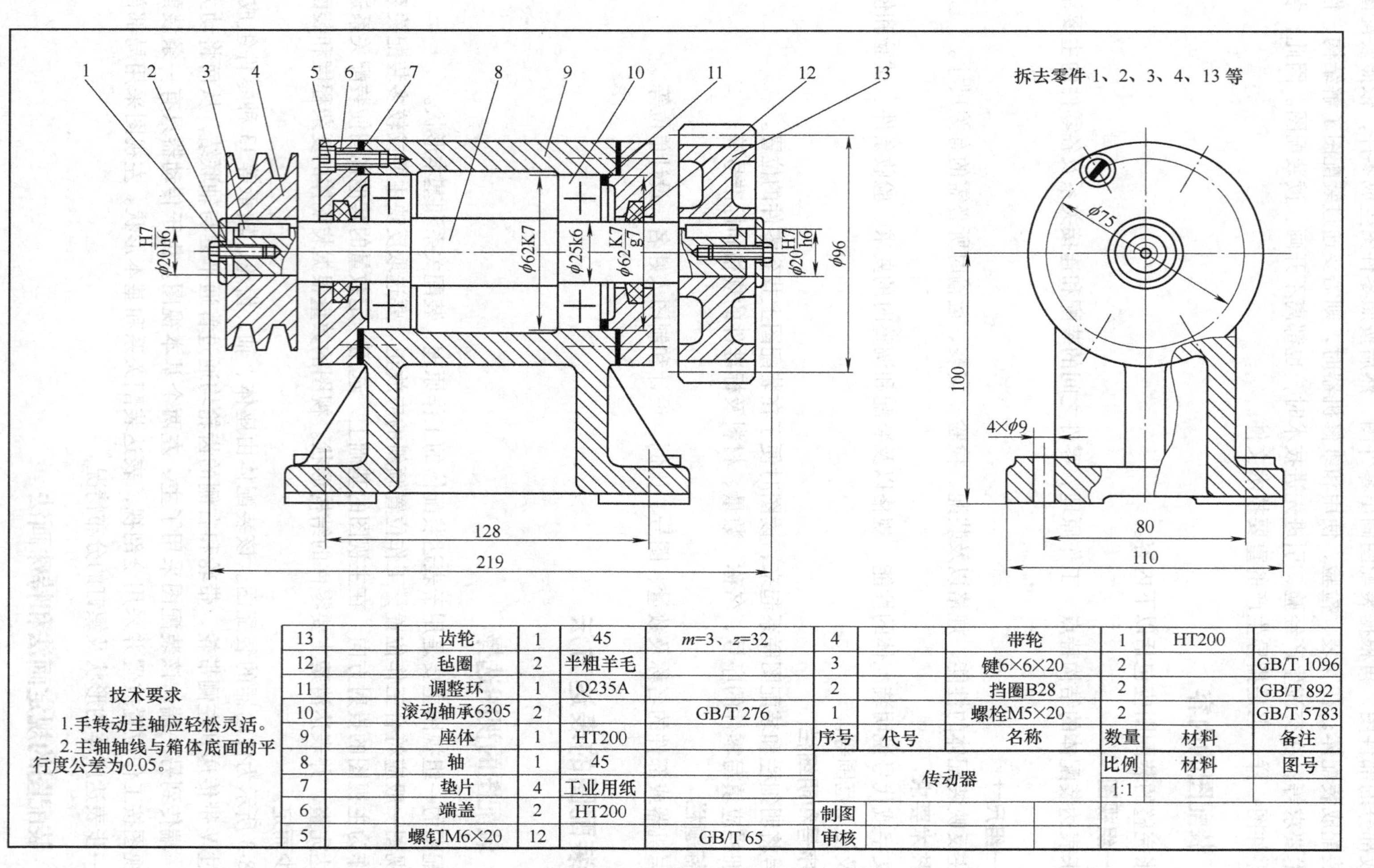

序号	代号	名称	数量	材料	备注
13		齿轮	1	45	m=3、z=32
12		毡圈	2	半粗羊毛	
11		调整环	1	Q235A	
10		滚动轴承6305	2		GB/T 276
9		座体	1	HT200	
8		轴	1	45	
7		垫片	4	工业用纸	
6		端盖	2	HT200	
5		螺钉M6×20	12		GB/T 65

序号	代号	名称	数量	材料	备注
4		带轮	1	HT200	
3		键6×6×20	2		GB/T 1096
2		挡圈B28	2		GB/T 892
1		螺栓M5×20	2		GB/T 5783

传动器		比例	材料	图号
		1:1		
制图				
审核				

图 8-3　传动器的装配图

1. 装配图的规定画法

在装配图中为了区分各个零件和确切表达出它们之间的装配关系，对装配图作如下规定。

1）两相邻零件的接触面和配合面规定只画一条线。

2）两相邻金属零件的剖面线，其倾斜方向应相反或方向一致而间隔不等。

3）当剖切平面通过标准件（如螺栓、螺母、垫圈、键、销等）和实心件（如轴、杆、球等）的对称平面或轴线时，这些零件按不剖绘制。图 8-3 所示的螺钉、键就是这样表示的。

2. 装配图的特殊画法

（1）拆卸画法　在装配图的某一视图上，当某个或几个零件遮住了其他需要表达的零件结构时，或为避免重复，简化作图，可假想将某些零件拆去后绘制，需要说明时可在其视图上方标注“拆去××”字样。图 8-3 中的左视图拆去了零件 1、2、3、4、13 等。

（2）沿接合面剖切画法　在装配图中，可假想沿某些零件接合面剖切，接合面上不画剖面线。图 8-4 中右视图就是沿泵盖与泵体的接合面剖切的，相当于拆去泵盖。值得注意的是此时的螺钉、销属于横向剖切，它们的断面要画剖面线。

（3）单独画出某零件　在装配图中，当某个主要零件的形状未表达清楚时，可以单独画出该零件的视图。这时应该在该视图上方注明零件及视图名称，在相应视图的附近用箭头指明投射方向，并在该视图上方标注上同样的字母。图 8-4 中的“泵盖 *B*”就是采用的这种画法。

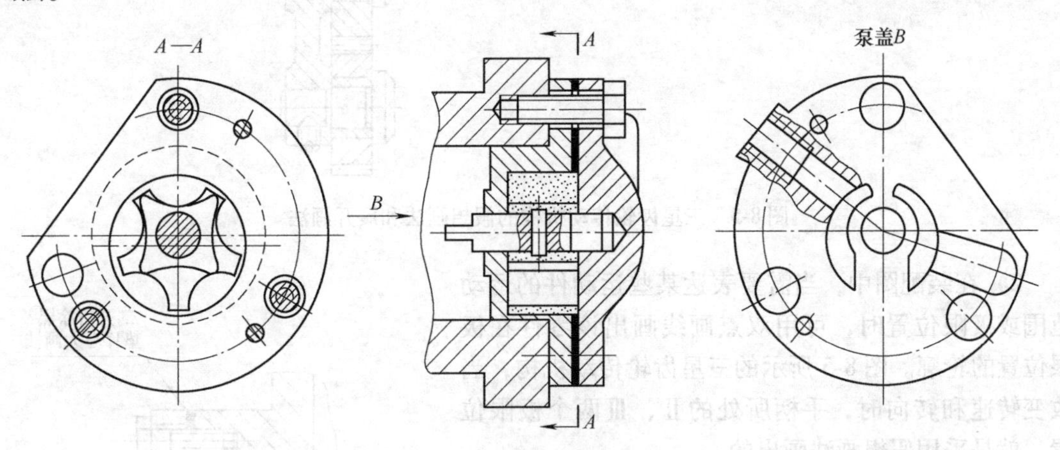

图 8-4　装配图的特殊画法

（4）简化画法

1）在装配图中，零件的工艺结构，如圆角、倒角、退刀槽等可不画出。螺纹紧固件也可采用简化画法。

2）对于装配图中若干相同的零件组，如螺栓联接等，可仅详细地画出一组或几组，其余的只需用中心线表示其装配位置。

3）在装配图中，滚动轴承允许按规定画法绘制。

（5）假想画法

1）在装配图中，当需要表达与装配体有关系但不属于装配体的其他相邻零部件时，可用双点画线画出相邻零部件的外形轮廓。图 8-5 中的主轴箱就是采用了这种假想画法画出的。

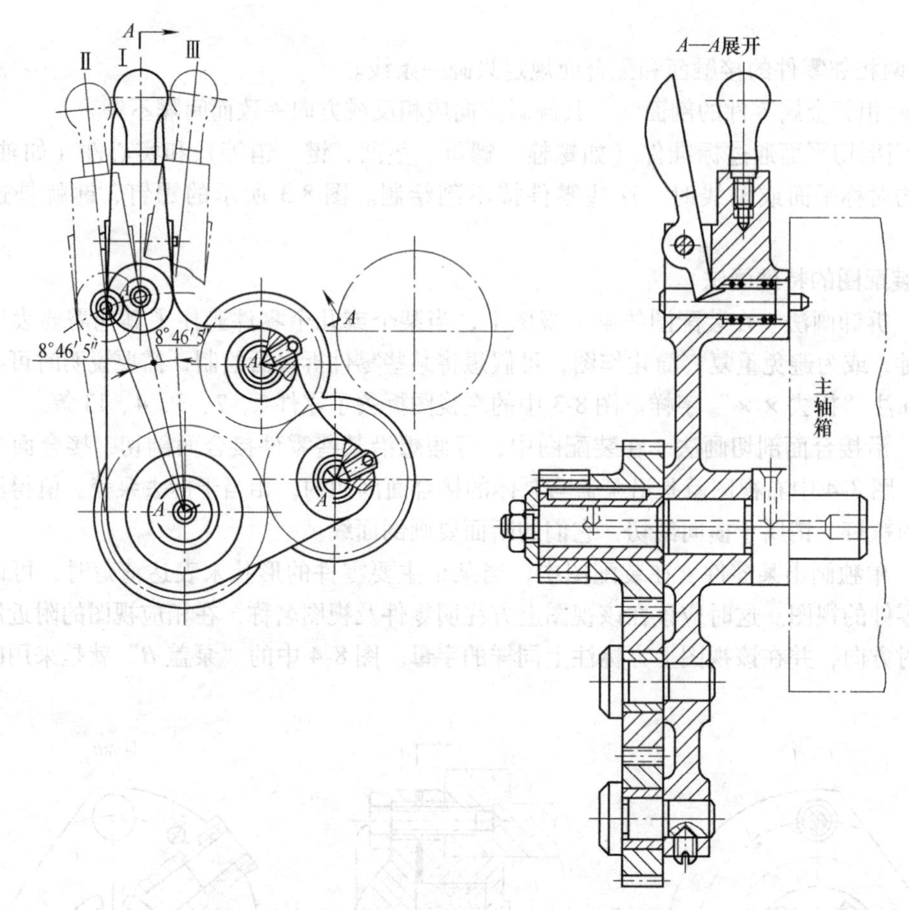

图 8-5　三星齿轮传动机构的假想画法和展开画法

2）在装配图中，当需要表达某些运动件的运动范围或极限位置时，可用双点画线画出该零件在极限位置的轮廓。图 8-5 所示的三星齿轮传动机构，当改变转速和转向时，手柄所处的Ⅱ、Ⅲ两个极限位置，就是采用假想画法画出的。

（6）展开画法　当传动机构中各轴系的轴线不在同一平面内，为了表示传动机构的传动路线和装配关系，可假想按传动顺序沿各轴线剖切后，依次展开在一个平面上，画出其剖视图，并标注"×—×展开"。图 8-5 所示的"A—A 展开"为三星齿轮传动机构的展开图。

（7）夸大画法　在装配图中，为了清楚表达小间隙、薄的零件以及小斜度、小锥度时，允许适当夸大画出，如图 8-6 所示。

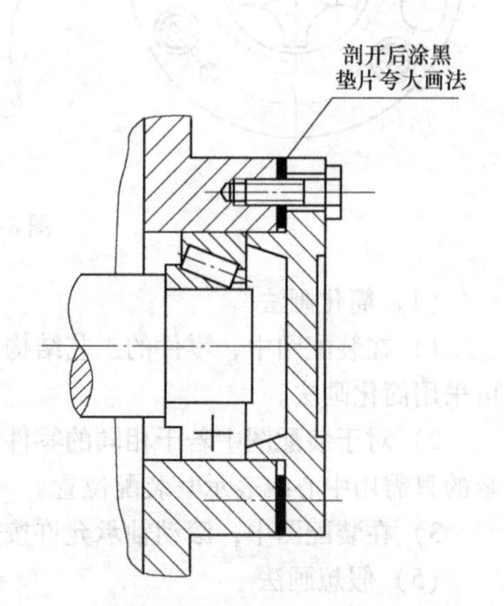

图 8-6　装配图的夸大画法

8.3 装配图的尺寸标注、技术要求

8.3.1 装配图的尺寸标注

装配图中不需要注出各零件的全部尺寸，一般只注下列几类尺寸。现以图 8-2 所示滑动轴承装配图为例说明。

1. 性能尺寸（规格尺寸）

这类尺寸是表示装配体的性能或规格的，在设计时就已确定了。它是设计、了解和选用机器的依据。图 8-2 中孔径 $\phi50$ 的是滑动轴承的性能尺寸，它决定了该轴承只能支承 $\phi50$ 的轴。

2. 装配尺寸

为了保证装配体的性能，零件之间的配合尺寸和重要的相对位置尺寸，是设计零件和装配机器的依据。

（1）配合尺寸　表示零件间配合性质的尺寸。配合尺寸也是拆画零件图时，确定零件尺寸偏差的依据。图 8-2 所示，$\phi60$ H8/k6 是上轴衬 5 和下轴衬 7 与轴承座 8 和轴承盖 6 之间的配合尺寸。

（2）相对位置尺寸　表示零件间或部件间的相对位置的尺寸，是装配机器时必须保证的尺寸。图 8-2 中 $\phi50$H8 圆孔中心到底面的距离尺寸 70，就属于这类尺寸。

3. 安装尺寸

安装尺寸是指装配体安装时所需的尺寸。将部件安装在机器上或机器安装在基础上，确定其安装位置所需的尺寸。图 8-2 所示轴承座底板上两孔的中心距尺寸 180 及孔径尺寸 $\phi17$ 都是这类尺寸。

4. 外形尺寸

外形尺寸是指装配体的总长、总宽、总高，反映了装配体所占的空间大小，为包装、运输及安装布置提供依据。图 8-2 所示总长尺寸 240、总宽尺寸 80、总高尺寸 160 即为外形尺寸。

5. 其他重要的尺寸

必要时还可标注不属于上述四类尺寸的其他重要尺寸，这些尺寸是在设计中经过计算确定的或选定的尺寸，如运动零件活动范围的极限尺寸等。

上述五类尺寸，并不是在每张装配图中都有的，要根据具体情况进行具体分析，有时一个尺寸兼有几种作用和含义。

8.3.2 装配图的技术要求

拟定技术要求时，应考虑以下几个方面的内容。

1. 装配要求

装配过程中的要求及注意事项的说明、选定的装配方法及特殊的要求、装配后应达到的要求等。

2. 检验要求

对装配体的基本性能的检验，试验、验收方法的说明和操作的要求。

3. 使用要求

对装配体的性能、维护、保养的要求，使用操作的注意事项，对包装、运输、安装的说明等。

装配图中的技术要求，通常用文字注写在明细栏的上方或图样的下方空白处。技术要求要根据具体情况而定，不一定每张装配图都具有以上各项要求。图 8-2 中的技术要求，主要说明滑动轴承的装配、使用的各项技术要求。

8.4 装配图的序号和明细栏

8.4.1 序号

为便于画图、读图、图样管理及做好生产准备工作，装配图中所有的零件（或部件）必须编写序号。相同的零件（或部件）用一个序号标注，一般只标注一次。序号编写应整齐、清晰、醒目，为此，要遵守下列规则。

1）在所指部分的可见轮廓内画一圆点，从圆点开始画指引线（用细实线绘制），在指引线的另一端画一水平线或圆（用细实线绘制），在水平线上或圆内注写序号，序号的字号比该装配图中所注尺寸数字的字号大一号或两号，如图 8-7a 所示。

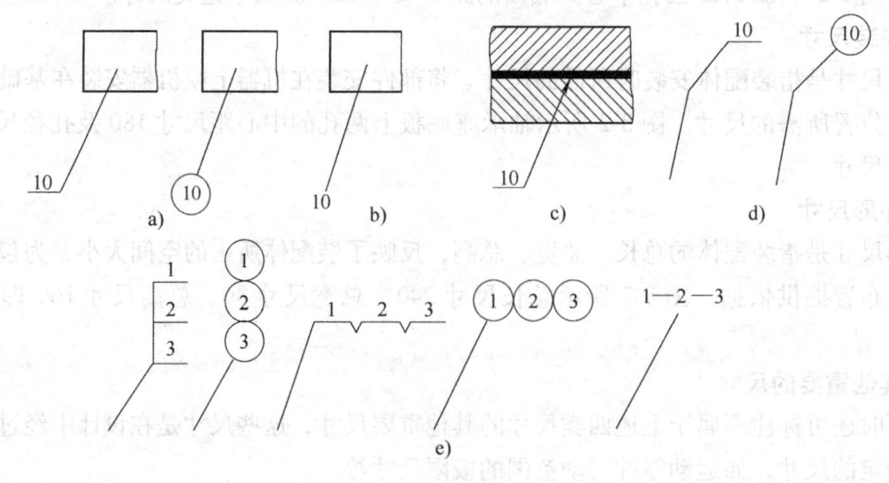

图 8-7　零件序号的注写形式

2）直接将序号注在指引线附近，序号的字号比该装配图中所注尺寸数字的字号大一号或两号，如图 8-7b 所示。

3）当所指部分（如很薄的零件或涂黑的剖面）内不便画圆点时，可在指引线末端画出箭头并指向该部分的轮廓，如图 8-7c 所示。

4）指引线不能相互交叉，当通过有剖面的区域时，指引线不与剖面线平行。必要时指引线可画成折线，但只允许曲折一次，如图 8-7d 所示。

5）一组紧固件以及装配关系清楚的零件组，可采用公共指引线，如图 8-7e 所示。

6）装配图中的序号应按水平或垂直方向排列整齐，并应按顺时针或逆时针方向顺次排列。在同一装配图中，编写序号的形式应一致。

8.4.2 明细栏

明细栏是装配体中全部零件的详细目录，一般绘制在标题栏上方，按由下向上的顺序填写。当延伸位置不足时，可紧靠在标题栏的左边自下而上继续编写。

明细栏的内容一般包括装配图中所有的零、部件的序号、代号、名称、数量、材料和备注等。明细栏中的序号必须与装配图中所编写的序号一致。对于标准件，在代号一栏要注明标准号，并在名称一栏注出规格尺寸，标准件的材料无特殊要求可不填写。

装配图的标题栏和明细栏可采用图 7-5 所示的格式。

8.5 装配结构

装配结构是否合理，将直接影响机器（或部件）的装配、工作性能及检修时拆、装是否方便。下面介绍几种常见装配结构的合理性问题。

8.5.1 加工面及接触面

1. 合理减少加工面

零件上配合面、定位基准面、接触面及其他重要的表面，一般都需要加工。在满足工作要求的条件下，应尽量减少加工面，以便降低成本，又能保证接触的可靠性，如图 8-8 所示。

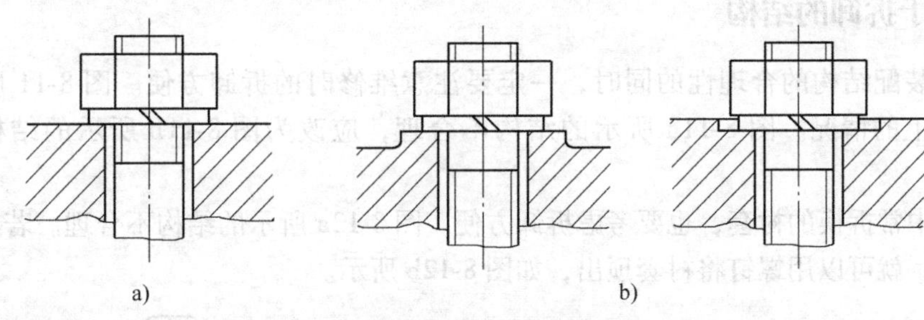

图 8-8 减少加工面

a）错误 b）正确

2. 接触面的结构

两零件相互接触时，应采用适当的结构，如倒角、圆角、退刀槽等，以保证紧密接触。如图 8-9b 所示，轴肩与孔端面接触时，应将孔边倒角或将轴肩的根部切槽，以保证轴肩与孔端面接触良好。如图 8-9a 所示，由于轴肩处留有圆角，孔的转角处为尖角，两零件的端面无法靠紧。

3. 接触面的数量

当两零件接触时，在同一方向上只有一组接触面，应尽量避免两组面同时接触。这样既可保证接触良好，又降低零件的加工要求和费用。图 8-10a、b 所示为平面接触的情况，说明同一方向只应有一组接触平面。图 8-10c 所示为圆柱面接触的情况，说明同轴线时只应有一组接触圆柱面。

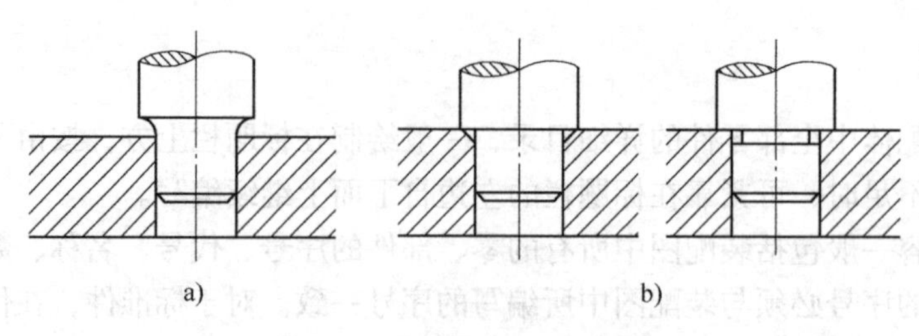

图 8-9　轴肩与孔端面接触

a）错误　b）正确

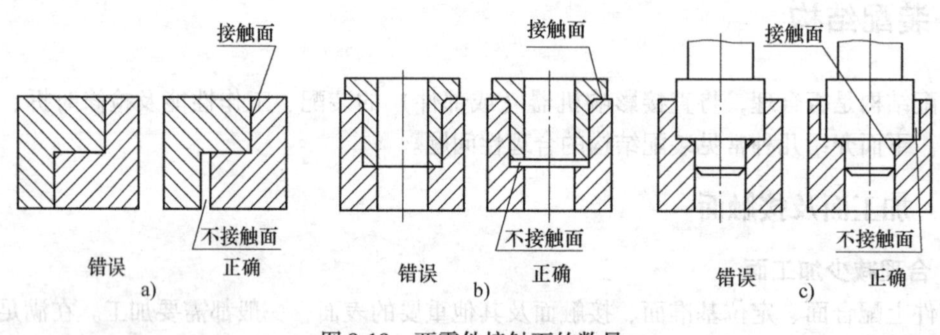

图 8-10　两零件接触面的数量

8.5.2　便于拆卸的结构

在考虑装配结构的合理性的同时，一定要注意维修时的拆卸方便。图 8-11 所示为滚动轴承在轴上的情况。图 8-11a 所示的结构不合理，应改为图 8-11b 所示的结构，以便拆卸。

在维修中常拆换的衬套，也要考虑拆卸方便。图 8-12a 所示的结构不合理。若在零件上钻几个螺孔，就可以用螺钉将衬套顶出，如图 8-12b 所示。

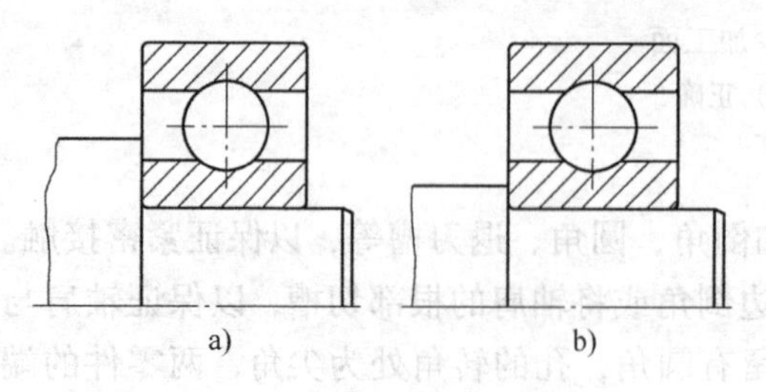

图 8-11　滚动轴承在轴上的情况

a）错误　b）正确

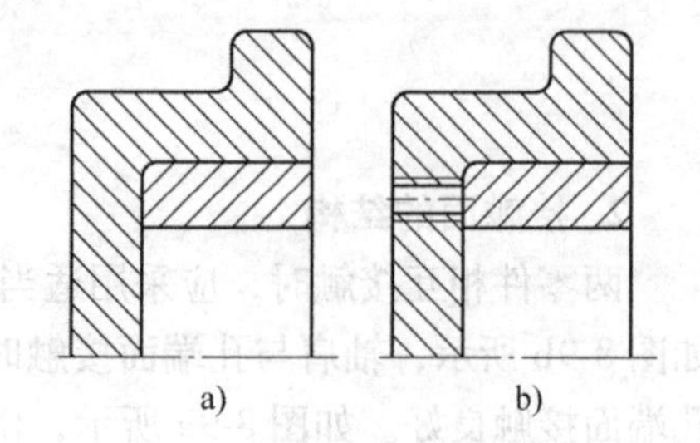

图 8-12　在维修中常拆换的衬套

a）错误　b）正确

8.5.3　螺栓联接的合理结构

在安排螺栓的位置时，要考虑装拆螺栓时扳手的活动范围，如图 8-13 所示。

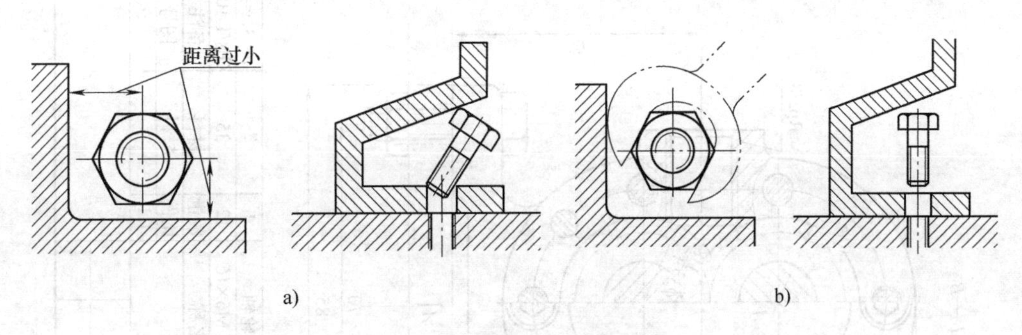

图 8-13　螺栓联接的合理结构

a）错误　b）正确

8.6　画装配图

8.6.1　选择表达方案

1. 主视图的选择

主视图是一组视图中主要的视图，应尽量多反映零件之间的装配关系、相对位置；应反映机器或部件的工作位置和结构特征；应能反映机器或部件的工作原理和主要装配线。机器或部件上许多零件常沿着某一根轴线装配在一起而形成装配干线，主视图一般都通过装配干线剖切而画出其剖视图。

图 8-14 所示齿轮泵的装配图，如图 8-15 所示，通过齿轮轴和传动齿轮轴两条装配线剖切画出主视图。主视图既表达了该部件的工作位置，又反映出它的工作原理和零件间的配合和连接关系，还能反映出主要零件的基本结构形状和特征。

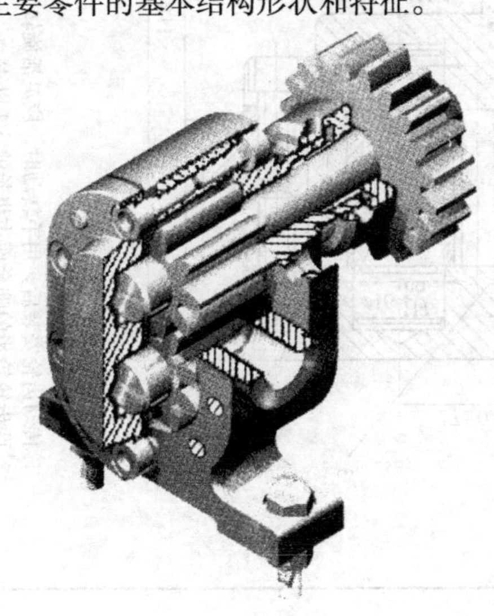

图 8-14　齿轮泵立体图

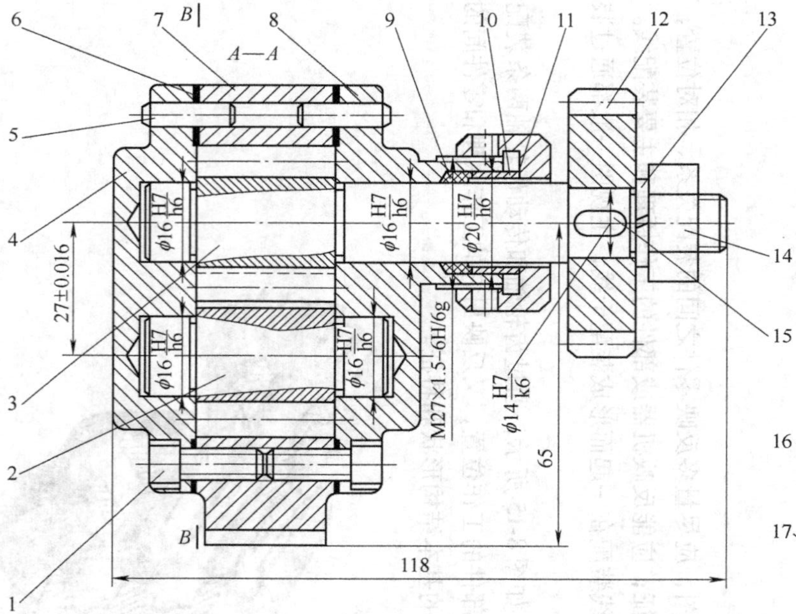

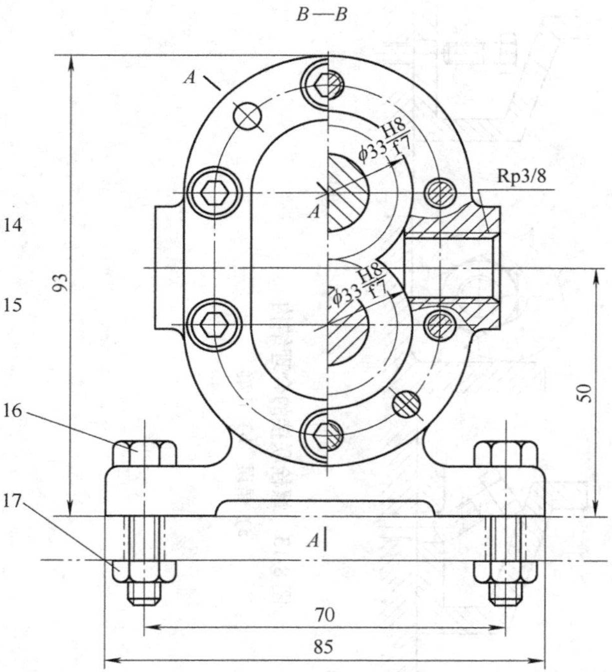

技术要求

1. 传动齿轮安装后，用手转动时，应灵活旋转。
2. 两齿轮轮齿的啮合面占齿长的 3/4 以上。

序号	代号	名称	数量	材料	备注
17		螺母 M6	2	Q235	GB/T 6170
16		螺栓 M6×30	2	Q235	GB/T 5782
15		键 5×5×10	1	45	GB/T 1096
14		螺母 M12	1	Q235	GB/T 6170
13		垫圈 12	1	65Mn	GB/T 93
12		传动齿轮	1	45	m=2.5, z=20
11		压紧螺母	1	35	
10		衬套	1	ZCuSn5Pb5Zn5	
9		密封圈	1	橡胶	
8		右端盖	1	HT200	
7		泵体	1	HT200	
6		垫片	2	纸	δ=1
5		销 5×18	4	45	GB/T 19.2
4		左端盖	1	HT200	
3		传动齿轮轴	1	45	m=3, z=9
2		齿轮轴	1	45	m=3, z=9
1		螺钉 M6×16	12	35	GB/T 10.1

齿轮泵	比例	材料	图号
	1:1		
制图			
审核			

图 8-15　齿轮泵装配图

2. 其他视图的选择

如图 8-15 所示，在主视图的基础上，左视图采用沿接合面剖切的半剖视图，进一步表达泵体、端盖的外形及定位销和联接螺钉的位置和分布情况，还表达了两个齿轮与泵体内腔的配合结构。

8. 6. 2　画装配图的方法和步骤

1. 选定画图的比例和图幅

装配图的表达方案确定后，应根据装配体的真实大小及其结构的复杂程度、视图的数量，确定画图的比例和图幅。

2. 布图

图幅确定后要合理布置图面，先画出图框，并留出标题栏和明细栏的位置，然后画出各主要视图的主要作图基准线。布图时应注意留足标注尺寸及零件序号的空间。如齿轮泵在主视图上先画出齿轮轴和传动齿轮轴的轴线（该装配图的装配干线）等基准线，在左视图上画出两齿轮的中心线和底面线，这样，就确定了主、左视图的位置。

3. 画图

一般主视图表达装配体的工作原理和装配关系，常采用剖视图。画图时，应从主视图开始，以主视图为主，几个基本视图同时考虑，逐个进行画图，如图 8-16a、b 所示。具体地说就是先画出主要零件的大体轮廓和其他零件的大体轮廓，然后，画出各零件的细部，即先主后次。

4. 完成全图

检查校核、修正底稿后加深图线，并画出剖面线，如图 8-16 所示。标注尺寸、编写零件序号、填写明细栏和标题栏、注写技术要求，完成全图。

完成后的齿轮泵装配图如图 8-16 所示。

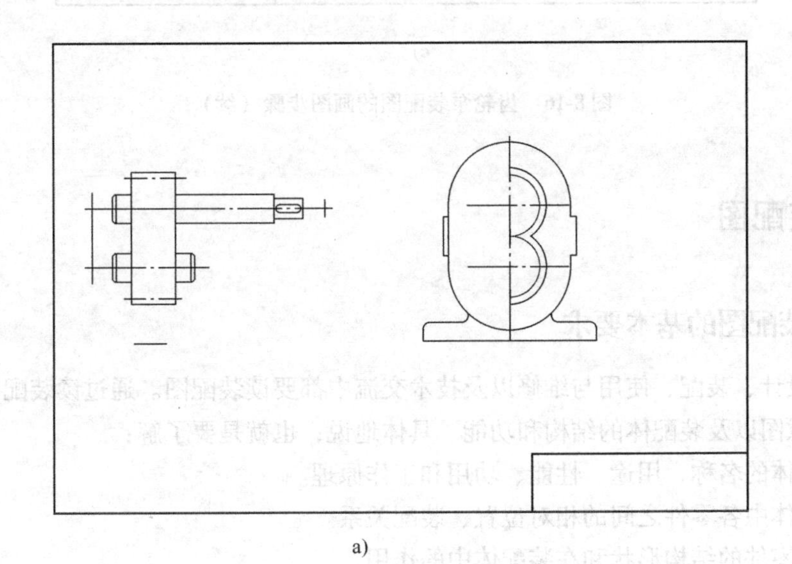

a)

图 8-16　齿轮泵装配图的画图步骤

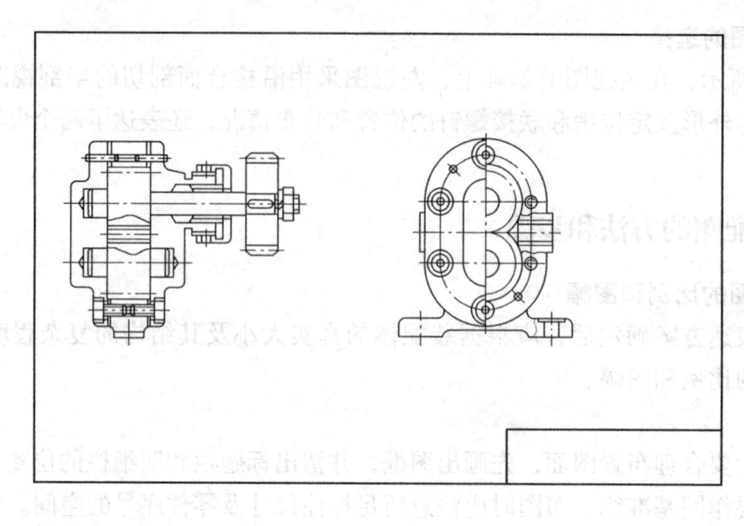

b)

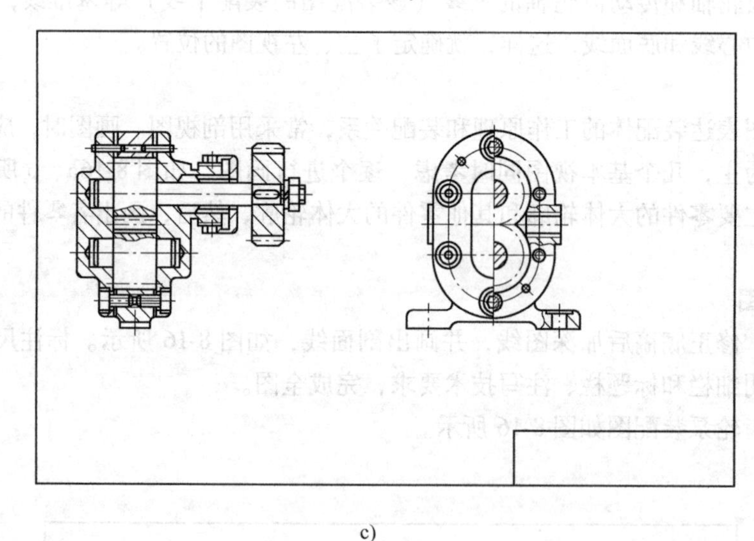

c)

图 8-16　齿轮泵装配图的画图步骤（续）

8.7　读装配图

8.7.1　读装配图的基本要求

在机械设计、装配、使用与维修以及技术交流中都要读装配图。通过读装配图，了解设计者的设计意图以及装配体的结构和功能。具体地说，也就是要了解：

1）装配体的名称、用途、性能、功用和工作原理。

2）装配体中各零件之间的相对位置、装配关系。

3）主要零件的结构形状和在装配体中的作用。

4）每个零件的连接方式及拆装顺序。

如需要根据装配图拆画零件图，则还应在读懂装配图的前提下，对于图中未给定的零件的结构形状，加以设计确定。

8.7.2 读装配图的方法和步骤

1. 概括了解

读装配图时，首先通过标题栏和明细栏了解装配体的名称和用途等，了解组成该装配体的零件的名称、数量、材料以及标准件的规格等。通过视图浏览，了解装配图的表达情况和复杂程度，从而对装配图大体轮廓和内容有一个概括了解。

2. 分析视图

根据装配图的视图配置和标注，首先找出主视图。以主视图为主，明确视图、剖视图的投影关系和剖切平面位置，并分析它们表达的主要内容。

如图 8-15 所示，选用两个基本视图。其中主视图采用了全剖视图，将该部件的结构特点和各零件的装配关系和连接形式大部分表达出来。左视图采用半剖视图，将一对齿轮啮合的情况和进出油口的结构表达出来。

3. 分析工作原理

从图 8-15 中可以了解齿轮泵的传动路线：动力由传动齿轮 12 传入，通过键 15 带动传动齿轮轴 3，进而带动齿轮轴 2 旋转。由此可以分析出工作原理：当一对齿轮在泵体内进行啮合传动时，啮合区内进油口一边的空间压力降低而产生局部真空，油箱内的油在大气压力的作用下通过进油口进入，随着齿轮的转动，齿槽中的油不断被带到出油口，将油压出，通过油管送至需要的部位。

4. 分析装配关系和连接方式

分析零件之间的装配关系和连接方式，明确零件的支承、定位和调整方法，各零件之间的接触面、配合面的连接方式和配合关系，利用图上所注的配合代号明确零件的配合性质，以便更深入了解装配体的工作原理。

（1）装配关系　图 8-15 所示，齿轮轴 2 与左端盖 4 之间为间隙配合（ϕ16H7/h6），它采用间隙配合中间隙为最小的方法，以保证齿轮轴既能转动，又可减小油液泄漏。

（2）连接方式　如图 8-15 所示，采用两个销 5 定位，用六个螺钉 1 紧固的方法，将左端盖与泵体牢固连接在一起。

5. 分析零件

在分析工作原理和装配关系的基础上，分析零件的结构形状和作用。此时，一些较简单的零件已基本读懂了，应首先抓住主要零件，从主要零件开始，逐个进行分析。分析零件时，应根据同一零件的剖面线在各个视图上的方向相同、间隔相等的规定，确定零件的投影范围，进而运用形体分析法和线面分析法进行推敲。当某些零件的结构形状在装配图中表达不完整时，可先分析相邻零件的结构形状，根据它和相邻零件的关系及作用，再确定该零件的结构形状就比较容易了。

6. 归纳总结

经过上述分析，对装配体已有了一定了解，为了对装配体有较全面的认识，还要对技术要求和全部尺寸进行分析，并把装配体的性能、结构、装配、操作、维修等方面联系起来研究。进而归纳总结装配体的结构特征，工作原理，工作要求，安装、拆卸顺序和操作维修等，这样才能对装配体有一个全面的了解。

8.7.3 由装配图拆画零件图

由装配图拆画零件图简称拆图，它是在全面读懂装配图并明确零件的结构形状的基础上，按零件图的内容和要求选择表达方案，画出其零件图。由装配图拆画零件图应注意以下几个问题

1. 完善零件结构

装配图是表达装配关系的，有些零件的结构形状往往表达不够完整，因此，在拆图时，应根据零件的功用加以设计、补充、完善。

2. 重新选择表达方案

装配图的视图选择，是从表达装配关系和整个装配件的情况考虑的，因此在选择零件的表达方案时，不应简单照搬，应根据零件的结构形状，按照零件图的视图选择原则重新考虑。

3. 补全工艺结构

在装配图上，零件上的细小结构，如倒角、圆角、退刀槽等可以省略，在拆图时，这些结构在零件图上应完整清晰地表达出来。

4. 补齐所缺尺寸，协调相关尺寸

装配图上的尺寸很少，所以拆图时必须补足所缺的尺寸。装配图已注出的尺寸，应将其直接标注在相应的零件图上。未注的尺寸，可按装配图的比例直接从装配图上量取，再圆整为整数标注。装配图上未体现的结构尺寸，则需自行确定。

相邻零件接触面的有关尺寸和连接件的有关定位尺寸必须一致，拆图时应将它们注在相关的零件图上。对于配合尺寸和重要的相对位置尺寸，应注出偏差数值。

5. 确定表面粗糙度

零件上各表面的粗糙度是根据其作用和要求确定的。

6. 注写技术要求

技术要求在零件图上占有重要的地位，它直接影响零件的加工质量。一般都是参考同类产品图样或结合生产实践来确定。

8.8 测绘装配体

对现有的装配体进行测量、计算，并绘制出零件图及装配图的过程称为装配体测绘。它对推广先进技术、交流生产经验、改造或维修设备等有重要的意义。因此，装配体测绘也是工程技术人员应该掌握的基本技能之一。

1. 了解测绘对象

通过观察和拆卸，了解装配件的用途、性能、工作原理、结构特点、零件间的装配和连接关系及相对位置等。有产品说明书时，可对照说明书上的图来了解，也可以参考同类产品的有关资料。总之，只有充分了解测绘对象，才能使测绘工作顺利地进行。

滑动轴承是支承轴的一个部件。它的主体部分是轴承座和轴承盖。在轴承座与轴承盖之间装有由上、下两个半圆筒组成的轴瓦，所支承的轴即在轴瓦孔中转动。为了耐磨，轴瓦用青铜铸成。轴瓦孔内设有油槽，以便存油，供运转时轴、孔间的润滑。为了注入润滑油，轴

承盖顶部安装一油杯。轴承盖与轴承座用一对螺栓加以联接。为了调整轴瓦与轴配合的松紧，盖与座之间留有间隙。为防止轴瓦随轴转动，将固定套插入轴承盖与上轴瓦油孔中。

2. 拆卸零件、画装配示意图

通过拆卸，进一步了解各零件的作用和结构及零件之间的装配和连接关系。拆卸时须注意：为防止丢失和混淆，应将零件进行编号；对不便拆卸的连接、过盈配合的零件尽量不拆，以免损坏或影响精度；对标准件和非标准件最好分类保管。滑动轴承的分解立体图，如图 8-1 所示。

对零件较多的部件，为便于拆卸后重装和为画装配图时提供参考，在拆卸过程中应画装配示意图。它是用规定符号和简单的线条绘制的图样，是一种表意性的图示方法，用于记录零件间的相对位置、连接关系和配合性质，注明零件的名称、数量和编号等。

装配示意图的画法：对一般零件可按其外形和结构特点形象画出零件的大致轮廓；一般从主要零件和较大零件入手，按装配顺序和零件的位置逐个画出示意图；可将零件当作透明体，其表达可不受前后层次的限制；尽量将所有零件都集中在一个视图上表达出来，实在无法表达时，才画出第二个视图（应与第一个视图保持投影关系）；画机构传动部分的示意图时，应按国家标准《机械制图　机构运动简图用图形符号》绘制。滑动轴承装配示意图，如图 8-17 所示。

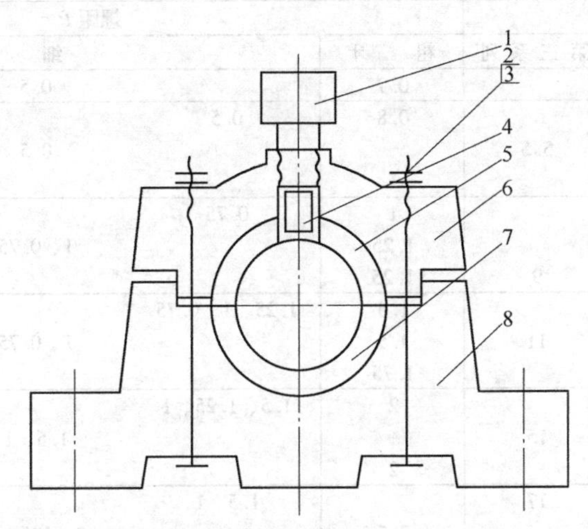

图 8-17　滑动轴承装配示意图

1—油杯　2—螺母　3—螺栓　4—轴瓦固定套　5—上轴瓦　6—轴承盖　7—下轴瓦　8—轴承座

3. 画零件草图

拆卸工作结束后，要对零件进行测绘，画出零件草图。

画零件草图时，应注意以下两点。

1）标准件可不画草图，但要测出其规格尺寸，然后查阅标准手册，按规定标记填写在明细栏内。

2）注意零件间有配合、连接关系的尺寸的协调与一致性。

4. 画装配图和零件图

根据零件草图和装配示意图画装配图，再根据装配图和零件草图画零件图。滑动轴承装配图，如图 8-2 所示。

附 录

附表 1 普通螺纹基本牙型、直径与螺距 （单位：mm）

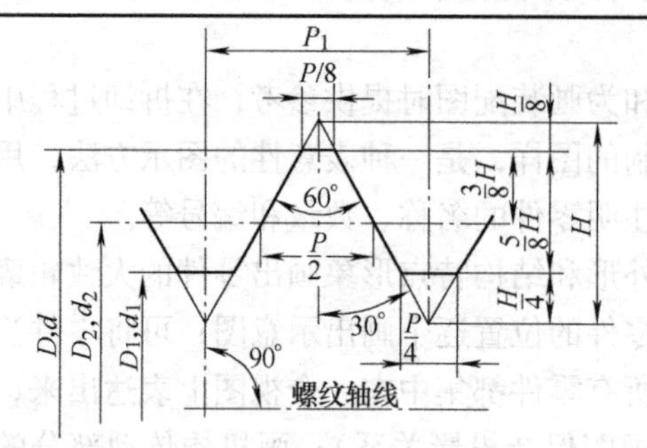

D—内螺纹基本大径（公称直径）
d—外螺纹基本大径（公称直径）
D_2—内螺纹基本中径
d_2—外螺纹基本中径
D_1—内螺纹基本小径
d_1—外螺纹基本小径
P—螺距
H—原始三角形高度

标记示例：

M10（粗牙普通螺纹、公称直径为 10mm、右旋、中等旋合长度）

M10×1-LH（细牙普通螺纹、公称直径为 10mm、螺距为 1mm、左旋、中等旋合长度）

公称直径 D、d			螺距 P	
第一系列	第二系列	第三系列	粗　牙	细　牙
4			0.7	0.5
5			0.8	0.5
		5.5		0.5
6			1	0.75
	7		1	0.75
8			1.25	1、0.75
		9	1.25	1、0.75
10			1.5	1.25、1、0.75
		11	1.5	1、0.75
12			1.75	1.25、1
	14		2	1.5、1.25、1
		15		1.5、1
16			2	1.5、1
		17		1.5、1
	18		2.5	2、1.5、1
20			2.5	2、1.5、1
	22		2.5	2、1.5、1
24			3	2、1.5、1
		25		2、1.5、1
		26		1.5
	27		3	2、1.5、1
		28		2、1.5、1
30			3.5	(3)、2、1.5、1
		32		2、1.5
	33		3.5	(3)、2、1.5
		35		1.5
36			4	3、2、1.5
		38		1.5
	39		4	3、2、1.5

注：M14×1.25 仅用于发动机的火花塞；M35×1.5 仅用于轴承的锁紧螺母。

附表 2 六角头螺栓

（单位：mm）

六角头螺栓　C 级（摘自 GB/T 5780—2000）

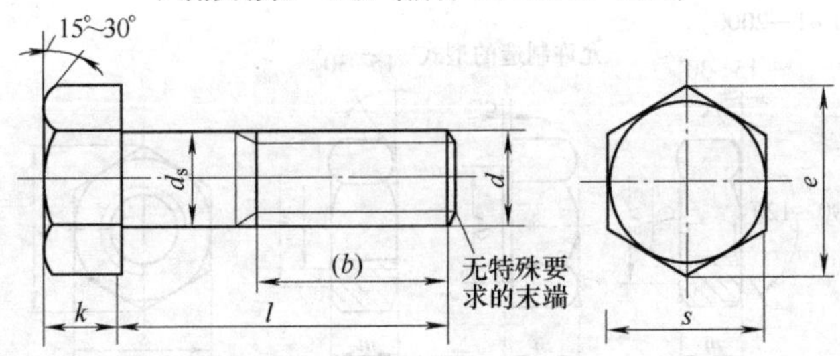

标记示例：

螺栓　GB/T 5780　M20 × 100

（螺纹规格 d = M20、公称长度 l = 100mm、性能等级为 4.8 级，不经表面处理、产品等级为 C 级的六角头螺栓）

六角头螺栓　全螺纹　C 级（摘自 GB/T 5781—2000）

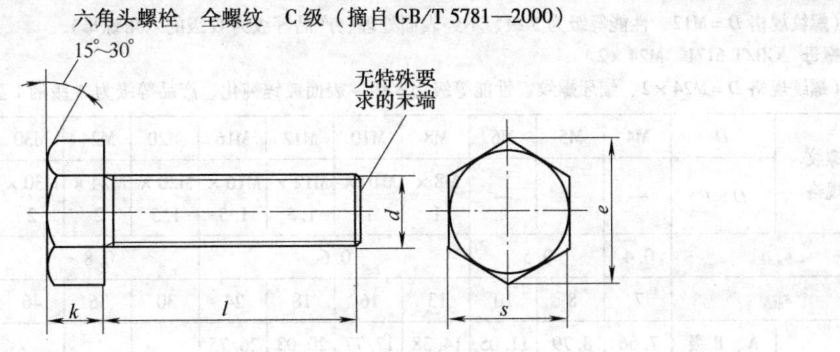

标记示例：

螺栓　GB/T 5781　M12 × 80

（螺纹规格 d = M12、公称长度 l = 80mm、性能等级为 4.8 级、不经表面处理、全螺纹、产品等级为 C 级的六角头螺栓）

螺纹规格 d		M5	M6	M8	M10	M12	M16	M20	M24	M30	M36	M42	M48
$b_{参考}$	$l \leqslant 125$	16	18	22	26	30	38	40	54	66	—	—	—
	$125 < l \leqslant 200$	22	24	28	32	26	44	52	60	72	84	96	108
	$l > 200$	35	37	41	45	49	57	65	73	85	97	109	121
$k_{公称}$		3.5	4.0	5.3	6.4	7.5	10	12.5	15	18.7	22.5	26	30
s_{max}		8	10	13	16	18	24	30	36	46	55	65	75
e_{max}		8.63	10.9	14.2	17.6	19.9	26.2	33.0	39.6	50.9	60.8	72.0	82.6
d_{smax}		5.48	6.48	8.58	10.6	12.7	16.7	20.8	24.8	30.8	37.0	45.0	49.0
$b_{范围}$	GB/T 5780	25 ~ 50	30 ~ 60	40 ~ 80	45 ~ 100	55 ~ 120	65 ~ 160	80 ~ 200	160 ~ 240	120 ~ 300	140 ~ 360	180 ~ 420	200 ~ 480
	GB/T 5781	10 ~ 40	12 ~ 60	16 ~ 80	20 ~ 100	25 ~ 120	35 ~ 160	40 ~ 200	50 ~ 240	60 ~ 300	70 ~ 360	80 ~ 420	90 ~ 480
$l_{系列}$		10、12、16、20 ~ 65（5 进位）、70 ~ 160（10 进位）、180 ~ 500（20 进位）											

注：1. 末端按 GB/T 2—2001 中的规定。

2. 螺纹公差：8g；机械性能等级：3.6 级、4.6 级、4.8 级（$d \leqslant 39$mm）或按协议（$d > 39$mm）；产品等级：C。

附表3 六角螺母

（单位：mm）

1 型六角螺母 A 和 B 级（GB/T 6170—2000）

1 型六角螺母 细牙 A 和 B 级（GB/T 6171—2000）

六角螺母 C 级（GB/T 41—2000）

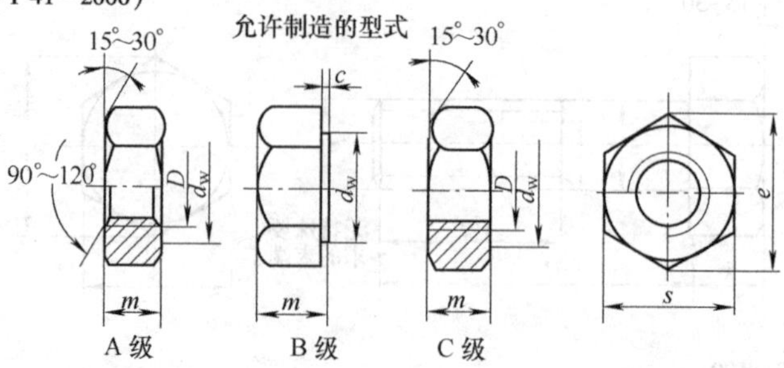

标记示例：

螺母 GB/T 41 M12

（螺纹规格 D = M12、性能等级为 5 级、不经表面处理、产品等级为 C 级的六角螺母）

螺母 GB/T 6171 M24 ×2

（螺纹规格 D = M24 ×2、细牙螺纹、性能等级为 8 级、表面镀锌钝化、产品等级为 A 级的 1 型六角螺母）

螺纹规格	D	M4	M5	M6	M8	M10	M12	M16	M20	M24	M30	M36	M42	M48
	$D \times P$	—	—	—	M8 × 1	M10 × 1	M12 × 1.5	M16 × 1.5	M20 × 1.5	M24 × 2	M30 × 2	M36 × 3	M42 × 3	M48 × 3
c_{max}		0.4	0.5		0.6				0.8			1		
s_{max}		7	8	10	13	16	18	24	30	36	46	55	65	75
e_{max}	A、B 级	7.66	8.79	11.05	14.38	17.77	20.03	26.75	32.95	39.55	50.85	60.79	71.3	82.6
	C 级	—	8.63	10.89	14.2	17.59	19.85	26.17						
m_{max}	A、B 级	3.2	4.7	5.2	6.8	8.4	10.8	14.8	18	21.5	25.6	31	34	38
	C 级	—	5.6	6.4	7.9	9.5	12.2	15.9	1.9	22.3	26.4	31.9	34.9	38.9
d_{wmax}	A、B 级	5.9	6.9	8.9	11.6	14.6	16.6	22.5	22.7	33.3	42.8	51.1	60	69.5
	C 级	—	6.7	8.7	11.5	14.5	16.5	22						

注：1. P—螺距。

2. A 级用于 $D \leqslant 16$mm 的螺母；B 级用于 $D > 16$mm 的螺母；C 级用于 M5 ~ M64 的螺母。

3. 螺纹公差：A、B 级为 6H，C 级为 7H；机械性能等级：A、B 级的在国家标准中列出，C 级为 4 级和 5 级（M16 < $D \leqslant$ M39）或 5 级（$D \leqslant$ M16）或按协议（D > M39）。

附表4 螺钉

（单位：mm）

开槽盘头螺钉（GB/T 67—2008） 开槽沉头螺钉（GB/T 68—2000） 开槽半沉头螺钉（GB/T 69—2000）

辗制末端 圆的或平的 辗制末端 圆的或平的 辗制末端

t n d_k d k b l 90° f r_f

（无螺纹部分杆径约等于中径或允许等于螺纹大径）

标记示例：

螺钉 GB/T 67 M5 ×60

（螺纹规格 d = M5、公称长度 l = 60mm、性能等级为 4.8 级、不经表面处理的 A 级开槽盘头螺钉）

（续）

螺纹规格 d	P	b_{min}	n 公称	r_f	f	k_{max}		d_{kmax}		t_{min}			$l_{范围}$		全螺纹时最大长度	
				GB/T 69	GB/T 69	GB/T 67	GB/T 68 GB/T 69	GB/T 67	GB/T 68 GB/T 69	GB/T 67	GB/T 68	GB/T 69	GB/T 67	GB/T 68 GB/T 69	GB/T 67	GB/T 68 GB/T 69
M2	0.4	25	0.5	4	0.5	1.3	1.2	4	3.8	0.5	0.4	0.8	2.5～20	3～20	30	
M3	0.5		0.8	6	0.7	1.8	1.65	5.6	5.5	0.7	0.6	1.2	4～30	5～30		
M4	0.7	38	1.2	9.5	1	2.4	2.7	8	8.4	1	1	1.6	5～40	6～40	40	45
M5	0.8				1.2	3		9.5	9.3	1.2	1.1	2	6～50	8～50		
M6	1		1.6	12	1.4	3.6	3.3	12	11.3	1.4	1.2	2.4	8～60	8～60		
M8	1.25		2	16.5	2	4.8	4.65	16	15.8	1.9	1.8	3.2	10～80	10～80		
M10	1.5		2.5	19.5	2.3	6	5	20	18.3	2.4	2	3.8	12～80	12～80		
$l_{系列}$	2、2.5、3、4、5、6、8、10、12、(14)、16、20～50（5进位）、(55)、60、(65)、70、(75)、80															

注：螺纹公差为6g；产品等级为A级。

附表5　内六角圆柱头螺钉

（单位：mm）

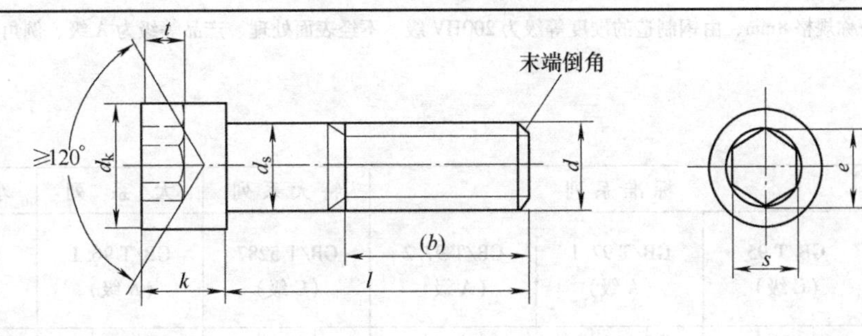

标记示例：

螺钉　GB/T 70.1　M5×20

（螺纹规格 d=M5、公称长度 l=20mm、性能等级为8.8级、表面氧化的A级内六角圆柱头螺钉）

螺纹规格 d		M4	M5	M6	M8	M10	M12	(M14)	M16	M20	M24	M30	M36
螺距 P		0.7	0.8	1	1.25	1.5	1.75	2	2	2.5	3	3.5	4
$b_{参考}$		20	22	24	28	32	36	40	44	52	60	72	84
d_{kmax}	光滑头部	7	8.5	10	13	16	18	21	24	30	36	45	54
	滚花头部	7.22	8.72	10.22	13.27	16.27	18.27	21.33	24.33	30.33	36.39	45.39	54.46
k_{max}		4	5	6	8	10	12	14	16	20	24	30	36
t_{min}		2	2.5	3	4	5	6	7	8	10	12	15.5	19
$s_{公称}$		3	4	5	6	8	10	12	14	17	19	22	27
e_{min}		3.44	4.58	5.72	6.86	9.15	11.43	13.72	16	19.44	21.73	25.15	30.35
d_{smax}		4	5	6	8	10	12	14	16	20	24	30	36
$l_{范围}$		6～40	8～50	10～60	12～80	16～100	20～120	25～140	25～160	30～200	40～200	45～200	55～200
全螺纹时最大长度		25	25	30	35	40	45	55	55	65	80	90	100
$l_{系列}$		6、8、10、12、16、20～70（5进位）、80～160（10进位）、180、200											

注：1. 括号内的规格尽可能不用。末端按GB/T 2—2001中的规定。

2. 螺纹公差：机械性能等级为12.9级时为5g　6g，其他性能等级时为6g。

3. 产品等级：A。

附表6　垫圈

（单位：mm）

小垫圈　A级（GB/T 848—2002）
平垫圈　A级（GB/T 97.1—2002）
平垫圈　倒角型　A级（GB/T 97.2—2002）
平垫圈　C级（GB/T 95—2002）
大垫圈　A级（GB/T 96.1—2002）
特大垫圈　C级（GB/T 5287—2002）

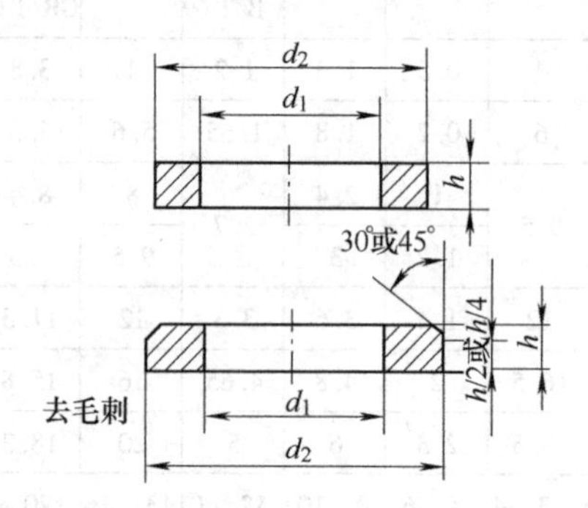

标记示例：

垫圈　GB/T 95　8

（标准系列、公称规格8mm、硬度等级为100HV级、不经表面处理、产品等级为C级的平垫圈）

垫圈　GB/T 97.2　8

（标准系列、公称规格8mm、由钢制造的硬度等级为200HV级、不经表面处理、产品等级为A级、例角型平垫圈）

<table>
<tr><th rowspan="3">公称规格（螺纹大径）
d</th><th colspan="9">标准系列</th><th colspan="3">特大系列</th><th colspan="3">大系列</th><th colspan="3">小系列</th></tr>
<tr><th colspan="3">GB/T 95（C级）</th><th colspan="3">GB/T 97.1（A级）</th><th colspan="3">GB/T 97.2（A级）</th><th colspan="3">GB/T 5287（C级）</th><th colspan="3">GB/T 96.1（A级）</th><th colspan="3">GB/T 848（A级）</th></tr>
<tr><th>d_{1min}</th><th>d_{2max}</th><th>$h_{公称}$</th><th>d_{1min}</th><th>d_{2max}</th><th>$h_{公称}$</th><th>d_{1min}</th><th>d_{2max}</th><th>$h_{公称}$</th><th>d_{1min}</th><th>d_{2max}</th><th>$h_{公称}$</th><th>d_{1min}</th><th>d_{2max}</th><th>$h_{公称}$</th><th>d_{1min}</th><th>d_{2max}</th><th>$h_{公称}$</th></tr>
<tr><td>4</td><td>4.5</td><td>9</td><td>0.8</td><td>4.3</td><td>9</td><td>0.8</td><td>—</td><td>—</td><td>—</td><td>—</td><td>—</td><td>—</td><td>4.3</td><td>12</td><td>1</td><td>4.3</td><td>8</td><td>0.5</td></tr>
<tr><td>5</td><td>5.5</td><td>10</td><td>1</td><td>5.3</td><td>10</td><td>1</td><td>5.3</td><td>10</td><td>1</td><td>5.5</td><td>18</td><td rowspan="2">2</td><td>5.3</td><td>15</td><td>1.2</td><td>5.3</td><td>9</td><td>1</td></tr>
<tr><td>6</td><td>6.6</td><td>12</td><td rowspan="2">1.6</td><td>6.4</td><td>12</td><td rowspan="2">1.6</td><td>6.4</td><td>12</td><td rowspan="2">1.6</td><td>6.6</td><td>22</td><td>6.4</td><td>18</td><td>1.6</td><td>6.4</td><td>11</td><td rowspan="3">1.6</td></tr>
<tr><td>8</td><td>9</td><td>16</td><td>8.4</td><td>16</td><td>8.4</td><td>16</td><td>9</td><td>28</td><td rowspan="2">3</td><td>8.4</td><td>24</td><td>2</td><td>8.4</td><td>15</td></tr>
<tr><td>10</td><td>11</td><td>20</td><td>2</td><td>10.5</td><td>20</td><td>2</td><td>10.5</td><td>20</td><td>2</td><td>11</td><td>34</td><td>10.5</td><td>30</td><td>2.5</td><td>10.5</td><td>18</td></tr>
<tr><td>12</td><td>13.5</td><td>24</td><td rowspan="2">2.5</td><td>13</td><td>24</td><td rowspan="2">2.5</td><td>13</td><td>24</td><td rowspan="2">2.5</td><td>13.5</td><td>44</td><td rowspan="2">4</td><td>13</td><td>37</td><td rowspan="3">3</td><td>13</td><td>20</td><td>2</td></tr>
<tr><td>14</td><td>15.5</td><td>28</td><td>15</td><td>28</td><td>15</td><td>28</td><td>15.5</td><td>50</td><td>15</td><td>44</td><td>15</td><td>24</td><td rowspan="2">2.5</td></tr>
<tr><td>16</td><td>17.5</td><td>30</td><td rowspan="2">3</td><td>17</td><td>30</td><td rowspan="2">3</td><td>17</td><td>30</td><td rowspan="2">3</td><td>17.5</td><td>56</td><td>5</td><td>17</td><td>50</td><td>17</td><td>28</td></tr>
<tr><td>20</td><td>22</td><td>37</td><td>21</td><td>37</td><td>21</td><td>37</td><td>22</td><td>72</td><td rowspan="3">6</td><td>22</td><td>60</td><td>4</td><td>21</td><td>34</td><td>3</td></tr>
<tr><td>24</td><td>26</td><td>44</td><td rowspan="2">4</td><td>25</td><td>44</td><td rowspan="2">4</td><td>25</td><td>44</td><td rowspan="2">4</td><td>26</td><td>85</td><td>26</td><td>72</td><td>5</td><td>25</td><td>39</td><td rowspan="2">4</td></tr>
<tr><td>30</td><td>33</td><td>56</td><td>31</td><td>56</td><td>31</td><td>56</td><td>33</td><td>105</td><td>33</td><td>92</td><td>6</td><td>31</td><td>50</td></tr>
<tr><td>36</td><td>39</td><td>66</td><td>5</td><td>37</td><td>66</td><td>5</td><td>37</td><td>66</td><td>5</td><td>39</td><td>125</td><td>8</td><td>39</td><td>110</td><td>8</td><td>37</td><td>60</td><td>5</td></tr>
<tr><td>42</td><td>45</td><td>78</td><td rowspan="2">8</td><td>45</td><td>78</td><td>8</td><td>45</td><td>78</td><td>8</td><td>—</td><td>—</td><td>—</td><td>—</td><td>—</td><td>—</td><td>—</td><td>—</td><td>—</td></tr>
<tr><td>48</td><td>52</td><td>92</td><td>52</td><td>92</td><td>8</td><td>52</td><td>92</td><td>8</td><td>—</td><td>—</td><td>—</td><td>—</td><td>—</td><td>—</td><td>—</td><td>—</td><td>—</td></tr>
</table>

注：1. A级适用于精装配系列，C级适用于中等装配系列。

2. A级小垫圈主要用于圆柱头螺钉，其他垫圈用于标准的六角头螺栓、螺母和螺钉。

附表 7　标准型弹簧垫圈　（单位：mm）

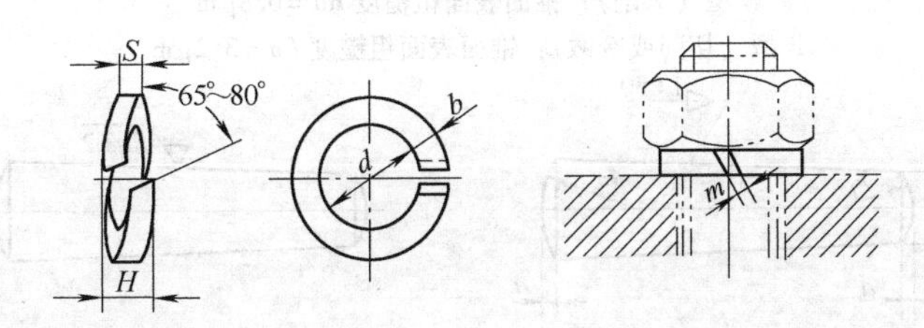

标记示例：

垫圈　GB/T 93　10

（规格 10mm、材料为 65Mn、表面氧化的标准型弹簧垫圈）

规格（螺纹大径）	4	5	6	8	10	12	16	20	24	30	36	42	48
d_{min}	4.1	5.1	6.1	8.1	10.2	12.2	16.2	20.2	24.5	30.5	36.5	42.5	48.5
S (b)$_{公称}$	1.1	1.3	1.6	2.1	2.6	3.1	4.1	5	6	7.5	9	10.5	12
$m \leqslant$	0.55	0.65	0.8	1.05	1.3	1.55	2.05	2.5	3	3.75	4.5	5.25	6
H_{max}	2.75	3.25	4	5.25	6.5	7.75	10.25	12.5	15	18.75	22.5	26.25	30

注：m 应大于零。

附表 8　圆柱销　（单位：mm）

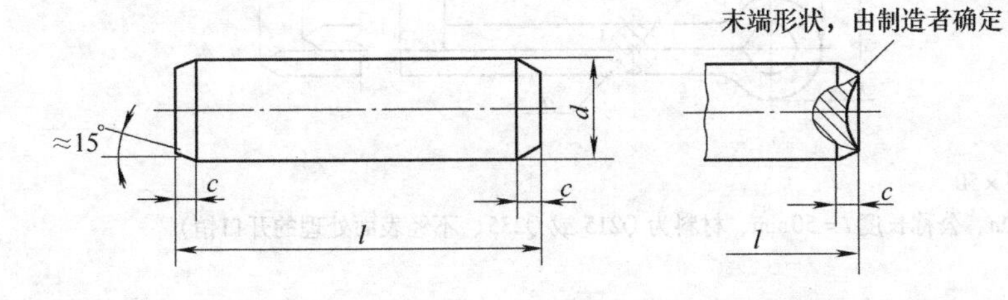

标记示例：

销　GB/T 119.1　6 m6×30

（公称直径 $d=6$mm、公差为 m6、公称长度 $l=30$mm、材料为钢、不经淬火、不经表面处理的圆柱销）

销　GB/T 119.1　10　m6×30-A1

（公称直径 $d=10$mm、公差为 m6、公称长度 $l=30$mm、材料为 A1 组奥氏体不锈钢、表面简单处理的圆柱销）

d m6/h8	2	3	4	5	6	8	10	12	16	20	25
$c\approx$	0.35	0.5	0.63	0.8	1.2	1.6	2	2.5	3	3.5	4
$l_{范围}$	6~20	8~30	8~40	10~50	12~60	14~80	18~95	22~40	26~180	35~200	50~200
$l_{系列}$（公称）	2、3、4、5、6~32（2 进位）、35~100（5 进位）、≥120（按 20 进位）										

附表 9　圆锥销　（单位：mm）

A 型（磨削）：锥面表面粗糙度 $Ra=0.8\mu m$

B 型（切削或冷镦）：锥面表面粗糙度 $Ra=3.2\mu m$

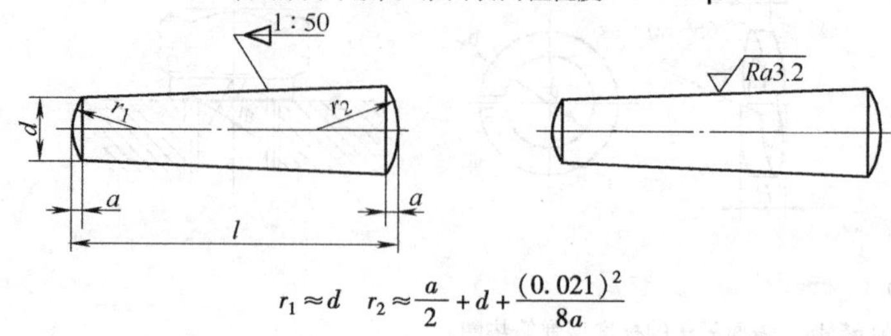

$$r_1 \approx d \quad r_2 \approx \frac{a}{2}+d+\frac{(0.021)^2}{8a}$$

标记示例：

销　GB/T 117　10×60

（公称直径 $d=10$mm、长度 $l=60$mm、材料为 35 钢、热处理硬度 28～38HRC、表面氧化处理的 A 型圆锥销）

d	2	2.5	3	4	5	6	8	10	12	16	20	25
$a\approx$	0.25	0.3	0.4	0.5	0.63	0.8	1.0	1.2	1.6	2.0	2.5	3.0
$l_{范围}$	10～35	10～35	12～45	14～55	18～60	22～90	22～120	26～160	32～180	40～200	45～200	50～200
$l_{系列}$	2、3、4、5、6～32（2 进位）、35～100（5 进位）、120～200（20 进位）											

附表 10　开口销　（单位：mm）

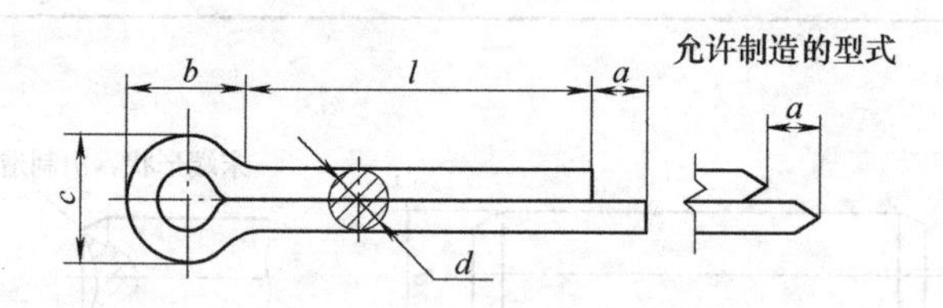

标记示例：

销　GB/T 91　5×50

（公称规格为 5mm、公称长度 $l=50$mm、材料为 Q215 或 Q235、不经表面处理的开口销）

公称规格		0.8	1	1.2	1.6	2	2.5	3.2	4	5	6.3	8	10	13
d	max	0.7	0.9	1	1.4	1.8	2.3	2.9	3.7	4.6	5.9	7.5	9.5	12.4
	min	0.6	0.8	0.9	1.3	1.7	2.1	2.7	3.5	4.4	5.7	7.3	9.3	12.1
c_{max}		1.4	1.8	2	2.8	3.6	4.6	5.8	7.4	9.2	11.8	15	19	24.8
$b\approx$		2.4	3	3	3.2	4	5	6.4	8	10	12.6	16	20	26
a_{max}		1.6		2.5				3.2	4				6.3	
$l_{范围}$		5～16	6～20	8～26	8～32	10～40	12～50	14～63	18～80	22～100	32～125	40～160	45～200	71～250
$l_{系列}$		4、5、6～32（2 进位）、36、40、45、50、56、63、71、80～100（10 进位）、112、125、140～200（20 进位）、224、250、280												

注：公称规格等于开口销孔的直径。

附表 11　普通型平键及键槽

（单位：mm）

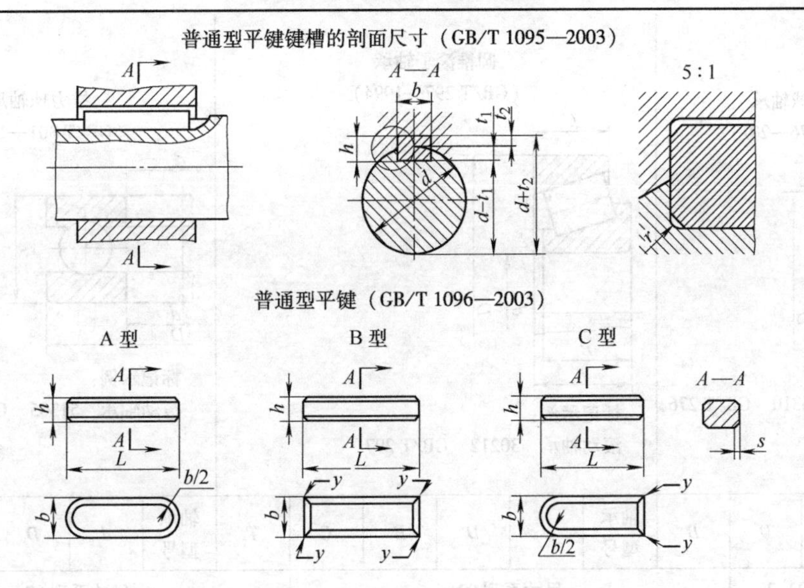

注：$y \leqslant s_{max}$。

标记示例：

GB/T 1096　键 16×10×100（普通 A 型平键、b=16mm、h=10mm、L=100mm）

GB/T 1096　键 B 16×10×100（普通 B 型平键、b=16mm、h=10mm、L=100mm）

GB/T 1096　键 C 16×10×100（普通 C 型平键、b=16mm、h=10mm、L=100mm）

轴	键		键槽											
公称直径 d	键尺寸 $b \times h$ (h8) (h11)	倒角或倒圆 s	宽度 b						深度				半径 r	
			公称尺寸 b	极限偏差					轴 t_1		毂 t_2			
				正常联结		紧密联结	松联结		公称尺寸	极限偏差	公称尺寸	极限偏差		
				轴 N9	毂 JS9	轴和毂 P9	轴 H9	毂 D10					min	max
>10~12	4×4		4						2.5		1.8		0.08	0.16
>12~17	5×5	0.25~0.40	5	0 -0.030	±0.015	-0.012 -0.042	+0.030 0	+0.078 +0.030	3.0	+0.1 0	2.3	+0.1 0		
>17~22	6×6		6						3.5		2.8		0.16	0.25
>22~30	8×7		8	0 -0.036	±0.018	-0.015 -0.051	+0.036 0	+0.098 +0.040	4.0		3.3			
>30~38	10×8		10						5.0		3.3			
>38~44	12×8		12						5.0		3.3			
>44~50	14×9	0.40~0.60	14	0 -0.043	±0.0215	-0.018 -0.061	+0.043 0	+0.120 +0.050	5.5		3.8		0.25	0.40
>50~58	16×10		16						6.0	+0.2 0	4.3	+0.2 0		
>58~65	18×11		18						7.0		4.4			
>65~75	20×12		20						7.5		4.9			
>75~85	22×14	0.60~0.80	22	0 -0.052	±0.026	-0.022 -0.074	+0.052 0	+0.149 +0.065	9.0		5.4		0.40	0.60
>85~95	25×14		25						9.0		5.4			
>95~110	28×16		28						10		6.4			

注：1. L 系列：6~22（2 进位）、25、28、32、36、40、45、50、56、63、70、80、90、100、110、125、140、160、180、200、220、250、280、320、360、400、450、500。

2. GB/T 1095—2003、GB/T 1096—2003 中无轴的公称直径一列，现列出仅供参考。

附表 12　滚动轴承

（单位：mm）

深沟球轴承

（GB/T 276—2013）

标记示例：

滚动轴承　6310　GB/T 276

圆锥滚子轴承

（GB/T 297—1994）

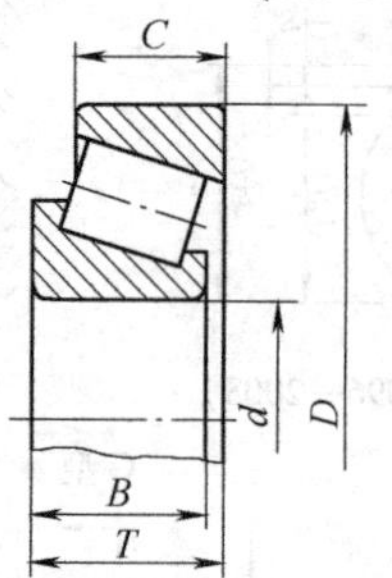

标记示例：

滚动轴承　30212　GB/T 297

推力球轴承

（GB/T 301—1995）

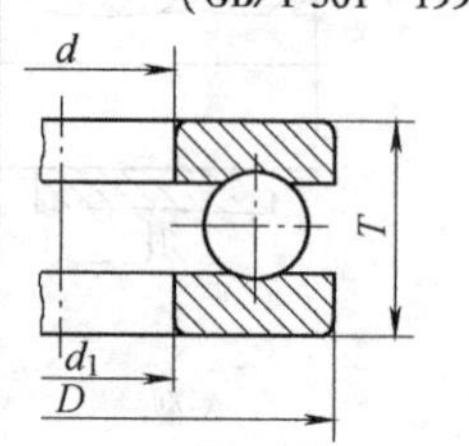

标记示例：

滚动轴承　51305　GB/T 301

轴承型号	d	D	B	轴承型号	d	D	B	C	T	轴承型号	d	D	T	d_1
尺寸系列（0）2				尺寸系列 02						尺寸系列 12				
6202	15	35	11	30203	17	40	12	11	13. 25	51202	15	32	12	17
6203	17	40	12	30204	20	47	14	12	15. 25	51203	17	35	12	19
6204	20	47	14	30205	25	52	15	13	16. 25	51204	20	40	14	22
6205	25	52	15	30206	30	62	16	14	17. 25	51205	25	47	15	27
6206	30	62	16	30207	35	72	17	15	18. 25	51206	30	52	16	32
6207	35	72	17	30280	40	80	18	16	19. 7	51207	35	62	18	37
6208	40	80	18	30209	45	85	19	16	20. 75	51208	40	68	19	42
6209	45	85	19	30210	50	90	20	17	21. 75	51209	45	73	20	47
6210	50	90	20	30211	55	100	21	18	22. 75	51210	50	78	22	52
6211	55	100	21	30212	60	110	22	19	23. 75	51211	55	90	25	57
6212	60	110	22	30213	65	120	23	20	24. 75	51212	60	95	26	62
尺寸系列（0）3				尺寸系列 03						尺寸系列 13				
6302	15	42	13	30302	15	42	13	11	14. 25	51304	20	47	18	22
6303	17	47	14	30303	17	47	14	12	15. 25	51305	25	52	18	27
6304	20	52	15	30304	20	52	15	13	16. 25	51306	30	60	21	32
6305	25	62	17	30305	25	62	17	15	18. 25	51307	35	68	24	37
6306	30	72	19	30306	30	72	19	16	20. 75	51308	40	78	26	42
6307	35	80	21	30307	35	80	21	18	22. 75	51309	45	85	28	47
6308	40	90	23	30308	40	90	23	20	25. 25	51310	50	95	31	52
6309	45	100	25	30309	45	100	25	22	27. 25	51311	55	105	35	57
6310	50	110	27	30310	50	110	27	23	29. 25	51312	60	110	35	62
6311	55	120	29	30311	55	120	29	25	31. 50	51313	65	115	36	67
6312	60	130	31	30312	60	130	31	26	33. 50	51314	70	125	40	72

注：圆括号中的尺寸系列代号在轴承代号中省略。

附表 13　中心孔

（单位：mm）

	R 型	A 型	B 型	C 型
型式及标记示例	GB/T 4459. 5-R3. 15/6. 7 （D=3. 15mm、D_1=6. 7mm）	GB/T 4459. 5-A4/8. 5 （D=4mm、D_1=8. 5mm）	GB/T 4459. 5-B2. 5/8 （D=2. 5mm、D_1=8mm）	GB/T 4459. 5-CM10L30/16. 3 （D=M10、L=30mm、D_2=16. 3mm）
用途	通常用于需要提高加工精度的场合	通常用于加工后可以保留的场合（此种情况占绝大多数）	通常用于加工后必须保留的场合	通常用于一些需要带压紧装置的零件

	要　求	规定表示法	简化表示法	说　明
中心孔表示法	在完工的零件上要求保留中心孔	GB/T 4459.5–B4/12.5	B4/12.5	采用 B 型中心孔 D=4、D_1=12. 5
	在完工的零件上可以保留中心孔（是否保留都可以，多数情况如此）	GB/T 4459.5–A2/4.25	A2/4.25	采用 A 型中心孔 D=2、D_1=4. 25 一般情况下，均采用这种方式
		2×A4/8.5 GB/T 4459.5	2×A4/8.5	采用 A 型中心孔 D=4、D_1=8. 5 轴的两端中心孔相同，可只在一端注出
	在完工的零件上不允许保留中心孔	GB/T 4459.5–A1.6/3.35	A1.6/3.35	采用 A 型中心孔 D=1. 6、D_1=3. 35

（续）

中心孔的尺寸参数							
导向孔直径 D（公称尺寸）	R 型	A 型		B 型		C 型	
	锥孔直径 D_1	锥孔直径 D_1	参照尺寸 t	锥孔直径 D_1	参照尺寸 t	公称尺寸 M	锥孔直径 D_2
1	2.12	2.12	0.9	3.15	0.9	M3	5.8
1.6	3.35	3.35	1.4	5	1.4	M4	7.4
2	4.25	4.25	1.8	6.3	1.8	M5	8.8
2.5	5.3	5.3	2.2	8	2.2	M6	10.5
3.15	6.7	6.7	2.8	10	2.8	M8	13.2
4	8.5	8.5	3.5	12.5	3.5	M10	16.3
（5）	10.6	10.6	4.4	16	4.4	M12	19.8
6.3	13.2	13.2	5.5	18	5.5	M16	25.3
（8）	17	17	7	22.4	7	M20	31.3
10	21.2	21.2	8.7	28	8.7	M24	38

注：1. 对标准中心孔，在图样中可不绘制其详细结构。
2. 简化标注时，可省略标准编号。
3. 尺寸 L 取决于零件的功能要求。
4. 尺寸 l 取决于中心钻的长度。
5. 尽量避免选用括号中的尺寸。

附表 14　砂轮越程槽

（单位：mm）

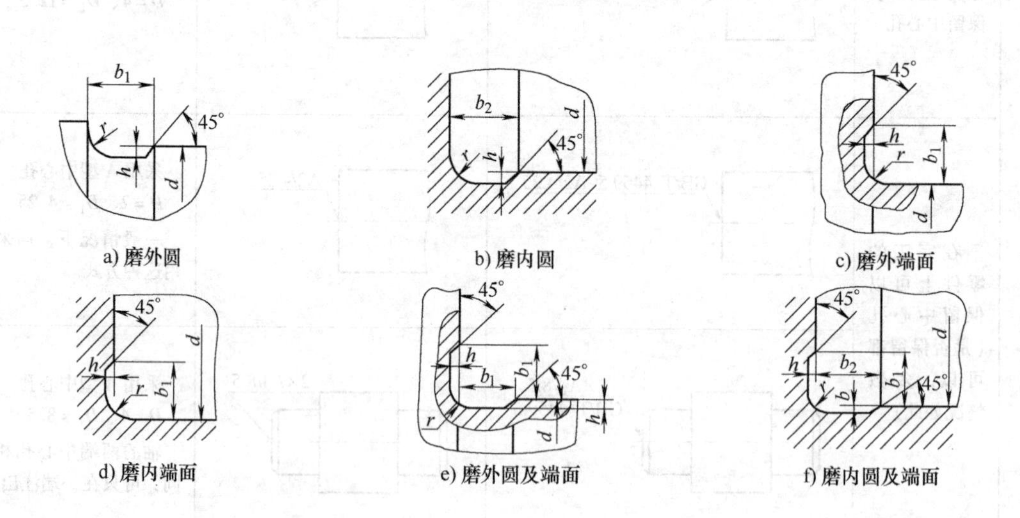

a) 磨外圆　b) 磨内圆　c) 磨外端面　d) 磨内端面　e) 磨外圆及端面　f) 磨内圆及端面

d	10			10 ~ 50		50 ~ 100		100	
b_1	0.6	1.0	1.6	2.0	3.0	4.0	5.0	8.0	10
b_2	2.0	3.0		4.0		5.0			
h	0.1	0.2		0.3	0.4		0.6	0.8	1.2
r	0.2	0.5		0.8	1.0		1.6	2.0	3.0

附表 15　孔的极限偏差

（单位：μm）

代	号	A	B	C	D	E	F	G	H							JS		K			M	N		P		R	S	T	U
公称尺寸/mm		公差等级																											
大于	至	11	11	11	9	8	8	7	6	7	8	9	10	11	12	6	7	6	7	8	7	6	7	6	7	7	7	7	7
—	3	+330 +270	+200 +140	+120 +60	+45 +20	+28 +14	+20 +6	+12 +2	+6 0	+10 0	+14 0	+25 0	+40 0	+60 0	+100 0	±3	±5	0 -6	0 -10	0 -14	-2 -12	-4 -10	-4 -14	-6 -12	-6 -16	-10 -20	-14 -24	—	-18 -28
3	6	+345 +270	+215 +140	+145 +70	+60 +30	+38 +20	+28 +10	+16 +4	+8 0	+12 0	+18 0	+30 0	+48 0	+75 0	+120 0	±4	±6	+2 -6	+3 -9	+5 -13	0 -12	-5 -13	-4 -16	-9 -17	-8 -20	-11 -23	-15 -27	—	-19 -31
6	10	+370 +280	+240 +150	+170 +80	+76 +40	+47 +25	+35 +13	+20 +5	+9 0	+15 0	+22 0	+36 0	+58 0	+90 0	+150 0	±4.5	±7	+2 -7	+5 -10	+6 -16	0 -15	-7 -16	-4 -19	-12 -21	-9 -24	-13 -28	-17 -32	—	-22 -37
10	18	+400 +290	+260 +150	+205 +95	+93 +50	+59 +32	+43 +16	+24 +6	+11 0	+18 0	+27 0	+43 0	+70 0	+110 0	+180 0	±5.5	±9	+2 -9	+6 -12	+8 -19	0 -18	-9 -20	-5 -23	-15 -26	-11 -29	-16 -34	-21 -39	—	-26 -44
18	30	+430 +300	+290 +160	+240 +110	+117 +65	+73 +40	+53 +20	+28 +7	+13 0	+21 0	+33 0	+52 0	+84 0	+130 0	+210 0	±6.5	±10	+2 -11	+6 -15	+10 -23	0 -21	-11 -24	-7 -28	-18 -31	-14 -35	-20 -41	-27 -48	— -33 -54	-33 -54 -40 -61
30	40	+470 +310	+330 +170	+280 +120	+142 +80	+89 +50	+64 +25	+34 +9	+16 0	+25 0	+39 0	+62 0	+100 0	+160 0	+250 0	±8	±12	+3 -13	+7 -18	+12 -27	0 -25	-12 -28	-8 -33	-21 -37	-17 -42	-25 -50	-34 -59	-39 -64	-51 -76
40	50	+480 +320	+340 +180	+290 +130																								-45 -70	-61 -86
50	65	+530 +340	+380 +190	+330 +140	+174 +100	+106 +60	+76 +30	+40 +10	+19 0	+30 0	+46 0	+74 0	+120 0	+190 0	+300 0	±9.5	±15	+4 -15	+9 -21	+14 -32	0 -30	-14 -33	-9 -39	-26 -45	-21 -51	-30 -60	-42 -72	-55 -85	-76 -106
65	80	+550 +360	+390 +200	+340 +150																						-32 -62	-48 -78	-64 -94	-91 -121
80	100	+600 +380	+440 +220	+390 +170	+207 +120	+126 +72	+90 +36	+47 +12	+22 0	+35 0	+54 0	+87 0	+140 0	+220 0	+350 0	±11	±17	+4 -18	+10 -25	+16 -38	0 -35	-16 -38	-10 -45	-30 -52	-24 -59	-38 -73	-58 -93	-78 -113	-111 -146
100	120	+630 +410	+460 +240	+400 +180																						-41 -76	-66 -101	-91 -126	-131 -166
120	140	+710 +460	+510 +260	+450 +200	+245 +145	+148 +85	+106 +43	+54 +14	+25 0	+40 0	+63 0	+100 0	+160 0	+250 0	+400 0	±12.5	±20	+4 -21	+12 -28	+20 -43	0 -40	-20 -45	-12 -52	-36 -61	-28 -68	-48 -88	-77 -117	-107 -147	-155 -195
140	160	+770 +520	+530 +280	+460 +210																						-50 -90	-85 -125	-119 -159	-175 -215
160	180	+830 +580	+560 +310	+480 +230																						-53 -93	-93 -133	-131 -171	-195 -235
180	200	+950 +660	+630 +340	+530 +240	+285 +170	+172 +100	+122 +50	+61 +15	+29 0	+46 0	+72 0	+115 0	+185 0	+290 0	+460 0	±14.5	±23	+5 -24	+13 -33	+22 -50	0 -46	-22 -51	-14 -60	-41 -70	-33 -79	-60 -106	-105 -151	-149 -195	-219 -265
200	225	+1030 +740	+670 +380	+550 +260																						-63 -109	-113 -159	-163 -209	-214 -287
225	250	+1110 +820	+710 +420	+570 +280																						-67 -113	-123 -169	-179 -225	-267 -313
250	280	+1240 +920	+800 +480	+620 +300	+320 +190	+191 +110	+137 +56	+69 +17	+32 0	+52 0	+81 0	+130 0	+210 0	+320 0	+520 0	±16	±26	+5 -27	+16 -36	+25 -56	0 -52	-25 -57	-14 -66	-47 -79	-36 -88	-74 -126	-138 -190	-198 -250	-295 -347
280	315	+1370 +1050	+860 +540	+650 +330																						-78 -130	-150 -202	-220 -272	-330 -382
315	355	+1560 +1200	+960 +600	+720 +360	+350 +210	+214 +125	+151 +62	+75 +18	+36 0	+57 0	+89 0	+140 0	+230 0	+360 0	+570 0	±18	±28	+7 -29	+17 -40	+28 -61	0 -57	-26 -62	-16 -73	-51 -87	-41 -98	-87 -144	-169 -226	-247 -304	-369 -426
355	400	+1710 +1350	+1040 +680	+760 +400																						-93 -150	-187 -244	-273 -330	-414 -471
400	450	+1900 +1500	+1160 +760	+840 +440	+385 +230	+232 +135	+165 +68	+83 +20	+40 0	+63 0	+97 0	+155 0	+250 0	+400 0	+630 0	±20	±31	+8 -32	+18 -45	+29 -68	0 -63	-27 -67	-17 -80	-55 -95	-45 -108	-103 -166	-209 -272	-307 -370	-467 -530
450	500	+2050 +1650	+1240 +841	+880 +480																						-109 -172	-229 -292	-337 -400	-517 -580

注：公称尺寸小于 1mm 时，各级的 A 和 B 均不采用。

附表16 轴的极限偏差

（单位：μm）

代号		a	b	c	d	e	f	g	h								js	k	m	n	p	r	s	t	u	v	x	y	z
公称尺寸/mm		公差等级																											
大于	至	11	11	11	9	8	7	6	5	6	7	8	9	10	11	12	6	6	6	6	6	6	6	6	6	6	6	6	6
—	3	-270 -330	-140 -200	-60 -120	-20 -45	-14 -28	-6 -16	-2 -8	0 -4	0 -6	0 -10	0 -14	0 -25	0 -40	0 -60	0 -100	±3	+6 0	+8 +2	+10 +4	+12 +6	+16 +10	+20 +14	—	+24 +18	—	+26 +20	—	+32 +26
3	6	-270 -345	-140 -215	-70 -145	-30 -60	-20 -38	-10 -22	-4 -12	0 -5	0 -8	0 -12	0 -18	0 -30	0 -48	0 -75	0 -120	±4	+9 +1	+12 +4	+16 +8	+20 +12	+23 +15	+27 +19	—	+31 +23	—	+36 +28	—	+43 +35
6	10	-280 -338	-150 -240	-80 -170	-40 -76	-25 -47	-13 -28	-5 -14	0 -6	0 -9	0 -15	0 -22	0 -36	0 -58	0 -90	0 -150	±4.5	+10 +1	+15 +6	+19 +10	+24 +15	+28 +19	+32 +23	—	+37 +28	—	+43 +34	—	+51 +42
10	18	-290 -400	-150 -260	-95 -205	-50 -93	-32 -59	-16 -34	-6 -17	0 -8	0 -11	0 -18	0 -27	0 -43	0 -70	0 -110	0 -180	±5.5	+12 +1	+18 +7	+23 +12	+29 +18	+34 +23	+39 +28	—	+44 +33	—	+51 +40	—	+61 +50
																								—		+50 +39	+56 +45	—	+71 +60
18	30	-300 -430	-160 -290	-110 -240	-65 -117	-40 -73	-20 -41	-7 -20	0 -9	0 -13	0 -21	0 -33	0 -52	0 -84	0 -130	0 -210	±6.5	+15 +2	+21 +8	+28 +15	+35 +22	+41 +28	+48 +35	—	+54 +41	+60 +47	+67 +54	+76 +63	+86 +73
																								+54 +41	+61 +48	+68 +55	+77 +64	+88 +75	+101 +88
30	40	-310 -470	-170 -330	-120 -280	-80 -142	-50 -89	-25 -50	-9 -25	0 -11	0 -16	0 -25	0 -39	0 -62	0 -100	0 -160	0 -250	±8	+18 +2	+25 +9	+33 +17	+42 +26	+50 +34	+59 +43	+64 +48	+76 +60	+84 +68	+96 +80	+110 +94	+128 +112
40	50	-320 -480	-180 -340	-130 -290																				+70 +54	+86 +70	+97 +81	+113 +97	+130 +114	+152 +136
50	65	-340 -530	-190 -380	-140 -330	-100 -174	-60 -106	-30 -60	-10 -29	0 -13	0 -19	0 -30	0 -46	0 -74	0 -120	0 -190	0 -300	±9.5	+21 +2	+30 +11	+39 +20	+51 +32	+60 +41	+72 +53	+85 +66	+106 +87	+121 +102	+141 +122	+163 +144	+191 +172
65	80	-360 -550	-200 -390	-150 -340																		+62 +43	+78 +59	+94 +75	+121 +102	+139 +120	+165 +146	+193 +174	+229 +210
80	100	-380 -600	-220 -440	-170 -390	-120 -207	-72 -126	-36 -71	-12 -34	0 -15	0 -22	0 -35	0 -54	0 -87	0 -140	0 -250	0 -350	±11	+25 +3	+35 +13	+45 +23	+59 +37	+73 +51	+93 +71	+113 +91	+146 +124	+168 +146	+200 +178	+236 +214	+280 +258
100	120	-410 -630	-240 -460	-180 -400																		+76 +54	+101 +79	+126 +104	+166 +144	+194 +172	+232 +210	+276 +254	+332 +310
120	140	-460 -710	-260 -510	-200 -450	-145 -245	-85 -148	-43 -83	-14 -39	0 -18	0 -25	0 -40	0 -63	0 -100	0 -160	0 -250	0 -400	±12.5	+28 +3	+40 +15	+52 +27	+68 +43	+88 +63	+117 +92	+147 +122	+195 +170	+227 +202	+273 +248	+325 +300	+390 +365
140	160	-520 -770	-280 -530	-210 -460																		+90 +65	+125 +100	+159 +134	+215 +190	+253 +228	+305 +280	+365 +340	+440 +415
160	180	-580 -830	-310 -560	-230 -480																		+93 +68	+133 +108	+171 +146	+235 +210	+277 +252	+335 +310	+405 +380	+490 +465
180	200	-660 -950	-340 -630	-240 -530	-170 -285	-100 -172	-50 -96	-15 -44	0 -20	0 -29	0 -46	0 -72	0 -115	0 -185	0 -290	0 -460	±14.5	+33 +4	+46 +17	+60 +31	+79 +50	+106 +77	+151 +122	+195 +166	+265 +236	+313 +284	+379 +350	+454 +425	+549 +520
200	225	-740 -1030	-380 -670	-260 -550																		+109 +80	+159 +130	+209 +180	+287 +258	+339 +310	+414 +385	+499 +470	+604 +575
225	250	-820 -1110	-420 -710	-280 -570																		+113 +84	+169 +140	+225 +196	+313 +284	+369 +340	+454 +425	+549 +520	+669 +640
250	280	-920 -1240	-480 -800	-300 -620	-190 -320	-110 -191	-56 -108	-17 -49	0 -23	0 -32	0 -52	0 -81	0 -130	0 -210	0 -320	0 -520	±16	+36 +4	+52 +20	+66 +34	+88 +56	+126 +94	+190 +158	+250 +218	+347 +315	+417 +385	+507 +475	+612 +580	+742 +710
280	315	-1050 -1370	-540 -860	-330 -650																		+130 +98	+202 +170	+272 +240	+382 +350	+457 +425	+557 +525	+682 +650	+822 +790
315	355	-1200 -1560	-600 -960	-360 -720	-210 -350	-125 -214	-62 -119	-18 -54	0 -25	0 -36	0 -57	0 -89	0 -140	0 -230	0 -360	0 -570	±18	+40 +4	+57 +21	+73 +37	+98 +62	+144 +108	+226 +190	+304 +268	+426 +390	+511 +475	+626 +590	+766 +730	+936 +900
355	400	-1350 -1710	-680 -1040	-400 -760																		+150 +114	+244 +208	+330 +294	+471 +435	+566 +530	+696 +660	+856 +820	+1036 +1000
400	450	-1500 -1900	-760 -1160	-440 -840	-230 -385	-135 -232	-68 -131	-20 -60	0 -27	0 -40	0 -63	0 -97	0 -155	0 -250	0 -400	0 -630	±20	+45 +5	+63 +23	+80 +40	+108 +68	+166 +126	+272 +232	+370 +330	+530 +490	+635 +595	+780 +740	+960 +920	+1140 +1100
450	500	-1650 -2050	-840 -1240	-480 -880																		+172 +132	+292 +252	+400 +360	+580 +540	+700 +660	+860 +820	+1040 +1000	+1290 +1250

注：公称尺寸小于1mm时，各级的a和b均不采用。

参 考 文 献

[1] 王槐德．机械制图新旧标准代换教程［M］．修订版．北京：中国标准出版社，2004.
[2] 金大鹰．机械制图［M］.3 版．北京：机械工业出版社，2012.
[3] 大连理工大学工程画教研室．机械制图［M］.5 版．北京：高等教育出版社，2003.
[4] 赵大兴，李天宝．工程图学［M］．北京：机械工业出版社，2001.
[5] 宋敏生．机械图识图技巧［M］.2 版．北京：机械工业出版社，2006.